双書⑱・大数学者の数学

ニュートン
無限級数の衝撃

長田直樹

Isaac Newton

$$\overline{P+PQ}\}^{\frac{m}{n}} = P^{\frac{m}{n}} + \frac{m}{n}AQ + \frac{m-n}{2n}BQ + \frac{m-2n}{3n}CQ + \frac{m-3n}{4n}DQ + \&c$$

現代数学社

はじめに

アイザック・ニュートン (1642-1727) は、万有引力の発見、ニュートン力学の創出などの業績から大物理学者と思われがちだが、ライプニッツより 10 年早く微分積分学を発見した大数学者でもある。『自然哲学の数学的諸原理（プリンキピア）』(以下『プリンキピア』と略す) の英訳の改定を行った数学史家カジョリは、ニュートンを「絶世の大数学者」と評しており、数学史家ベルは「アルキメデス、ニュートン、ガウス、この三人は偉大な数学者の中でも格別群を抜いている」と述べている。

ニュートンの数学は、デカルトやウォリスの強い影響を受けた最初の 10 数年と、アルキメデスやパッポスなどの古代の幾何学者を崇敬したその後の 40 数年とで大きく異なっている。本書で取り上げるのは前者の数学が中心である。

ニュートンの数学上の最大の業績は、彼が流率法と呼んでいる微分積分学の創出である。本書の前半では、微分積分学の発見の前史から完成までを扱う。流率法研究の最大の武器は無限級数による解析である。そのため一般二項定理、陰関数の級数展開は重点的に扱う。

後半で扱うのは代数学と数値計算である。代数学はルーカス教授職の講義録としてまとめられており、中学レベルのものから代数方程式論までバラエティに富んでいる。数値計算では補間法と収束の加速法を扱う。補間と加速はニュートンが1676年にオルデンバーグを介してライプニッツに送った「前の書簡」と「後の書簡」で触れられており、ニュートンの自信作と考えられる。

ところで、ニュートンと同じ頃、日本で活躍した大数学者に関孝和(せきたかかず)(1640頃-1707)がいる。関とニュートンの研究結果にはいくつかの共通点があるが、それらについては、コラム「ニュートンと関孝和」で触れる。

ニュートンの原文からの引用は段下げし、そのまま日本語に翻訳し、原文にない箇所は[ ]書きで表す。原文の引用の後には、適宜微積分あるいは線形代数などを用いた解説をつける。

ニュートンの論文は、ホワイトサイドの『ニュートン数学論文集』(MPと略す)に基づき、ケンブリッジ大学・デジタルライブラリで公開されている手稿(MS-ADDで示す)の画像も適宜参照し、原亨吉(こうきち)、高橋秀裕などの著作を参考に訳出した。書簡はターンバル『ニュートン往復書簡集』から翻訳した。『プリンキピア』は中野猿人(ましと)訳を用いた。

本書の訂正や補足は、以下の筆者のホームページにアップしていく予定である。

`https://lab.twcu.ac.jp/~osada/`

2019年7月　長田直樹

目次

表記について

数式および記号

ニュートンの論文の引用に際して、数式は原文通りを原則とするが、解説では現代表記による。微分の記号 dx, 積分記号 $\int$, 関数記号のいずれもニュートンは使ってないが、解説ではこれらを用いる。

数式や説明の図において、アルファベットは、点を表す場合には (数式用) ローマン体 $\mathrm{a}, \mathrm{x}, \mathrm{A}, \mathrm{X}$ を用い、実数、変数、文字係数などの場合には (数式用) イタリック体 a, x, A, X を用いて区別する。

命題などの番号

ニュートンが与えた命題や例題は、原書通り命題 1、例題 2 などとし、筆者が説明のために与えた命題などは、枝番号をつけて命題 3.4 などとする。命題 3.4 は、3 章の 4 番目の命題という意味である。

暦および日付

ニュートン存命中は、イギリスではユリウス暦が用いられ、ヨーロッパ大陸では現在と同じグレゴリオ暦が用いられた。17 世紀ユリウス暦は、グレゴリオ暦より 10 日遅れていた。そのため、ニュートンの誕生はユリウス暦では 1642 年 12 月 25 日であるが、グレゴリオ暦では 1643 年 1 月 4 日である。本書では、イングランドとスコットランドについてはユリウス暦、日本を含めそれら以外の地域ではグレゴリオ暦で表示する。

ユリウス暦は、新年が春分の日 (3 月 25 日) に始まるので、たとえば 1643 年 1 月 1 日から 3 月 24 日までを 1642/3 年というように表示する。本書では、新年は 1 月 1 日に始まるものとし、1642/3 年の代わりに 1643 年と表す。

第1章 ニュートンの前半生

1.1 ニュートンの生い立ち

アイザック・ニュートンは、1642 年 12 月 25 日 (グレゴリオ暦では 1643 年 1 月 4 日) に、イギリス東部、ロンドンの北 150 キロのウールスソープで生まれた。無事に育つと思われないほどの未熟児であったという。

父親は、小規模な荘園領主であったが、彼が誕生前に亡くなっている。父方の人たちは、遺言書に代々署名の代わりに記号を用いていることから、名前すら書けなかったと推察される。

ニュートンの母親ハンナ・アイスコフは、紳士階級 (貴族階級のすぐ下の階級) の出身であり、かろうじて手紙を書くほどの知識は身につけていた。それに対し、ハンナの長兄ウィリアムは、トリニティ・カレッジを卒業するほどの高等教育を受けており、ニュートン誕生の 1 年前に英国国教会の聖職者に任命されている。

夫と死別したハンナは、ニュートンが3歳のとき近隣の裕福な牧師バーナバス・スミスと再婚することとなった。スミスは、当時63歳で前年に妻を亡くしていた。結婚に際して、スミスがニュートンに年50ポンド相当の収入のある土地を与え、彼の養育を引き受けることとなった母方の祖母の家の改修の費用を負担することになった。後者の条件は、スミスがニュートンと同居することを拒んだためであろう。

祖母の下で暮らすことになったニュートンは、自分は母に捨てられ、スミスは母を奪ったというように感じていたようだ。こうした境遇が、生涯消えることのない深い傷となり彼の性格形成に暗い影を落としたことは否めないだろう。20歳の頃、それまでに犯した罪を暗号文代わりの速記体で記しているが、その中に、「私の父母であるスミス夫婦を家もろとも焼き殺すと脅したこと」というのがある。幼い頃に味わった寂しさ、悲しさ、憎しみなどが窺(うかが)い知れよう。

ところが、再婚相手のスミスも亡くなり、ハンナは3人の子供と共にウールスソープのニュートンのところに戻ってきた。彼は10歳になっていた。その後2年間母親と暮らしたが、12歳になったとき、エドワード6世王グラマー・スクール (通称キングズスクール) に入学することになった。この学校は、ウールスソープから11キロ離れたグランサムにある古典文法学校で、ラテン語の授業が中心でギリシャ語や算術の授業はあったものの、ユークリッド幾何などの数学の授業はなかったようである。入学に伴い、彼はクラーク家に寄宿することとなった。クラーク夫人は母親の友人であった。クラーク家は薬局を営んでおり、ここで彼は、薬の調合や化学実験的なことを習得したようである。機械仕掛けの玩具をいろいろ発明したとか、日時計を制作したというような逸話が数多く残されているが、この間にはまだ、算術に関しての才能を彷彿(ほうふつ)させるような逸話はない。

ところが、キングズスクールでの課程が終了しないうち、母親は、ニュートンに家業を継がせるため学校をやめさせたのである。しかしながら、ニュートンは思う通りにはならなかった。たとえば、羊の見張り番をさせられても、彼は仕事をそっちのけにして水車の模型作りに熱中したため、羊たちが隣家の小麦畑に迷い込み損害を与え、賠償するはめになったりした。

一方、キングズスクールのジョン・ストークス校長はニュートンの才能を見抜き、それが活かされないことをいたく惜しみ、彼を学校に戻し、さらに大学に進ませるよう母親に働きかけた。ハンナは悩み、兄のウィリアムに相談したところ、意外にも彼もニュートンの進学を支持したため、しぶしぶ承諾した。なお、科学史家でニュートンの伝記の著者ウェストフォールは、兄がニュートンを学校に戻し大学へ行かせよう妹を説得したと、兄も積極的役割を果たしたと指摘している。

かくしてニュートンは、9ヶ月のブランクの後、復学し課程を終え、さらに、1661年7月にケンブリッジのトリニティー・カレッジに入学することになった。ニュートンがトリニティ・カレッジを選んだのは、伯父のウィリアム・アイスコフがそこの出身だったからであろう。さらに、寄宿先のクラーク夫人の兄弟であるハンフリー・バビントン (1615-1691) は、トリニティ・カレッジのフェローであり、彼が重要な役割を果たしたように思われる。

ニュートンは免費生として入学した。免費生とは授業料が免除される代わりに、テューターの走り使いをしたり、フェロー、特別自費生、一般自費生の下僕として働き、残り物で食事をするという身分である。母親は、ニュートンが学業を続けることに反対であったので、経済的にゆとりがあるにも関わらず、わずかしか仕送りをしなかったためである。

ウェストフォールは、ニュートンがクラーク夫人の兄弟のバビントン付きの免費生だったのではないかと述べている。もしそうならば、バビントンはリンカンシアのブースピーの教区司祭をしており、ケンブリッジにはほとんど滞在しておらず、免費生といっても身分だけのものとなる。なお3年次の1664年4月には特待生に選ばれ、免費生でなくなった。

1.2　ニュートンが大学で学んだこと

ニュートンがケンブリッジ大学に入学した当時、カリキュラムは、アリストテレスの論理学、倫理学、修辞学が中心の旧態依然なもので、数学、自然哲学(自然科学は自然哲学と呼ばれていた)はまだカリキュラムになかった。

一方、オックスフォード大学では、1619年にサヴィル幾何学教授職が設けられていた。そのポストに1649年に就任したジョン・ウォリス(1616-1703)は、ケンブリッジのエマニュエルカレッジ出身であるが、彼もケンブリッジでは数学をまったく学ばなかったと言っている。

ケンブリッジのトリニティ・カレッジに、ルーカス数学教授職が設けられたのは1663年のことである。その初代教授としてアイザック・バロウ(1630-1677)が着任したのだが、このときニュートンはすでに3年次であった。

ニュートンも入学当初は、大学のカリキュラムに沿ったアリストテレス哲学を中心とするスコラ学を学んでいたようであるが、しばらくして、デカルトなどの機械論哲学 (あらゆる現象を機械的運動に還元して説明する哲学) 書を読み始め、3年次にはノート (MS-ADD-03996) に「若干の哲学的疑問」と題する覚書を書いている。「第一質量について」「原子について」など45項目の見出しを付け、その下に読書からの抜粋、思索、観察あるいは実験などで得たことを書き込んでいる。

このほか、1665年までに、ガリレオ・ガリレイ『天文対話』(1632)、ルネ・デカルト『哲学の諸原理』(1644)、ピエール・ガッサンディ『エピクロス-ガッサンディ-チャールトンの自然哲学』(1654)、ヘンリー・モア『霊魂の不滅』(1659)、トーマス・ホッブス『今日の数学の検査と改良』(1660)、ロバート・ボイル『色についての実験と考察』(1664) などを読んでいた。

1.3 ニュートンが学んだ数学

前述したように、ケンブリッジでは、1663年にルーカス数学教授職が設置されるまで、数学の講義は皆無であった。その初代教授にバロウが着任し、就任講義をしたのは1664年3月のことであった。ニュートンは就任講義を聴いたようであるが、引き続き講義に出席したというような形跡はない。

ニュートンが数学に出会うきっかけとなったのは、1663年に読んだ占星術の本だったようである。ある計算がうまくいかなかったので、エウクレイデス (英語読みではユークリッド) の『原論』を購入し、当該の定理を調べたが、こんなことは自明なことだと思い、ユークリッド幾何学を見下したと、晩年に明かしている。その当時、論証数学の重要性が理解できなかったのである。後になって、デカルトに没頭する前にもっとエウクレイデスに注目すべきであったと後悔している。

ニュートンが本格的に数学に興味を抱くことになったのは、哲学者トーマス・ホッブス (1588-1679) の『今日の数学の検査と改良』(1660) を読んだことだと、ホワイトサイド (『ニュートン数学論文集』の編集者) は示唆している。ちなみに、この著書でホッブスは、数学者ウォリスを激しく非難している。というのも、ホッブスは、ギリシャの三大作図問題の一つ円積問題に成功したと信じていたのだが、ウォリスがこれを否定したことによる。与えられた円に等しい面積を持つ正方形を求める円積問題は、定規とコンパスだけでは作図は不可能なので、ウォリスの指摘が正しかったのである。両者の論争は、ホッブスの『物体論』(1655) から彼が死ぬ 1679 年までの実に 4 半世紀もの間続けられたのであった。

さて、話を戻すが、17 世紀中頃までのヨーロッパの数学界においては、二つの問題が中心課題であった。一つは、曲線に接線あるいは法線を引くこと、もう一つは曲線の下の (曲線と x 軸が囲む) 面積を求めることである。

ニュートンは、接線問題をフランス・ファン・スホーテン (1615-1660) による『幾何学』ラテン語訳第二版 (1661) から学んだ。この書は、元々はデカルトがフランス語で書いた『幾何学』(1637) をライデン大学の数学の教授であるスホーテンが当時のヨーロッパの学術上の公用語であるラテン語に訳したものに加え、スホーテンによる詳しい注釈や、ヨハン・フッ

デ (1628-1704) などの関連する論文が付加して出版されたものである。ニュートンは、『幾何学』ラテン語訳第二版とスホーテンの『数学演習第 5 巻』を 1664 年のクリスマスの少し前に購入している。

また、求積問題に関してはウォリス『無限算術』(1655 年出版) から学び、方程式の解法や記号法などは、フランソワ・ヴィエト (1540-1603) の『エクセーゲティケーによる冪(べき)の数値解法』(1600) とウィリアム・オートレッド (1574-1660) の『数学の鍵』(1648) から学んでいる。

ニュートンは、研究を始めてから半年後の 1664 年秋頃には『幾何学』ラテン語訳第 2 版でフッデの定理まで読み進んでおり、フッデの定理が出てきたら早速デカルトの法線の決定法に多数の例を系統的に当てはめて確認している。このような読み方をしながら短時間のうちに『幾何学』をマスターしていることがわかる。

数学を学び始めてわずか 1 年程度で 17 世紀に急速に発展してきた解析学の成果を修得してしまい、そのうえ 1665 年には、ニュートンにとっての最初の大発見である一般二項定理の導出に成功したのだから驚異的と言わざるを得ない。

1.4　流率法と無限級数の研究

ニュートンは、微分積分学の基本定理を 1665 年には認識していたが、彼が流率法と呼んでいる微分積分学を体系的にまとめたのは、1666 年 10 月に執筆した無題の論文 (「1666 年 10 月論文」と呼ばれている) においてである。この論文は、ペスト禍で大学が閉鎖されウールスソープに帰郷していたときに執筆された。

題がついてないことから、「1666 年 10 月論文」は発表することは意図してなかったのであろう。ニュートン存命中は、イギリスの限られた数学者の間でコピーが回覧されたに過ぎず、3 世紀後の 1962 年になってアルフレッド・ホールらによって出版された。ついで、1967 年にはホワイトサイドが『ニュートン数学論文集』第 I 巻に収録している。

その後しばらくの間、彼は流率法と無限級数の研究から離れていたが、ニコラス・メルカトル (1619-1687) の『対数技法』(1668) が出版されたのを機に再びこの研究に戻ることになった。というのも、メルカトルはこの書の中で、級数展開と項別積分を用いて、対数関数 $\log(1+x)$ の計算を扱っていたが、ニュートンの方が彼より先の 1665 年夏にすでに級数展開に関してより高精度の値を得ていたからである。そこで、級数展開の先取権を主張するため、論考『無限個の項を持つ方程式による解析について』(以下『解析について』と略す) を 1669 年初夏に書き上げ、バロウに見せた。バロウはこれを高く評価し、ジョン・コリンズ (1625-1683) にこれを送った。コリンズは、写しを作り多くの文通相手に書き送った。これによりニュートンの名前と研究内容は、コリンズと交流のあるイギリスや大陸の数学者の間に知られることとなった。そしてこの業績が評価され、ニュートンは、26 歳で第二代ルーカス教授職に就任することができたのである。

しかしながらニュートンは、この論文に関してはまだ満足できなかったようで、「1666 年 10 月論文」と『解析について』

を総合発展させた長大な論文を 1671 年に書き上げた。自筆原稿の最初の 1 枚が紛失しているため正確な題名は判らないが、ホワイトサイドは『級数と流率の方法について』(本書では『方法について』と略す) と推定している。ニュートンの流率法は『方法について』を以って完成した。

だが、『解析について』と『方法について』が出版されるに至ったのは、ともに数 10 年後である。『解析について』はバロウの『光学講義録』の付録として出版しようと試みられたが、ニュートンが固辞したため実現しなかった。出版されたのは、40 年後の 1711 年のことで、ウイリアム・ジョーンズ (1675-1749) が『差分法』などと一緒に出版している。

なお、『方法について』に関しては、急いで書き上げた『解析について』とは異なり、ニュートンは何回か出版を試みた様であるが、何らかの理由で出版されなかった。ようやく英訳が出版されたのはニュートン没後の 1736 年であり、ラテン語の原文が出版されたのは 1779 年である。

1.5 ルーカス教授職

ケンブリッジでは、1663 年になってようやくルーカス数学教授職が新設された。この職に伴う義務は、幾何学、天文学、地理学、光学、静力学などを講読・解説し、毎年 10 講分の講義の写しを大学図書館に納めることであった。

ニュートンは、教授職の義務として代数学の講義を始めるまでに、1665 年 ~1666 年と 1669 年 ~1670 年の二度に渡り代数学の研究をしている。1665 年 ~1666 年にかけての時期には、デカルトの符号法則の改良、代数方程式の同次冪の和などを発見している。1669年後半から1670年にかけては、キンクハイセンの『代数学』に注釈をつけ、その過程で低次の連立代数方程式の終結式を与えている(「キンクハイセンの『代数学』についての考察」に収録)。

教授職就任当初から1672年にかけては、当時興味を持っていた光学、特に色彩論について講義した。この講義内容は、『光学』(1704) 第一部の原型になっている。彼は1673年 ~1683年は代数学の講義を行なっている。光学も代数学も受講生はほとんどいなかったようである。また、毎年提出することになっていた講義録も提出しておらず、代数学の講義録(以下「代数学講義」と略す) は、1683年 ~1684年にかけて急遽執筆し提出している。「代数学講義」のかなりの部分は、「キンクハイセンの『代数学』についての考察」を下敷きにしている。

ケンブリッジでフェローは、国教会の叙階を受ける義務があったが、ニュートンは、異端のアリウス派であったため、叙階を受けたくはなかった。しかし1675年、叙階を受けるかフェローを退くかの選択を迫られることになり、フェロー職を辞する気持ちになっていた。ところがこの年の4月突如、ルーカス教授職は聖職位につかなくてよいという勅令が出され、ニュートンはフェローを辞めずに済んだのであった。この勅令は、トリニティ・カレッジの学寮長として戻ってきたバロウが、国王に影響力を行使したためと考えられている。

ニュートンは、1696年に造幣局監事(1699年には造幣局長官に昇格) に就任するためケンブリッジを離れて5年後の、1701年12月にルーカス数学教授職とフェローを辞した。

第 2 章

流率法の発見以前 (1)
— 一般二項定理

ニュートンの最初の大業績は、一般二項定理を発見したことである。ニュートンは、1665 年の初めにウォリスの『無限算術』を注釈をつけながら読み、現代の記法で

$$\int_0^x \sqrt{1-t^2}dt$$

を x の無限級数で表すことに成功した。つづいて直角双曲線の下側の面積、現代の記法を用いると

$$\int_0^x \frac{1}{1+t}dt = \log(1+x)$$

を表す無限級数を得た。そして、1665 年の秋までに $(1+x)^{\frac{m}{n}}$ の無限級数展開を与える一般二項定理を発見した。本章ではこれらについて時間を追って見ていく。

2.1　二項係数と二項定理

n を自然数とする。$(a+b)^n$ の展開式

$$
\begin{aligned}
(a+b)^1 &= a+b \\
(a+b)^2 &= a^2+2ab+b^2 \\
(a+b)^3 &= a^3+3a^2b+3ab^2+b^3 \\
(a+b)^4 &= a^4+4a^2b+6a^2b^2+4ab^3+b^4 \\
(a+b)^5 &= a^5+5a^4b+10a^3b^2+10a^2b^3+5ab^4+b^5
\end{aligned}
$$

における $a^{n-k}b^k$ の係数は二項係数とよばれ

$$\binom{n}{k} = \frac{n(n-1)\cdots(n-k+1)}{k!}, \quad k=0,\ldots,n \tag{2.1}$$

と表す。一般に、掛け合わせる項が 1 つもないときの積を 1 と約束する。したがって、$0! = \binom{n}{0} = 1$ である。

$$(a+b)^n = \overbrace{(a+b)(a+b)\cdots(a+b)}^{n\text{ 個}}$$

の展開式を考える。k 個の b を選ぶと、残り $n-k$ 個は a であるので、$a^{n-k}b^k$ の形の項ができる。b の選び方は

$$\binom{n}{k} = {}_n\mathrm{C}_k$$

通りである。(2.1) を用いると

$$(a+b)^n = \sum_{k=0}^{n} \binom{n}{k} a^{n-k}b^k \tag{2.2}$$

と書ける。(2.2) を二項定理という。

二項係数をピラミッド状に並べた

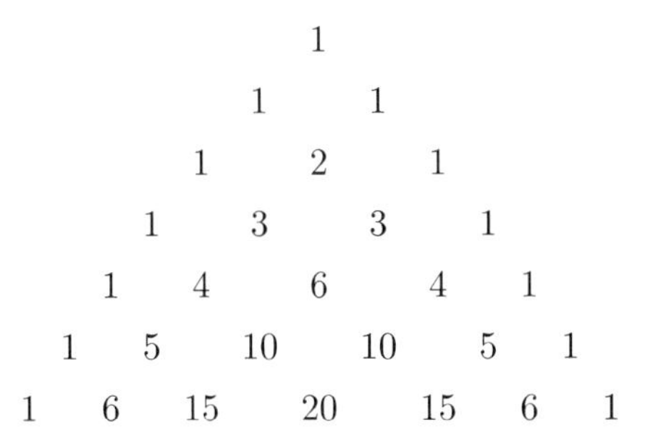

は、ブレーズ・パスカル (1623-1662) が『数三角形論』(執筆は 1653 年、出版は没後 1665 年) で取り上げたことにより、パスカルの三角形と呼ばれている。なお、パスカルは頂点を左上に取った直角二等辺三角形に二項係数を配列した。

二項定理、したがってパスカルの三角形は 10 世紀アラビアのアル・カラジー、11 世紀中国の賈憲により知られていた。17 世紀ヨーロッパではオートレッドが『数学の鍵』(1652) に記載しており、ニュートンはオートレッドからパスカルの三角形を知ったと考えられている。

2.2　ウォリスの『無限算術』

ウォリスは、『無限算術』(1655 年出版) において、曲線 $y = x^n$ の $x = 0$ から $x = 1$ までの領域 D の面積と D に外接する正方形 E の面積の比を、つぎのように考えた。正方形 E の横軸方向を m 倍、縦軸方向を m^n 倍し、縦軸に平行に m 等分する。外接する正方形は横 m、縦 m^n の長方形になるが、相似拡大しているので面積比は変わらない。x 軸との交点が k の縦線が D, E を切る線分の長さはそれぞれ k^n, m^n である。

$n = 2$ の場合は以下のようになる。(図 2.1 参照)。

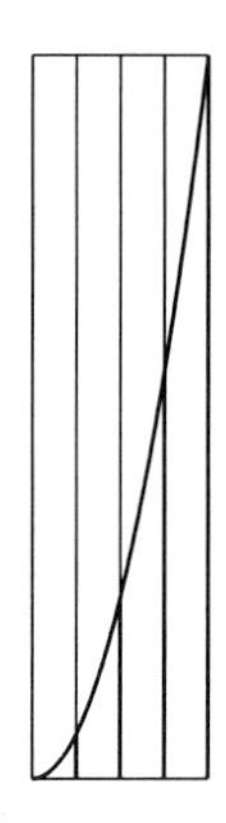

図 2.1　$y = x^2,\ m = 4$

切片の長さの比は、

$$m = 1 \quad \frac{0+1}{1+1} = \frac{1}{2} = \frac{3}{6} = \frac{1}{3} + \frac{1}{6}$$

$$m = 2 \quad \frac{0+1+4}{4+4+4} = \frac{5}{12} = \frac{1}{3} + \frac{1}{12}$$

$$m = 3 \quad \frac{0+1+4+9}{9+9+9+9} = \frac{14}{36} = \frac{7}{18} = \frac{1}{3} + \frac{1}{18}$$

$$m = 4 \quad \frac{0+1+4+9+16}{16+16+16+16+16} = \frac{30}{80} = \frac{9}{24} = \frac{1}{3} + \frac{1}{24}$$

$$m = 5 \quad \frac{0+1+4+9+16+25}{25+25+25+25+25+25} = \frac{55}{150} = \frac{11}{30} = \frac{1}{3} + \frac{1}{30}$$

$$m = 6 \quad \frac{0+1+4+9+16+25+36}{36+36+36+36+36+36+36} = \frac{91}{252} = \frac{13}{36} = \frac{1}{3} + \frac{1}{36}$$

ウォリスは、「結果の比は $\frac{1}{3}$ より大きいが、それに対する剰余は項数が増えるにつれて、$\frac{1}{6}, \frac{1}{12}, \frac{1}{18}, \frac{1}{24}, \frac{1}{30}, \frac{1}{36}$, etc. と連続的

に減少する。もし項数がどこまでも増すならば、数の平方の和は同じ個数の最大項の和に対して 1 対 3 になるであろう」と結論づけた。現代的に表すと

$$\lim_{m\to\infty}\frac{0+1+4+\cdots+m^2}{m^2+m^2+m^2+\cdots+m^2}=\lim_{m\to\infty}\left(\frac{1}{3}+\frac{1}{6m}\right)=\frac{1}{3} \tag{2.3}$$

と考え、正方形と曲線の下の面積の比は $\frac{1}{3}$ に近づくと結論づけたのである。

同様にして、$n=3$ の場合は、

$$\lim_{m\to\infty}\frac{0+1+8+\cdots+m^3}{m^3+m^3+m^3+\cdots+m^3}=\lim_{m\to\infty}\left(\frac{1}{4}+\frac{1}{4m}\right)=\frac{1}{4} \tag{2.4}$$

である。そして、ウォリスが帰納法と呼ぶ方法によって

$$\lim_{m\to\infty}\frac{\sum_{k=0}^{m}k^n}{m^n(m+1)}=\frac{1}{n+1} \tag{2.5}$$

を与えた。区分求積法と (2.5) を用いると、

$$\begin{aligned}\int_0^1 x^n dx &= \lim_{m\to\infty}\frac{1}{m}\sum_{k=1}^{m}\left(\frac{k}{m}\right)^n\\ &= \lim_{m\to\infty}\frac{m}{m+1}\frac{1}{m}\sum_{k=0}^{m}\left(\frac{k}{m}\right)^n=\frac{1}{n+1}\end{aligned} \tag{2.6}$$

が得られる。

なお、(2.3) と (2.4) は、それぞれべき和の公式

$$\sum_{k=0}^{m}k^2=\frac{1}{6}m(m+1)(2m+1)$$

$$\sum_{k=0}^{m}k^3=\frac{1}{4}m^2(m+1)^2$$

を用いると得られる。

ウォリスの帰納法は、数学的帰納法ではないが、「十分に確立されたパターンが合理的に続くと仮定することができることを意味」[7, p.13] しており、不完全帰納法と呼ばれることがある。なお、数学的帰納法はパスカルが『数三角形論』で用いたのが最初である。

さらにウォリスは、(2.6) の n が非負の有理数のとき $x^{\frac{q}{p}}$ にも成立することを帰納法と補間法を用いて導いた。$p=2$ の場合は、まず $q=0$ と $q=2$ を計算する。

$$\frac{\sqrt{0^0}+\sqrt{1^0}+\cdots+\sqrt{m^0}}{\sqrt{m^0}(m+1)}=1$$

と (ウォリスは $0^0=1$ と決めている)

$$\frac{\sqrt{0^2}+\sqrt{1^2}+\cdots+\sqrt{m^2}}{\sqrt{m^2}(m+1)}=\frac{\frac{1}{2}m(m+1)}{m(m+1)}=\frac{1}{2}$$

を得る。そして、$q=0,1,2$ のとき、比の極限値の逆数が等差数列

$$1=\frac{2}{2},\ \frac{3}{2},\ 2=\frac{4}{2}$$

になると考えて、

$$\lim_{m\to\infty}\frac{\sqrt{0}+\sqrt{1}+\cdots+\sqrt{m}}{\sqrt{m}(m+1)}=\frac{2}{3}$$

とした。さらに、不完全帰納法により $q=0,1,2,3,\ldots$ に対し

$$\lim_{m\to\infty}\frac{\sum_{k=0}^{m}\sqrt{k^q}}{\sqrt{m^q}(m+1)}=\frac{2}{2+q}$$

と結論づけた。$p=3$ の場合は、

$$\frac{\sqrt[3]{0^0}+\sqrt[3]{1^0}+\cdots+\sqrt[3]{m^0}}{\sqrt[3]{m^0}(m+1)}=1$$

と

$$\frac{\sqrt[3]{0^3}+\sqrt[3]{1^3}+\cdots+\sqrt[3]{m^3}}{\sqrt[3]{m^3}(m+1)}=\frac{\frac{1}{2}m(m+1)}{m(m+1)}=\frac{1}{2}$$

から、比の極限値の逆数が $q=0,1,2,3$ のとき等差数列

$$1=\frac{3}{3},\ \frac{4}{3},\ \frac{5}{3},\ 2=\frac{6}{3}$$

と考えて

$$\lim_{m\to\infty}\frac{\sqrt[3]{0}+\sqrt[3]{1}+\cdots+\sqrt[3]{m}}{\sqrt[3]{m}(m+1)}=\frac{3}{4}$$

$$\lim_{m\to\infty}\frac{\sqrt[3]{0^2}+\sqrt[3]{1^2}+\cdots+\sqrt[3]{m^2}}{\sqrt[3]{m^2}(m+1)}=\frac{3}{5}$$

とした。ウォリスは不完全帰納法により

$$\lim_{m\to\infty}\frac{\sum_{k=0}^{m}\sqrt[3]{k^q}}{\sqrt[3]{m^q}(m+1)}=\frac{3}{3+q}$$

と結論づけた。さらに、不完全二重帰納法により一般化し、

$$\lim_{m\to\infty}\frac{\sum_{k=0}^{m}\sqrt[p]{k^q}}{\sqrt[p]{m^q}(m+1)}=\frac{p}{p+q}$$

とした。この式を仮定すると、区分求積法により

$$\int_0^1\sqrt[p]{x^q}dx=\lim_{m\to\infty}\frac{1}{m}\sum_{k=1}^{m}\sqrt[p]{\left(\frac{k}{m}\right)^q}$$

$$=\lim_{m\to\infty}\frac{m}{m+1}\frac{1}{m}\sum_{k=0}^{m}\sqrt[p]{\left(\frac{k}{m}\right)^q}=\frac{p}{p+q}$$

が得られる。

自然数 p を固定したとき、

$$\lim_{m\to\infty}\frac{\sqrt[p]{0^q}+\sqrt[p]{1^q}+\cdots+\sqrt[p]{m^q}}{\sqrt[p]{m^q}(m+1)}$$

の逆数が等差数列になるということは、正しいがかなりの飛躍である。

つぎにウォリスは、四分円 $y=\sqrt{1-x^2},\ 0\leqq x\leqq 1$ に外接する正方形と四分円の比、現代表記をすると

$$\frac{1}{\displaystyle\int_0^1\sqrt{1-x^2}dx}=\frac{4}{\pi}$$

を求めるため

$$T(p,n)=\frac{1}{\displaystyle\int_0^1(1-\sqrt[p]{x})^n dx}$$

に対し $p=1,2,\ldots,10; n=1,2,\ldots,10$ を計算した。

$$\int_0^1\sqrt[p]{x}dx=\frac{p}{p+1}$$

と二項定理を用いて展開し項別に積分する。たとえば、$p=2, n=3$ に対しては、

$$\begin{aligned}\int_0^1(1-\sqrt{x})^3dx&=\int_0^1(1-3\sqrt{x}+3x-\sqrt{x^3})dx\\&=1-\frac{6}{3}+\frac{3}{2}-\frac{2}{5}=\frac{1}{10}\end{aligned}$$

より $T(2,3)=10$ となる。また、整数 $p>0, n=0$ に対して、

$$T(p,0)=\frac{1}{\displaystyle\int_0^1 (1-\sqrt[p]{x})^0 dx}=1 \tag{2.7}$$

である。$T(0,n)=1$ $(n=0,1,\ldots)$ と定義し、表にしたのが表 2.1 である。

表 2.1　$T(p,n)$ の表

$p \setminus n$	0	1	2	3	4	5	$\cdots$	10
0	1	1	1	1	1	1		1
1	1	2	3	4	5	6		11
2	1	3	6	10	15	21		66
3	1	4	10	20	35	56		286
4	1	5	15	35	70	126		1001
$\vdots$								
10	1	11	66	286	1001	3003		184756

表 2.1 の見出しの行 (1 行と 1 列) を除いた配列はパスカルの三角形である。

表 2.1 から不完全帰納法により

$$T(p,n)=\binom{p+n}{n}$$

である。二項係数の関係

$$\binom{n}{k}=\frac{n}{k}\binom{n-1}{k-1}$$

を用いると

$$T(p,n) = \frac{p+n}{n} T(p,n-1) \tag{2.8}$$

が成立する。ウォリスは、$\square = T(\frac{1}{2},\frac{1}{2})$ と置き、p,n の少なくとも一方が半整数 (整数 $+\frac{1}{2}$ を半整数という) の場合にも (2.7) と (2.8) が成立するとして、表 2.1 を補間した。$p=\frac{1}{2}$ の場合は以下のように計算する。

$$T(\tfrac{1}{2},\tfrac{1}{2}) = \frac{1}{\frac{1}{2}} T(\tfrac{1}{2},-\tfrac{1}{2})$$

より

$$\alpha = T(\tfrac{1}{2},-\tfrac{1}{2}) = \tfrac{1}{2}\square$$

さらに、

$$T(\tfrac{1}{2},1) = \tfrac{3}{2}T(\tfrac{1}{2},0) = \tfrac{3}{2}, \quad T(\tfrac{1}{2},\tfrac{3}{2}) = \tfrac{2}{\frac{3}{2}}T(\tfrac{1}{2},\tfrac{1}{2}) = \tfrac{4}{3}\square$$

このようにして

$$\begin{aligned}
&\alpha = T(\tfrac{1}{2},-\tfrac{1}{2}) = \tfrac{1}{2}\square, a = T(\tfrac{1}{2},0) = 1, \beta = T(\tfrac{1}{2},\tfrac{1}{2}) = \square,\\
&b = T(\tfrac{1}{2},1) = \tfrac{3}{2}, \gamma = T(\tfrac{1}{2},\tfrac{3}{2}) = \tfrac{4}{3}\square, c = T(\tfrac{1}{2},2) = \tfrac{3\cdot5}{2\cdot4},\\
&\delta = T(\tfrac{1}{2},\tfrac{5}{2}) = \tfrac{4\cdot6}{3\cdot5}\square, d = T(\tfrac{1}{2},3) = \tfrac{3\cdot5\cdot7}{2\cdot4\cdot6}
\end{aligned}$$

を得た。1 つおきの項の比を取ると

$$\frac{\beta}{\alpha} = \frac{2}{1} > \frac{b}{a} = \frac{3}{2} > \frac{\gamma}{\beta} = \frac{4}{3} > \frac{c}{b} = \frac{5}{4} > \frac{\delta}{\gamma} = \frac{6}{5} >, \text{etc.}$$

となっており、単調減少している。そこでウォリスは、隣接する項にも成り立つと考えた。(成立しているが、自明ではない。)

$$\frac{a}{\alpha} > \frac{\beta}{a} > \frac{b}{\beta} > \frac{\gamma}{b} > \frac{c}{\gamma} > \frac{\delta}{c} > \frac{d}{\delta} \tag{2.9}$$

そして

$$\left(\frac{\beta}{a}\right)^2 < \frac{a}{\alpha}\frac{\beta}{a} = \frac{\beta}{\alpha} = 2 \quad \text{すなわち} \quad \square = \frac{\beta}{a} < \sqrt{2} = \sqrt{1+\frac{1}{1}}$$

と

$$\left(\frac{\beta}{a}\right)^2 > \frac{\beta}{a}\frac{b}{\beta} = \frac{b}{a} = \frac{3}{2}\text{すなわち} \quad \square = \frac{\beta}{a} > \sqrt{\frac{3}{2}} = \sqrt{1+\frac{1}{2}}$$

より、

$$\sqrt{1+\frac{1}{2}} < \square < \sqrt{1+\frac{1}{1}}$$

が導ける。同様に

$$\left(\frac{\gamma}{b}\right)^2 < \frac{b}{\beta}\frac{\gamma}{b} = \frac{\gamma}{\beta} = \frac{4}{3} \quad \text{と} \quad \left(\frac{\gamma}{b}\right)^2 > \frac{\gamma}{b}\frac{c}{\gamma} = \frac{c}{b} = \frac{5}{4}$$

より

$$\sqrt{1+\frac{1}{4}} < \frac{\gamma}{b} < \sqrt{1+\frac{1}{3}}$$

すなわち

$$\frac{3\cdot 3}{2\cdot 4}\sqrt{1+\frac{1}{4}} < \square < \frac{3\cdot 3}{2\cdot 4}\sqrt{1+\frac{1}{3}}$$

が導ける。このような計算を続け □ すなわち $4/\pi$ が満たす不等式

$$\square < \frac{3\cdot 3\cdot 5\cdot 5\cdot 7\cdot 7\cdot 9\cdot 9\cdot 11\cdot 11\cdot 13\cdot 13}{2\cdot 4\cdot 4\cdot 6\cdot 6\cdot 8\cdot 8\cdot 10\cdot 10\cdot 12\cdot 12\cdot 14} \times \sqrt{1+\frac{1}{13}}$$

$$\square > \frac{3\cdot 3\cdot 5\cdot 5\cdot 7\cdot 7\cdot 9\cdot 9\cdot 11\cdot 11\cdot 13\cdot 13}{2\cdot 4\cdot 4\cdot 6\cdot 6\cdot 8\cdot 8\cdot 10\cdot 10\cdot 12\cdot 12\cdot 14} \times \sqrt{1+\frac{1}{14}}$$

を導いた。□ の上限は、不完全帰納法によると

$$\frac{3^2\cdot 5^2\cdots(2n-1)^2}{2\cdot 4^2\cdot 6^2\cdots(2n-2)^2\cdot(2n)}\sqrt{\frac{2n}{2n-1}}=\frac{4n((2n)!)^2}{2^{4n}(n!)^4}\sqrt{\frac{2n}{2n-1}} \tag{2.10}$$

と表せる。分母および分子の掛け算の順序を変えると

$$\begin{aligned}&\frac{1\cdot 3}{2^2}\frac{3\cdot 5}{4^2}\frac{5\cdot 7}{6^2}\cdots\frac{(2n-3)(2n-1)}{(2n-2)^2}\frac{2n-1}{n}\sqrt{\frac{2n}{2n-1}}\\&=\left(\prod_{k=1}^{n-1}\frac{(2k-1)(2k+1)}{(2k)^2}\right)\frac{2n-1}{n}\sqrt{\frac{2n}{2n-1}}\end{aligned} \tag{2.11}$$

となる。

(2.10) あるいは (2.11) において $n\to\infty$ と極限をとった式は、今日ウォリスの公式と呼ばれている。

定理 2.1　(ウォリスの公式)

(1)　$\displaystyle\lim_{n\to\infty}\frac{2^{2n}(n!)^2}{(2n)!\sqrt{n}}=\sqrt{\pi}$

(2)　$\displaystyle\prod_{n=1}^{\infty}\frac{(2n)^2}{(2n-1)(2n+1)}=\frac{\pi}{2}$

(3)　$\displaystyle\prod_{n=1}^{\infty}\left(1-\frac{1}{4n^2}\right)=\frac{2}{\pi}$

---

(2),(3) で用いた無限積は次のように定義される。各項が 0 でない数列 $a_1,a_2,a_3,\ldots$ に対してその部分積

$$p_n=\prod_{k=1}^{n}a_k=a_1\cdots a_n$$

が $p\neq 0$ に収束するとき、無限積は収束するといい、

$$p=\prod_{n=1}^{\infty}a_n$$

と書く。

ウォリスの公式を見かけの異なる 3 通りで表したが、すべて同値である。(1) と (2) が同値であることは、(2.11) の導出から明らかであろう。(3) は (2) の逆数を取っただけである。

ウォリスの公式を微積分学を用いて証明する。まず、

$$I_n = \int_0^{\frac{\pi}{2}} \sin^n x dx$$

を求める。$n \geqq 2$ のとき

$$\begin{aligned}
I_n &= \int_0^{\frac{\pi}{2}} \sin^{n-2} x(1-\cos^2 x)dx \\
&= \int_0^{\frac{\pi}{2}} \sin^{n-2} x dx - \int_0^{\frac{\pi}{2}} \sin^{n-2} x \cos^2 x dx \\
&= I_{n-2} - \frac{1}{n-1}\Big[\sin^{n-1} x \cos x\Big]_0^{\frac{\pi}{2}} - \frac{1}{n-1}\int_0^{\frac{\pi}{2}} \sin^n x dx \\
&= I_{n-2} - \frac{1}{n-1} I_n
\end{aligned}$$

よって、漸化式

$$I_n = \frac{n-1}{n} I_{n-2}, \quad n \geqq 2$$

が得られた。

$$I_0 = \int_0^{\frac{\pi}{2}} 1 dx = \frac{\pi}{2}, \quad I_1 = \int_0^{\frac{\pi}{2}} \sin x dx = 1$$

より、n が偶数のときは

$$\begin{aligned}
I_n &= \frac{n-1}{n} I_{n-2} = \frac{n-1}{n}\frac{n-3}{n-2} I_{n-4} = \cdots \\
&= \frac{(n-1)(n-3)\cdots 3\cdot 1}{n(n-2)\cdots 4\cdot 2}\frac{\pi}{2}
\end{aligned}$$

n が奇数のときは

$$\begin{aligned} I_n =& \frac{n-1}{n} I_{n-2} = \frac{n-1}{n}\frac{n-3}{n-2} I_{n-4} = \cdots \\ =& \frac{(n-1)(n-3)\cdots 4\cdot 2}{n(n-2)\cdots 3} \end{aligned}$$

ウォリスの公式 (定理 2.1(2)) の証明

$0 < x < \frac{\pi}{2}$ において $0 < \sin^{n+1} x < \sin^n x$ より

$$0 < I_{n+1} < I_n$$

である。$I_n > 0$ は単調減少だから

$$1 > \frac{I_{2n+1}}{I_{2n}} > \frac{I_{2n+1}}{I_{2n-1}} = \frac{2n}{2n+1}$$

$n \to \infty$ のとき、右辺は 1 に収束するのではさみうちの原理を使うと

$$\lim_{n\to\infty} \frac{I_{2n+1}}{I_{2n}} = 1$$

である。一方、

$$\begin{aligned} \frac{I_{2n+1}}{I_{2n}} =& \frac{\frac{(2n)(2n-2)\cdots 2}{(2n+1)(2n-1)\cdots 3}}{\frac{(2n-1)(2n-3)\cdots 1}{(2n)(2n-2)\cdots 2}\cdot\frac{\pi}{2}} \\ =& \frac{(2n)^2}{(2n+1)(2n-1)}\frac{(2n-2)^2}{(2n-1)(2n-3)}\cdots\frac{2^2}{3\cdot 1}\cdot\frac{2}{\pi} \end{aligned}$$

より

$$\lim_{n\to\infty} \prod_{k=1}^{n} \frac{(2k)^2}{(2k+1)(2k-1)} = \frac{\pi}{2}$$

が成り立つ。以上により定理 2.1(2) が証明された。　□

2.3　円の求積のための無限級数

ニュートンが数学の研究を始めた1664年の暮れ、ウォリスの『無限算術』を(おそらくアイザック・バロウから)借りて読み始め、カレッジノートブック(MS-ADD-04000)に詳細な注釈を付けている。『無限算術』の注釈に続き、ニュートンは円の求積のための無限級数を発見し、カレッジノートブックに書いている。図2.2はケンブリッジ大学図書館が公開している円の求積のための無限級数についての手稿の冒頭部分である。

ニュートンの手稿(図2.2)は冒頭に図2.3がおかれ、「任意の角の正弦が与えられたとき、その角あるいは円の切片の面積を求めること」と見出しがつけられている。

図2.3は縦軸が今日のx軸、横軸は左側を正としたy軸であるが、点pを中心に時計回りに90°回転させると、今日の座標平面に一致し、点pが原点、点aは$(0,1)$、点cは$(1,0)$となる。

見出しの意味は角∠epaの正弦pqが与えられたとき、その角あるいは円の切片aeqpの面積を求めるということである。ウォリスが半径1の四分円の面積、現代的には定積分

$$\int_0^1 (1-x^2)^{\frac{1}{2}}\,dx$$

の値を計算したのに対し、ニュートンは半径1の円の切片aeqp)の面積、現代的には原始関数

$$\int_0^x (1-t^2)^{\frac{1}{2}}\,dt \tag{2.12}$$

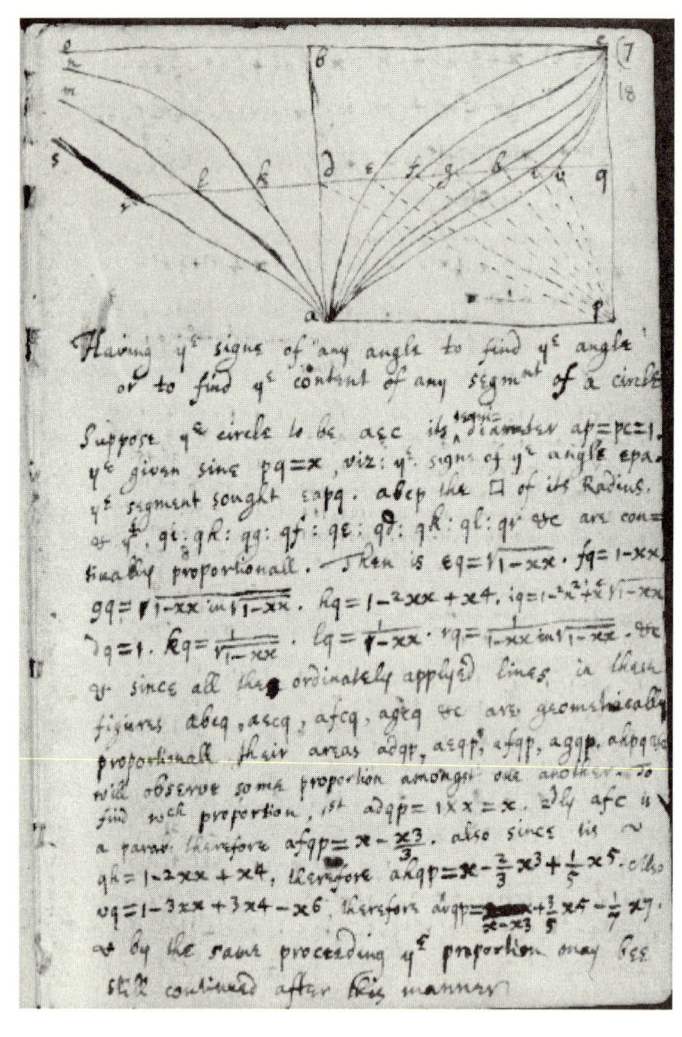

Having y^e signs of any angle to find y^e angle or to find y^e content of any segm^t of a circle

Suppose y^e circle to be aec its semidiameter $ap=pc=1$. y^e given sine $pq=x$, viz: y^e signe of y^e angle epa. y^e segment sought eapq. abep the □ of its Radius. & y^e $qi : qh : qg : qf : qe : qd : qk : ql : qr$ &c are continually proportionall. Then is $eq=\sqrt{1-xx}$. $fq=1-xx$. $gq=\sqrt{1-xx \text{ in } \sqrt{1-xx}}$. $hq=1-2xx+x4$. $iq=1-2x^2+x^4\sqrt{1-xx}$. $dq=1$. $kq=\frac{1}{\sqrt{1-xx}}$. $lq=\frac{1}{1-xx}$. $rq=\frac{1}{1-xx \text{ in } \sqrt{1-xx}}$. &c

& since all these ordinately applyed lines in these figures abeq, aecq, afcq, agcq &c are geometrically proportionall their areas adqp, aeqp, afqp, agqp, ahpq &c will observe some proportion amongst one another. To find wch proportion, 1st $adqp=1\times x=x$. 2dly afc is a parab: therefore $afqp=x-\frac{x3}{3}$. also since tis $qh=1-2xx+x4$, therefore $ahqp=x-\frac{2}{3}x3+\frac{1}{5}x5$. Also $vq=1-3xx+3x4-x6$, therefore $avqp=x-x3+\frac{3}{5}x5-\frac{1}{7}x7$. & by the same proceeding y^e proportion may bee still continued after this manner

図 2.2 円の求積のための無限級数についての手稿
https://cudl.lib.cam.ac.uk/view/MS-ADD-04000/39
ケンブリッジデジタルライブラリ

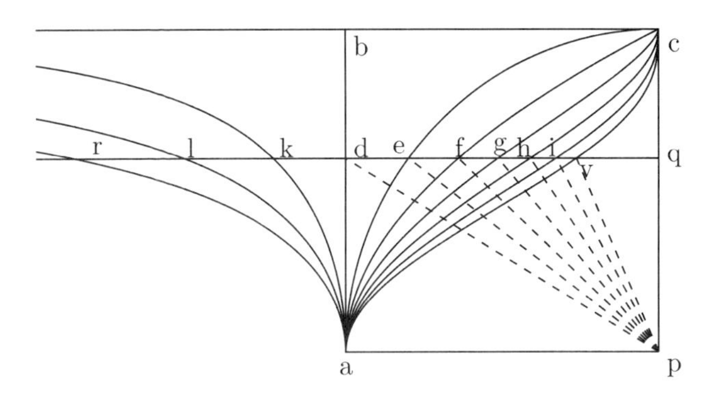

図 2.3

を x の無限級数で表した。級数展開が求まれば、項別積分することにより面積を求めることができる。ニュートンは (2.12) の級数展開を

$$\int_0^x (1-t^2)^r dt, \quad r = 0, \frac{1}{2}, 1, \frac{3}{2}, 2, \ldots, \frac{11}{2}, 6 \tag{2.13}$$

にウォリスから学んだ補間法を適用するのである。

> 円を aec、その半径を ap = pc = 1 とし、与えられた正弦を pq = x, すなわち角 epa の正弦、求める切片は eapq で、abcp はその半径の □[平方] である。そして、qi : qh : qg : qf : qe : qd : qk : ql : qr : &c は連続的比例である。そして、
>
> $$\mathrm{eq} = \sqrt{1-xx}, \mathrm{fq} = 1 - xx, \mathrm{gq} = \overline{1 - xx \text{ in } \sqrt{1-x^2}},$$
>
> $$\mathrm{hq} = 1 - 2x^2 + x^4, \mathrm{iq} = \overline{1 - 2x^2 + x^4 \text{ in } \sqrt{1-xx}},$$

$$\mathrm{dq}=1, \mathrm{kq}=\frac{1}{\sqrt{1-xx}}, \mathrm{lq}=\frac{1}{1-xx},$$

$$\mathrm{rq}=\frac{1}{\overline{1-xx} \text{ in } \sqrt{1-x^2}}$$

である。図形 abcq, aecq, afcq, agcq&c のすべての縦線は幾何的に比例するので、それらの面積 adqp, aeqp, afqp, agqp, ahqp&c は互いになんらかの比例をしているので、その比を見出す。第 1 に adqp $=1\times x=x$、第 2 に afc は放物線、それゆえ afqp $=1-\frac{x^3}{3}$、また gh $=1-2xx+x^4$ なので、ahqp $=x-\frac{2}{3}x^3+\frac{1}{5}x^5$ である。また vq $=1-3xx+3x^4-x^6$ なので、avqp $=x-x^3+\frac{3}{5}x^5-\frac{1}{7}x^7$ である。

MP I, p.104

ニュートンの時代には関数概念も関数記号もなかったので、$f(x)=\sqrt{1-x^2}$ の代わりに、eq $=\sqrt{1-xx}$ などとしている。今日の x^2 は、xx または x^2 と書いている。数式の中の in は × と同じである。ニュートンは数式に ( ) を用いる代わりに上線を引いている。したがって、$\overline{1-xx} \text{ in } \sqrt{1-x^2}$ は現代の表記法では、$(1-x^2)\sqrt{1-x^2}$ となる。

連続的比例は幾何的比例の意味で用いられることもあるが、ニュートンは $0\leqq x<1$ のとき比

$$\frac{\sqrt{1-x^2}}{1-x^2}=\frac{1-x^2}{(1-x^2)\sqrt{1-x^2}}=\cdots=\frac{1}{\sqrt{1-x^2}}$$

が成立しているという意味で用いていると思われる。

つづいて、(2.13) において r が整数となる曲線と線分 pq, pa、半直線 qd で囲まれる部分の面積をそれぞれ x の式で表している。[ ] 内は現代表記である。

前に述べたことにより、比はこのように続くだろう。

$$\begin{aligned}
\text{adqp} &= \left[\int_0^x (1-t^2)^0 dt =\right] x \\
\text{afqp} &= \left[\int_0^x (1-t^2)^1 dt =\right] x - \frac{1}{3}x^3 \\
\text{ahqp} &= \left[\int_0^x (1-t^2)^2 dt =\right] x - \frac{2}{3}x^3 + \frac{1}{5}x^5 \\
\text{avqp} &= \left[\int_0^x (1-t^2)^3 dt =\right] x - \frac{3}{3}x^3 + \frac{3}{5}x^5 - \frac{1}{7}x^7 \\
&\quad \left[\int_0^x (1-t^2)^4 dt =\right] x - \frac{4}{3}x^3 + \frac{6}{5}x^5 - \frac{4}{7}x^7 + \frac{1}{9}x^9
\end{aligned}$$

[後略]

そして、中間項が挿入されるならば、それは

$$x:\ x-\ :\ x-\frac{1}{3}x^3:\ x-\frac{3}{6}x^3+\ :\ x-\frac{2}{3}x^3+\frac{1}{5}x^5: \\ x-\frac{5}{6}x^3+\frac{2}{5}x^5- \tag{2.14}$$

となるであろう。　MP I, p.106

(2.14) の $x-\frac{5}{6}x^3+\frac{2}{5}x^5-$ は $x-\frac{5}{6}x^3+\frac{3}{8}x^5-$ の誤りである。これについては後ほど触れる。

つづいて、aeqp を補間するため、ウォリスに倣(なら)い $\dfrac{(-1)^k}{2k+1}x^{2k+1}$ の係数を表 2.2 にまとめた。最下行の 1st は adqp、その右の*は求める aeqp、2^{d} は afqp の係数を表す列

表 2.2　級数展開の係数

$+x$	$\times 1$	1	1	1	1
$\frac{-x^3}{3}$	$\times 0$	$0+1=1$	$1+1=2$	$2+1=3$	$3+1=4$
$\frac{+x^5}{5}$	$\times 0$	$0+0=0$	$0+1=1$	$1+2=3$	$3+3=6$
$\frac{-x^7}{7}$	$\times 0$	$0+0=0$	$0+0=0$	$0+1=1$	$1+3=4$
$\frac{+x^9}{9}$	$\times 0$	$0+0=0$	$0+0=0$	$0+0=0$	$0+1=1$
	1st *	2^{d} *	3^{d} *	4th *	5th

である。表 2.2 は、値が既知の列 ((2.13) において r が整数に対応する列) に関しては 2 行目以下の任意の項とその上の項の和は 1 つおきに取った右隣の項に等しいことを表している。

> 今、これらの数列に中間項が計算できれば、それらの最初の列が面積 aeqp を与える。　　　　MP I, p.107

として表 2.3 のように中間項を与えた。

表 2.3　補間した表

$+x$	$\times 1$	1	1	1	1	1	1	1	1	1	1
$\frac{-x^3}{3}$	$\times 0$	$\frac{1}{2}$	1	$\frac{3}{2}$	2	$\frac{5}{2}$	3	$\frac{7}{2}$	4	$\frac{9}{2}$	5
$\frac{+x^5}{5}$	$\times 0$	$-\frac{1}{8}$	0	$\frac{3}{8}$	1	$\frac{15}{8}$	3	$\frac{35}{8}$	6	$\frac{63}{8}$	10
$\frac{-x^7}{7}$	$\times 0$	$\frac{1}{16}$	0	$-\frac{1}{16}$	0	$\frac{5}{16}$	1	$\frac{35}{16}$	4	$\frac{105}{16}$	10
$\frac{+x^9}{9}$	$\times 0$	$-\frac{5}{128}$	0	$\frac{3}{128}$	0	$-\frac{5}{128}$	0	$\frac{35}{128}$	1	$\frac{315}{128}$	5
$-\frac{x^{11}}{11}$	$\times 0$	$\frac{7}{256}$	0	$-\frac{3}{256}$	0	$\frac{3}{256}$	0	$-\frac{7}{256}$	0	$\frac{63}{256}$	1
$\frac{x^{13}}{13}$	$\times 0$	$-\frac{21}{1024}$	0	$\frac{7}{1024}$	0	$-\frac{5}{1024}$	0	$\frac{7}{1024}$	0	$-\frac{21}{1024}$	0

この表に続いて、

それで

$$1\times x-\frac{1}{2}\times\frac{1}{3}\times x^3-\frac{1}{8}\times\frac{1}{5}\times x^5-\frac{1}{16}\times\frac{1}{7}\times x^7-\frac{5}{128}\times\frac{1}{9}\times x^9\&c$$

は面積 apqe である。すなわち、

$$\frac{0}{0}\times x-\frac{0}{0}\times\frac{1}{2}\times\frac{1}{3}\times x^3-\frac{0}{0}\times\frac{1}{2}\times\frac{1}{4}\times\frac{1}{5}\times x^5$$
$$-\frac{0}{0}\times\frac{1}{2}\times\frac{1}{4}\times\frac{3}{6}\times\frac{1}{7}\times x^7-\frac{1\times 3\times 5x^9}{2\times 4\times 6\times 8\times 9}\&c$$

数列は

$$\frac{0\times 1\times\ -1\times 3\times\ -5\times 7\times -9\times 11}{0\times 2\times\quad 4\times 6\times\quad 8\times 10\times 12\times 14} \tag{2.15}$$

から帰着される。　MP I, pp.107-108

と述べている。$\frac{0}{0}$ および $0\times$ はウォリスが用いた表記に由来しており、それぞれ 1 および $1\times$ の意味で用いている。ニュートンは数ヶ月後に一般二項定理を発見した際には正しく $1\times$ と表記している。最後の「数列は...」は

$$1=\frac{0}{0},\frac{1}{2}=\frac{0\times 1}{0\times 2},-\frac{1}{8}=\frac{0\times 1\times -1}{0\times 2\times 4},\cdots$$

を意味している。

表 2.3 の $-\frac{x^3}{3}$ の係数は公差 $\frac{1}{2}$ の等差数列であるが、$\frac{x^5}{5}$ の係数は等差数列ではなく、第 2 階差が $\frac{1}{4}$ の数列になる。しかしながらニュートンは、$\frac{x^5}{5}$ の係数も等差数列になると勘違いし、(2.14) の誤りを犯したと思われる。表 2.3 に基づいて点検を行わなかったため、誤りに気がつかなかったのであろう。数ヶ月後に一般二項定理を発見したときには正されている。

ニュートンは中間項をどのように決めたかについて記載していない。二項係数

$$\binom{n}{k} = \frac{n(n-1)\cdots(n-k+1)}{k!}$$

に $n = \frac{1}{2}$ を代入すると

$$\begin{aligned}&\frac{\frac{1}{2}(\frac{1}{2}-1)\cdots(\frac{1}{2}-k+1)}{k!} = \frac{1\cdot(-1)(-3)\cdots(-(2k-3))}{2^k k!}\\ =&(-1)^{k-1}\frac{1\times 1\times 3\times\cdots\times(2k-3)}{2\times 4\times\cdots\times(2k)}\end{aligned}$$

となるので、式 (2.15) の形よりニュートンは (2.13) の $r = \frac{1}{2}$ の列の $\frac{(-1)^k}{2k+1}x^{2k+1}$ の係数は二項係数の n に形式的に $\frac{1}{2}$ を代入して与えたと考えられている。その他の中間項は「2 行目以下の任意の項とその上の項の和は 1 つおきに取った右隣の項に等しい」と仮定して導いている。

数ヶ月後にニュートンは、おそらく今回とは別の方法で導き、詳細を明らかにしている。それについては 2.7 節 (p.40) で述べる。

証明が与えられてない仮定に基づき、中間項の決定にも理由が示されておらず、また些細(ささい)な誤りを含むとはいえ、ニュートンは当時誰も考えつかなかった

$$\int_0^x (1-t^2)^{\frac{1}{2}}dt = x - \frac{1}{6}x^3 - \frac{1}{40}x^5 - \frac{1}{112}x^7 - \frac{5}{1152}x^9 - \cdots \tag{2.16}$$

を導いたのである。この発見を契機として、ニュートンは無限級数を武器に前人未到の世界に入っていった。数学者ニュートンの誕生である。

2.4　双曲線の求積のための無限級数

ニュートンは円の求積のための無限級数の手稿 (MS-ADD-04000) の数ページ後で、双曲線の求積のための無限級数を求めている。

双曲線の面積

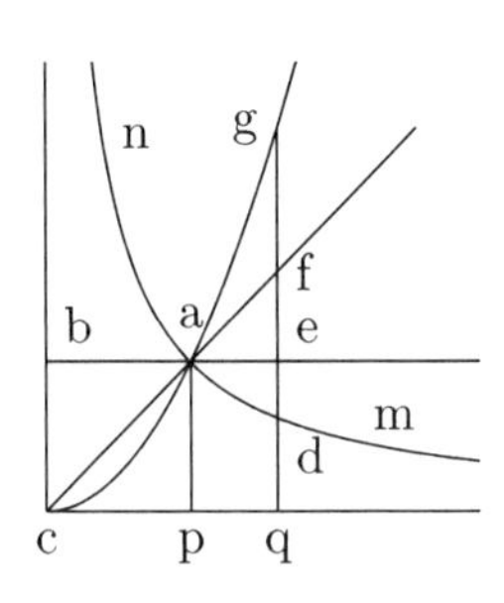

それで、もし nadm が 1 つの双曲線で、cp $=1=$ pa, pq $=x$, とする。qd, qe, qf, qg&c $=y$ とすると $\dfrac{1}{1+x}=y=$ dq, $1=y=$ eq, $1+x=y=$ qf $1+2x+xx=y=$ qg, $1+3x+3xx+x^3$, $1+4x+6x^2+4x^3+x^4$, &c それらの面積は

$$*, x, x+\frac{xx}{2}, x+\frac{2xx}{2}+\frac{x^3}{3}, x+\frac{3xx}{2}+\frac{3x^3}{3}+\frac{x^4}{4},$$

$$x+\frac{4xx}{2}+\frac{6x^3}{3}+\frac{4x^4}{4}+\frac{x^5}{5},$$

$$x+\frac{5xx}{2}+\frac{10x^3}{3}+\frac{10x^4}{4}+\frac{5x^5}{5}+\frac{x^6}{6}, \&c$$

であり、[係数は] 次表のようである。

	apqd =	apqe =	apqf =	apqg =					
$x\times$	1	1	1	1	1	1	1	1	1
$\frac{x^2}{2}\times$	-1	0	1	2	3	4	5	6	7
$\frac{x^3}{3}\times$	1	0	0	1	3	6	10	15	21
$\frac{x^4}{4}\times$	-1	0	0	0	1	4	10	20	35
$\frac{x^5}{5}\times$	1	0	0	0	0	1	5	15	35
$\frac{x^6}{6}\times$	-1	0	0	0	0	0	1	6	21
$\frac{x^7}{7}\times$	1	0	0	0	0	0	0	1	7

その第 1 項 [第 1 列] は双曲線の面積を表す。すなわち、

$$x-\frac{x^2}{2}+\frac{x^3}{3}-\frac{x^4}{4}+\frac{x^5}{5}-\frac{x^6}{6}+\frac{x^7}{7}-\frac{x^8}{8}+\frac{x^9}{9}-\frac{x^{10}}{10}\&c$$

MP I, pp.112-113

&c は「など (エトセトラ、etc)」を表し、等号の右辺と左辺は今日と逆である。たとえば、$1+x=y=\mathrm{qf}$ は今日では $\mathrm{qf}=y=1+x$ である。

$\frac{1}{1+x}=y=\mathrm{dq}$, の面積を $*$ で表しているのは、補間により求めるという印で、表の apqd の列が 1, -1, 1, -1, 1, -1, 1 となっているのは、「任意の項とその上の項の和は右隣の項に等しい」という規則に基づいて左側に延長して得たものと思われる。

もし、$x=\frac{1}{10}$ あるいは $\mathrm{cq}=\frac{11}{10}=1.1$ ならば

$$\mathrm{dapq}=\frac{1}{10}-\frac{1}{200}+\frac{1}{3000}-\frac{1}{40000}+\frac{1}{500000}-\frac{1}{6000000}\&c$$

すなわち [正の項は、]

$$
\begin{aligned}
\text{apqd} = [x =]&0.10000, 00000, 00000, 00000, 00000, 000\\
\frac{x^3}{3} =&0.00033, 33333, 33333, 33333, 33333, 333\\
\frac{x^5}{5} =&0.00000, 20000, 00000, 00000, 00000, 000\\
\frac{x^7}{7} =&0.00000, 00142, 85714, 28571, 42657, 142\\
\frac{x^9}{9} =&0.00000, 00001, 11111, 11111, 11111, 111\\
\frac{x^{11}}{11} =&0.00000, 00000, 00909, 09090, 09090, 090\\
\frac{x^{13}}{13} =&0.00000, 00000, 00007, 69230, 76923, 076\\
\frac{x^{15}}{15} =&0.00000, 00000, 00000, 06666, 66666, 666\\
\left[\frac{x^{17}}{17} =\right] &\qquad\qquad\qquad\qquad 00058, 82352, 941\\
\left[\frac{x^{19}}{19} =\right] &\qquad\qquad\qquad\qquad 00000, 52631, 578\\
\left[\frac{x^{21}}{21} =\right] &\qquad\qquad\qquad\qquad 00000, 00476, 190\\
\left[\frac{x^{23}}{23} =\right] &\qquad\qquad\qquad\qquad 00000, 00004, 347\\
\left[\frac{x^{25}}{25} =\right] &\qquad\qquad\qquad\qquad 00000, 00000, 040\\
\hline
\text{Summa } &0.10033, 53477, 31075, 58063, 57265, 520
\end{aligned}
$$

[である。負の項は]

$$
\begin{array}{r}
-\,0.00500,00000,00000,00000,00000,00000,00000,00000\\
2,50000,00000,00000,00000,00000,00000,00000\\
1666,66666,66666,66666,66666,66666,66666\\
12,50000,00000,00000,00000,00000,00000\\
10000,00000,00000,00000,00000,00000\\
83,33333,33333,33333,33333,33333\\
71428,57142,85714,28571,42857\\
630,55555,55555,55555,55555\\
5045,45454,54545,45454\\
41666,66666,66666\\
384,61538,46153\\
3,57142,85714\\
3364,58333\\
29411\\
\hline
-\,0.00502,51679,26750,72059,17744,28779,27385,30147
\end{array}
$$

[中略]

そして総和は

$$
\begin{array}{r}
+\,0.10033,53477,31075,58063,57265,520\\
-\,0.00502,51679,26750,72059,17744,287\\
\hline
0.09531,01798,04324,86004,39521,232
\end{array}
$$

MP I, pp.113-114

正の項 (x の奇数乗の項) は小数第 28 位、負の項は小数第 51 位まで (整数部分 1 桁を加えると 52 桁) 求めているが、桁数を揃えない理由は不明である。上記の計算に続いて、$x = \frac{1}{100}$

については正の項も負の項も小数第 46 位まで計算しているので、別の機会に異なる桁数で計算したものを転記したのかもしれない。数カ所転記ミスと思える間違いがあるが、計算結果は小数第 28 位まで正確である。なお、上記の数値は訂正済みのもので、負の項は小数第 40 位まで記載している。

ニュートンの姪の夫であるジョン・コンデュイット (1688-1737) は、ニュートンからの聞き書きとして

> 1664/5 年の冬に彼 [ニュートン] は無限級数の方法を見出した。そして、ペストによりケンブリッジから避難していた 1665 年夏にリンカシャーのブースビーにおいて双曲線の面積を同じ方法で 52 桁計算した。— 覚書。これはアイザック卿自身が手書きしたポケットブックに書かれている。　MP I, p.19

と書いている。ブースビーはトリニティーカレッジのフェローであるバビントンが当時教区司祭をしていた場所である。

2.5　無限級数の収束

ニュートンによる一般二項定理の発見に入る前に、無限級数 (本節では級数という) の収束についてまとめておく。

各項が実数または複素数からなる級数

$$\sum_{n=0}^{\infty} a_n \tag{2.17}$$

に対し、第 ν 部分和を $s_\nu = \sum_{n=0}^{\nu} a_n$ とおく。数列 $\{s_\nu\}$ が

数 s に収束するとき、級数 (2.17) は s に収束するといい、$s = \sum_{n=0}^{\infty} a_n$ とかく。(2.17) に対し、$\sum_{n=0}^{\infty} |a_n|$ が収束するとき、(2.17) は絶対収束するという。

つぎの命題は絶対収束級数の重要な性質である。

命題 2.1　(1)　絶対収束する級数は収束する。 (2)　絶対収束する級数は和の順序をかえてもつねに収束し、その和は一定である。

証明　微積分のテキスト、たとえば一松信『解析学序説』上巻, pp.181-182 を見よ。 □

絶対収束する級数は収束するが、逆は成り立たない。たとえば、$\sum_{n=1}^{\infty} (-1)^{n-1} \frac{1}{n}$ は $\log 2$ に収束するが、調和級数 $\sum_{n=1}^{\infty} \frac{1}{n}$ は $+\infty$ に発散する。

実軸または複素数平面の領域 (たとえば開区間や円板の内部)D で定義された連続関数の列 $\{f_n(x)\}$ の無限和で表される関数項級数 (本節では級数という)

$$\sum_{n=0}^{\infty} f_n(x) \tag{2.18}$$

が D の各点 x で関数 $f(x)$ に収束するとき、級数 (2.18) は $f(x)$ に収束するといい、

$$f(x) = \sum_{n=0}^{\infty} f_n(x), \quad x \in \mathrm{D}$$

と表す。$\sum_{n=0}^{\infty} |f_n(x)|$ が収束するとき、(2.18) は絶対収束するという。

べき級数 (整級数ともいう)

$$\sum_{n=0}^{\infty} a_n x^n \tag{2.19}$$

に対し R $(0 < R \leqq \infty)$ が、$|x| < R$ をみたすすべての x に対し絶対収束し、$|x| > R$ をみたすすべての x に対し発散するとき、R をべき級数 (2.19) の収束半径という。収束半径を与える定理の 1 つにダランベールの収束判定法がある。

命題 2.2　(ダランベールの収束判定法)　べき級数 (2.19) において、極限値

$$R = \lim_{n\to\infty} \left| \frac{a_n}{a_{n+1}} \right|$$

が存在すれば、R はべき級数 (2.19) の収束半径である。

証明　微積分の教科書を見よ。　□

命題 2.3　(べき級数の項別積分)　べき級数 (2.19) が収束半径 R $(0 < R \leqq \infty)$ を持つとき、

$$\int_0^x \left(\sum_{n=0}^{\infty} a_n t^n \right) dt = \sum_{n=0}^{\infty} \frac{a_n}{n+1} x^{n+1}, \quad |x| < R$$

証明　微積分の教科書を見よ。　□

2.6　指数の有理数への拡張

現在用いられている指数の表記法 x^n は、$n = 3, 4, 5, 6$ に対しルネ・デカルトが『幾何学』において初めて使った。それ

まで、たとえばヴィエトは A cubus, A quad-quad., A quad-cubus, A cubo-cubus などとしていた (ヴィエトは未知数に母音を当てた)。べき根についてデカルトが用いたのは、平方根 $\sqrt{\ }$ と立方根 $\sqrt{C.}$ である。ウォリスは『無限算術』で $m(=2,3,\ldots,10)$ 乗根を $\sqrt{}^{m}$ で表していたが、有理数冪(べき)は用いてない。ニュートンは遅くとも 1665 年中頃には、冪を正の有理数に拡張した。さらに、1676 年 6 月にライプニッツに送った「前の書簡」では、表 2.4 のように冪を正負の有理数に拡張し、

$$\frac{aa}{\sqrt{c:\overline{a^3+bbx}}}$$

を $aa \times \overline{a^3+bbx}\}^{-\frac{1}{3}}$ と表す例などを挙げている。

表 2.4　ニュートンによる有理数冪への拡張

従来の記法	ニュートンの記法
aa, aaa	a^2(および aa), a^3
$\sqrt{a}, \sqrt{a^3}, \sqrt{c.a^5}$	$a^{\frac{1}{2}}$(および $\sqrt{a}$), $a^{\frac{3}{2}}, a^{\frac{5}{3}}$
$\frac{1}{a}, \frac{1}{aa}, \frac{1}{a^3}$	a^{-1}, a^{-2}, a^{-3}

2.7　一般二項定理の発見

1665 年初めにニュートンは無限級数の方法を発見したが、その数ヶ月後 (ホワイトサイドは 1665 年秋と推定している) に一般二項定理を発見し、カレッジノート (MS-ADD-03958)

に書いている。

命題 **2**

$$\frac{aa}{b+x}=\frac{aa}{b}-\frac{aax}{bb}+\frac{aaxx}{b^3}-\frac{aax^3}{b^4}+\frac{aax^4}{b^5}-\frac{aax^5}{b^6}+\frac{aax^6}{b^7}\&c \tag{2.20}$$

これらの項に対し

$$\frac{aa}{b+x},\ aa,\ aab+aax,\ aabb+2aabx+aaxx,\ aab^3+3aabbx+3aabxx+aax^3, \tag{2.21}$$

は連続的比例の関係にあり、それらの項は次のように並べられる。

$$\begin{array}{lllllll} \frac{aa}{b+x} & aa & aab & aabb & aab^3 & aab^4 & \\ & & aax & 2aabx & 3aabbx & 4aab^3x & \\ & & & aaxx & 3aabxx & 6aabbxx & \&c \\ & & & & aax^3 & 4aabx^3 & \\ & & & & & aax^4 & \end{array}$$

MP I, p.127

(2.21) の 5 つの式の x に関する最高次の項が (2.20) の右辺各項の分子に現れる。(2.21) が連続的比例の関係にあるとは、

$$\frac{\frac{aa}{b+x}}{aa}=\frac{aa}{aab+aax}=\frac{aab+aax}{aabb+2aabx+aaxx}$$
$$=\frac{aabb+2aabx+aaxx}{aab^3+3aabbx+3aabxx+aax^3}=\frac{1}{b+x}$$

を意味する。そのあとの表の各列は、(2.21) の各項の $1, x, x^2, x^3, \ldots$ に関する級数展開を表している。なお命題 2 は、初項 $\frac{a^2}{b}$, 公比 $-\frac{x}{b}$ の無限等比級数の和の公式から導ける。$|x| < b$ のとき左辺に絶対収束する。

さらに空欄を 0 で埋め表 2.5 を与えた。

表 2.5

$\dfrac{aa}{b+x}$	$1 \times aa$	$1 \times aab$	$1 \times aabb$	$1 \times aab^3$	$1 \times aab^4$
	$0 \times \dfrac{aax}{b}$	$1 \times aax$	$2 \times aabx$	$3 \times aabbx$	$4 \times aab^3x$
	$0 \times \dfrac{aaxx}{bb}$	$0 \times \dfrac{aax^2}{b}$	$1 \times aaxx$	$3 \times aabxx$	$6 \times aabbxx$
	$0 \times \dfrac{aax^3}{b^3}$	$0 \times \dfrac{aax^3}{bb}$	$0 \times \dfrac{aax^3}{b}$	$1 \times aax^3$	$4 \times aabx^3$
	$0 \times \dfrac{aax^4}{b^4}$	$0 \times \dfrac{aax^4}{b^3}$	$0 \times \dfrac{aax^4}{bb}$	$0 \times \dfrac{aax^4}{b}$	$1 \times aax^4$

$\dfrac{aa}{b+x}$ の級数展開を求めるため、係数だけを取り出し、1 つ上の項との和が右隣の項に一致するという規則で左側に延長し表 2.6 を得た。左から 4 列目 $1, -1, 1, -1, 1, \ldots$ は命題 2 により確認できる。

ニュートンは 1 つまたは 2 つの中間項を挿入、すなわち $-\frac{5}{2}, -\frac{3}{2}, -\frac{1}{2}, \frac{1}{2}, \frac{3}{2}, \ldots$ あるいは $-\frac{5}{3}, -\frac{4}{3}, -\frac{2}{3}, -\frac{1}{3}, \frac{1}{3}, \ldots$ 乗の項を補間するにあたり、数列は表 2.7 の形を持つと考えた。1 つの中間項を挿入する場合、任意の項とその上の項の和は 1 つおきにとった右隣の項に等しい ($a + b = b + 2c$, すなわち $a = 2c$ などを要求する)。2 つの中間項を挿入する場合、任意の項とその上の項の和は 2 つおきにとった右隣の項に等しい ($a + b = b + 3c$, すなわち $a = 3c$ などを要求する)。

表 2.6

1	1	1	1	1	1	1	1	1	1	1	1
−4	−3	−2	−1	0	1	2	3	4	5	6	7
10	6	3	1	0	0	1	3	6	10	15	21
−20	−10	−4	−1	0	0	0	1	4	10	20	35
35	15	5	1	0	0	0	0	1	5	15	35
−56	−21	−6	−1	0	0	0	0	0	1	6	21
84	28	7	1	0	0	0	0	0	0	1	7

表 2.7　数列の形式

a	a	a	a	a
b	$b+c$	$b+2c$	$b+3c$	$b+4c$
d	$d+e$	$d+2e+f$	$d+3e+3f$	$d+4e+6f$
g	$g+h$	$g+2h+i$	$g+3h+3i+k$	$g+4h+6i+4k$
l	$l+m$	$l+2m+n$	$l+3m+3n+p$	$l+4m+6n+4p+q$
r	$r+s$	$r+2s+t$	$r+3s+3t+v$	$r+4s+6t+4v+w$

1 つの中間項を挿入する場合、さらに表 2.7 の 3 行目は

$$\begin{array}{ccccc} 3 & * & 1 & * & 0 \quad * \\ d-4e+10f & d-3e+6f & d-2e+3f & d-e+f & d \quad d+e \\ \hline 0 & * & 1 & * & 3 \\ d+2e+f & d+3e+3f & d+4e+6f & d+5e+10f & d+6e+15f \end{array}$$

と左右に延長される。3 $*$ 1 $*$ 0 $*$ $\cdots$ の $*$ 印を除いた数字の列は表 2.6 の 3 行目で、$*$ 印は左から $-\frac{3}{2}, -\frac{1}{2}, \frac{1}{2}$ 乗の係数である。

表 2.7 の第 3 行から得られる

$$\begin{cases} d - 4e + 10f = 3 \\ d - 2e + 3f = 1 \\ d = 0 \end{cases}$$

を解くと、$d = 0, e = -\frac{1}{8}, f = \frac{1}{4}$ となるが、これらは $d + 2e + f = 0, d + 4e + 6f = 1, d + 6e + 15f = 3$ を満たしている。同様に第 1 行から $a = 1$, 第 2 行から $b = 0, c = -\frac{1}{2}$, 第 4 行から $g = 0, h = \frac{1}{16}, i = -\frac{1}{8}, k = \frac{1}{8}$ を決めることができる。このようにして表 2.8(第 1 列と第 1 行の見出しは筆者が補った) が得られる。

表 2.8　$(1+x)^n, (n = -3, -\dfrac{5}{2}, -2, -\dfrac{3}{2}, -1, \ldots, \dfrac{5}{2}, 3)$

n	-3	$-\frac{5}{2}$	-2	$-\frac{3}{2}$	-1	$-\frac{1}{2}$	0	$\frac{1}{2}$	1	$\frac{3}{2}$	2	$\frac{5}{2}$	3
x^0	1	1	1	1	1	1	1	1	1	1	1	1	1
x^1	-3	$-\frac{5}{2}$	-2	$-\frac{3}{2}$	-1	$-\frac{1}{2}$	0	$\frac{1}{2}$	1	$\frac{3}{2}$	2	$\frac{5}{2}$	3
x^2	6	$\frac{35}{8}$	3	$\frac{15}{8}$	1	$\frac{3}{8}$	0	$-\frac{1}{8}$	0	$\frac{3}{8}$	1	$\frac{15}{8}$	3
x^3	-10	$-\frac{105}{16}$	-4	$-\frac{35}{16}$	-1	$-\frac{5}{16}$	0	$\frac{1}{16}$	0	$-\frac{1}{16}$	0	$\frac{5}{16}$	1
x^4	15	$\frac{1155}{128}$	5	$\frac{315}{128}$	1	$\frac{35}{128}$	0	$-\frac{5}{128}$	0	$\frac{3}{128}$	0	$-\frac{5}{128}$	0

表 2.8 に引き続き、

数列 $1, \dfrac{1}{2}, \dfrac{-1}{8}, \dfrac{1}{16}, \dfrac{-5}{128}, \dfrac{7}{256}$&c は

$$\frac{1 \times 1 \times -1 \times 3 \times -5 \times 7 \times -9 \times 11}{1 \times 2 \times \quad 4 \times 6 \times \quad 8 \times 10 \times 12 \times 14}$$

から導かれることを指摘する。そして、残りの中間の項はそこから容易に導かれる。　MP I, p.132

同様にして、$(1+x)^{\frac{q}{3}}$ を展開した級数も与えられており、一般二項定理の一歩手前まで到達している。円の求積のための無限級数 (p.31) ではウォリス由来の $0\times$ が用いられていたが、ここでは $1\times$ と修正されている。

2.8 一般二項定理の完成

ニュートンは、双曲線の求積のための無限級数を与えたカレッジノートブック (MS-ADD-04000) に、空白の数十ページを挟んで一般二項係数と一般二項定理を完全な形で与えている (図 2.4 参照)。

> **命題 6** もし $\dfrac{m}{n}=x$ ならばこの数列
>
> $$\frac{m\times\overline{m-n}\times\overline{m-2n}\times\overline{m-3n}\times\overline{m-4n}\times\overline{m-5n}}{n\times\quad 2n\times\quad 3n\times\quad 4n\times\quad 5n\times\quad 6n}\&c$$
>
> は [表 2.8 のような] 表のすべての値を与える。[最初の 4 項の] 値は
>
> $$\frac{1}{1},\ \frac{m}{n},\ \frac{m\times\overline{m-n}}{n\times 2n},\ \frac{m\times\overline{m-n}\times\overline{m-2n}}{n\times 2n\times 3n},\ \&c$$
>
> である。もし $m=3, n=1$ のときは 1, 3, 3, 1 であり、$\dfrac{m}{n}=\dfrac{1}{2}=x$ のときは、
>
> $$1,\ \frac{1}{2},\ \frac{-1}{8},\ \frac{1}{16},\ \frac{-5}{128},\ \frac{7}{256}\&c$$
>
> である。 MP I, p.320

Prop 6t. If $\frac{m}{n} = x$. This Progression $\frac{m\times m-n\times m-2n\times m-3n\times m-4n\times m-5n}{n\times 2n\times 3n\times 4n\times 5n\times 6n}$ &c gives all ye quantitys downward in ye preceding table. As if $m=3$. $n=1$. the quantitys downward are $\frac{1}{1}$. $\frac{m}{n}$. $\frac{m\times m-n}{n\times 2n}$. $\frac{m\times m-n\times m-2n}{n\times 2n\times 3n}$. $\frac{m\times m-n\times m-2n\times m-3n}{n\times 2n\times 3n\times 4n}$. &c yt is 1. 3. 3. 1. 0. 0 &c. So if $\frac{m}{n} = \frac{1}{2} = x$. yt 1. $\frac{1}{2}$. $-\frac{1}{8}$. $\frac{1}{16}$. $-\frac{5}{128}$. $\frac{7}{256}$. &c. are ye terms downward.

Prop 7th. $\overline{a+b}^{\frac{m}{n}} = a^{\frac{m}{n}} + \frac{m}{n}\times\frac{b}{a}\times a^{\frac{m}{n}} + \frac{m}{n}\times\frac{m-n}{2n}\times\frac{bb}{aa}\times a^{\frac{m}{n}} + \frac{m}{n}\times\frac{m-n}{2n}\times\frac{m-2n}{3n}\times\frac{b^3}{a^3}\times a^{\frac{m}{n}}$. &c. As may bee deduced from $a^{\frac{m}{n}}\times\frac{mb}{na}\times\frac{mb-nb}{2na}\times\frac{mb-2nb}{3na}\times\frac{mb-3nb}{4na}\times\frac{mb-4nb}{5na}$ &c.

~~Prop 8th~~ [illegible] The truth of this Prop: appeareth by comparing it wth ye two former as also by calculation if $\frac{m}{n}$ is a whole & affirmative number, or b lesse yn a.

Prop 8th. $\frac{1}{\overline{a+b}^{\frac{m}{n}}} = \frac{1}{a^{\frac{m}{n}}} - \frac{m}{n}\times\frac{b}{a}\times\frac{1}{a^{\frac{m}{n}}} - \frac{m}{n}\times\frac{-m-n}{2n}\times\frac{bb}{aa} \times\frac{1}{a^{\frac{m}{n}}} - \frac{m}{n}\times\frac{-m-n}{2n}\times\frac{-m-2n}{3n}\times\frac{b^3}{a^3}\times\frac{1}{a^{\frac{m}{n}}}$. &c. As may bee deduced from $\frac{1}{a^{\frac{m}{n}}}\times\frac{-mb}{na}\times\frac{-mb-nb}{2na}\times\frac{-mb-2nb}{3na}\times\frac{-mb-3nb}{4na}$ &c.

The truth of this appeares also by ye 5t & 6t propositions, or by calculation If a ⊏ b.

The truth of these two prop is also thus demonstrated If $\overline{a+b}^{-1} = \frac{1}{a+b}$ & divide 1 by a+b as in decimall fractions to find ye quote $\frac{1}{a} - \frac{b}{aa} + \frac{bb}{a^3} - \frac{b^3}{a^4} + \frac{b^4}{a^5}$ &c as appeareth also by multiplying both pts by a+b. So if extract ye root of a^2+b as if they were decimall numbers to find $\sqrt{aa+b} = a + \frac{b}{2a} - \frac{bb}{8a^3} + \frac{b^3}{16a^5}$ &c, as also may appeare by squaring [illegible] pts

図 2.4 Prop 6th で一般二項係数、Prop 7th と Prop 8th で一般二項定理を与えている。https://cudl.lib.cam.ac.uk/view/MS-ADD-04000/310 ケンブリッジデジタルライブラリ

命題 6 では正の有理数に対する一般二項係数を与えている。現代的記法では、

$$\begin{aligned}\binom{\frac{m}{n}}{0} &=1\\ \binom{\frac{m}{n}}{k} &=\frac{\frac{m}{n}\left(\frac{m}{n}-1\right)\left(\frac{m}{n}-2\right)\cdots\left(\frac{m}{n}-k+1\right)}{k!}\\ &=\frac{m(m-n)(m-2n)\cdots(m-nk+n)}{n\cdot 2n\cdot 3n\cdots(kn)}\end{aligned} \tag{2.22}$$

となる。ここで、m は非負整数、n,k は正の整数である。

命題 7 と命題 8 で有理数冪の一般二項定理を与えている。

命題 7

$$\begin{aligned}\overline{a+b}\}^{\frac{m}{n}} =& a^{\frac{m}{n}}+\frac{m}{n}\times\frac{b}{a}\times a^{\frac{m}{n}}+\frac{m}{n}\times\frac{m-n}{2n}\times\frac{bb}{aa}\times a^{\frac{m}{n}}\\ &+\frac{m}{n}\times\frac{m-n}{2n}\times\frac{m-2n}{3n}\times\frac{b^3}{a^3}\times a^{\frac{m}{n}}\ \&\text{c.}\end{aligned} \tag{2.23}$$

命題 8

$$\begin{aligned}\frac{1}{\overline{a+b}\}^{\frac{m}{n}}} =& \frac{1}{a^{\frac{m}{n}}}-\frac{m}{n}\times\frac{b}{a}\times\frac{1}{a^{\frac{m}{n}}}-\frac{m}{n}\times\frac{-m-n}{2n}\times\frac{bb}{aa}\times\frac{1}{a^{\frac{m}{n}}}\\ &-\frac{m}{n}\times\frac{-m-n}{2n}\times\frac{-m-2n}{3n}\times\frac{b^3}{a^3}\times\frac{1}{a^{\frac{m}{n}}}\ \&\text{c.}\end{aligned} \tag{2.24}$$

ここで、m,n は正の整数である。1665 年当時ニュートンは負の有理数冪を使ってなかったので正の場合を命題 7、負の場合を命題 8 としている。

ニュートンは、(2.23) の $m=1,n=2$ の場合と (2.24) の $m=1,n=1$ の場合を以下のように確かめている。

これら 2 つの命題が真であることはこのように示される：もし、$\dfrac{1}{\overline{a+b}|^{\frac{1}{1}}} = \dfrac{1}{a+b}$ ならば、10 進数の割り算のように 1 を $a+b$ で割ると

$$\frac{1}{a} - \frac{b}{aa} + \frac{bb}{a^3} - \frac{b^3}{a^4} + \frac{b^4}{a^5}\&\text{c}$$

となる。正しいことは

$$\frac{1}{a+b} = \frac{1}{a} - \frac{b}{aa} + \frac{bb}{a^3} - \frac{b^3}{a^4} + \frac{b^4}{a^5}\&\text{c}$$

の両辺に $a+b$ を掛けると $1=1$ となることから分かる。そして、a^2+b の [平方] 根を 10 進数のように開き

$$\sqrt{a^2+b} = a + \frac{b}{2a} - \frac{bb}{8a^3} + \frac{b^3}{16a^5}\&\text{c} \tag{2.25}$$

両辺二乗すれば確かめられる。　MP I, p.321

(2.23) の $\frac{m}{n} = \frac{1}{2}$ の場合、

$$\left(a + \frac{b}{2a} - \frac{bb}{8a^3} + \frac{b^3}{16a^5} + \cdots\right)^2$$
$$= a^2 + b + \frac{b^2}{4a^2} - \frac{b^2}{4a^2} - \frac{b^3}{8a^5} + \frac{b^3}{8a^5} + \cdots = a^2 + b$$

ということをニュートンは主張しているのであるが、今日の基準では、(2.25) の右辺の級数が $b < a^2$ のとき絶対収束することから和の順序によらないことなどをいう必要がある。

なお、10 進数の割り算と開平のように級数展開する方法は、『解析について』(1669) で詳述している。それについては 5.3 節で述べる。

一般二項係数 (2.22) を用いて一般二項定理を書き直すと

$$(a+b)^{\frac{m}{n}} = a^{\frac{m}{n}}\left(1+\binom{\frac{m}{n}}{1}\frac{b}{a}+\binom{\frac{m}{n}}{2}\frac{b^2}{a^2}+\binom{\frac{m}{n}}{3}\frac{b^3}{a^3}+\cdots\right)$$

となる。$a=1, b=x$ の場合に現代の微積分学により証明をつけておく。

定理 2.2 (一般二項定理) m は整数、n は自然数とする。

$$(1+x)^{\frac{m}{n}} = \sum_{k=0}^{\infty}\binom{\frac{m}{n}}{k}x^k \tag{2.26}$$

$$=1+\frac{m}{n}x+\frac{m(m-n)}{2!n^2}x^2+\frac{m(m-n)(m-2n)}{3!n^3}x^3+\cdots$$

は、$-1<x<1$ で絶対収束する。

証明　$f(x)=(1+x)^{\frac{m}{n}}$ の k 階導関数は

$$\begin{aligned}f^{(k)}(x) &= \frac{m}{n}\left(\frac{m}{n}-1\right)\cdots\left(\frac{m}{n}-(k-1)\right)(1+x)^{\frac{m}{n}-k}\\ &= k!\binom{\frac{m}{n}}{k}(1+x)^{\frac{m}{n}-k}\end{aligned}$$

なので、

$$f^{(k)}(0) = k!\binom{\frac{m}{n}}{k}$$

である。よって、(2.26) は $(1+x)^{\frac{m}{n}}$ のマクローリン展開である。ダランベールの収束判定法 (p.39) より収束半径 R は

$$R=\lim_{k\to\infty}\left|\binom{\frac{m}{n}}{k}\Big/\binom{\frac{m}{n}}{k+1}\right| = \lim_{k\to\infty}\left|\frac{k+1}{\frac{m}{n}-k}\right| = 1$$

なので、(2.26) は $|x|<1$ で絶対収束する。□

一般二項定理から四分円の切片の級数展開 (2.16) 式 (p.32) が導ける。

系 2.1

$$\int_0^x (1-t^2)^{\frac{1}{2}}\,dt = x - \frac{1}{6}x^3 - \frac{1}{40}x^5 - \frac{1}{112}x^7 - \frac{5}{1152}x^9 - \cdots$$

証明　定理 2.2 において、x を $-t^2$、$m=1, n=2$ とおくと

$$\begin{aligned}(1-t^2)^{\frac{1}{2}} &= \sum_{k=0}^{\infty}\binom{\frac{1}{2}}{k}(-1)^k t^{2k}\\ &=1 - \frac{1}{2}t^2 - \frac{1}{8}t^4 - \frac{1}{16}t^6 - \frac{5}{128}t^8 - \cdots, \quad 0 \leqq t < 1\end{aligned}$$

無限級数は絶対収束するので項別積分により

$$\begin{aligned}&\int_0^x (1-t^2)^{\frac{1}{2}}\,dt\\ &=x - \frac{1}{6}x^3 - \frac{1}{40}x^5 - \frac{1}{112}x^7 - \frac{5}{1152}x^9 - \cdots, \quad 0 \leqq x < 1\end{aligned}$$

となる。 □

同様に $\log(1+x)$ の級数展開も導ける。

系 2.2

$$\log(1+x) = x - \frac{x^2}{2} + \frac{x^3}{3} - \frac{x^4}{4} + \frac{x^5}{5} - \cdots$$

証明　定理 2.2 において、$x = t, m = -1, n = 1$ とおくと

$$\frac{1}{1+t} = 1 - t + t^2 - t^3 + t^4 - \cdots, \quad -1 < t < 1$$

無限級数は絶対収束するので項別積分により

$$\log(1+x) = x - \frac{x^2}{2} + \frac{x^3}{3} - \frac{x^4}{4} + \frac{x^5}{5} - \cdots, \quad -1 < x < 1$$

□

ニュートンは一般二項定理をウォリスに倣い補間、補外と類推により導きだした。証明は付けておらず、無限級数の収束も検討していない。

なにはともあれ、これまで整式で表される曲線しか求積できなかったのが、ある範囲の代数曲線 (2 変数多項式 $f(x,y)$ により $f(x,y)=0$ と表せる曲線) が一般二項定理と項別積分により求積できるようになったのであるから、解析学発展における影響は計り知れない。

ニュートンは代数曲線の無限級数展開を、『解析について』(1669) および『方法について』(1671) で述べている。これらについては 5.4.2 節 (p.162) および 5.4.3 節 (p.171) で取り上げる。

2.9 「前の書簡」で述べた一般二項定理

ニュートンが 1676 年 6 月 13 日と 10 月 24 日に王立協会書記のヘンリー・オルデンバーグ宛手紙 (実質的にはライプニッツ宛て) に指数の有理数への拡張、有理数冪の一般二項定理を書いている。ライプニッツとの優先権論争の際、6 月の手紙は「前の書簡(エピストラ・プリオール)」、10 月の手紙は「後の書簡(エピストラ・ポステリオール)」と呼ばれた。これらの手紙はイギリスの数学者のコミュニティで回覧されている。1685 年にウォリスは『代数論考』においてニュートンの 10 月の手紙を引用して一般二項定理を紹介している。

「前の書簡」で述べた一般二項定理は、

$$\overline{P+PQ}\}^{\frac{m}{n}} = P^{\frac{m}{n}} + \frac{m}{n}AQ + \frac{m-n}{2n}BQ + \frac{m-2n}{3n}CQ + \frac{m-3n}{4n}DQ + \&\mathrm{c} \quad (2.27)$$

というものである。$P+PQ$ はべき根あるいは冪などを求める量、P はその第 1 項、Q は残りの項を第 1 項で割った商である。$A, B, C, D, \ldots$ は直前の項を表しているので

$$A = P^{\frac{m}{n}},$$
$$B = \frac{m}{n}P^{\frac{m}{n}}Q$$
$$C = \frac{m-n}{2n}BQ = \frac{m-n}{2n}\frac{m}{n}P^{\frac{m}{n}}Q^2$$
$$D = \frac{m-2n}{3n}\frac{m-n}{2n}\frac{m}{n}P^{\frac{m}{n}}Q^3$$

となる。「前の書簡」では、$P, Q, A, B, \ldots$ の説明を付け、

$$\sqrt{c^2+x^2},\ \sqrt[5]{c^5+c^4x-x^5},\ \frac{N}{\sqrt[3]{y^3-a^2y}},\ \sqrt[3]{(d+e)^4}$$

など 9 つの級数展開を用いて丁寧に説明している。

$(a+b)^{\frac{m}{n}}$ に適用すると、$P=a, Q=\frac{b}{a}$ であるので、(2.27) は (2.23) に一致する。本書の表紙を飾る数式は、(2.27) である。

第3章

流率法の発見以前 (2)
— 法線、接線、曲率

ニュートンは、1665年半ば頃には微分積分学の基本定理を認識するのであるが、その前後の1665年5月には、無限小を用いて法線影と接線影を求めている。また、曲率中心を導関数や偏導関数に相当する記号を用いて表した。

本章ではこれらについて順に見ていく。微分積分学の基本定理については、次章 (p.124) で取り上げる。

3.1 接線、法線、接線影、法線影

古代ギリシャにおける接線の定義は、エウクレイデスの『原論』第III巻にある

> 定義2. 円に触れる直線で、延長されたとき円を切らないものは全て円に接すると言われる。 [14, p.279]

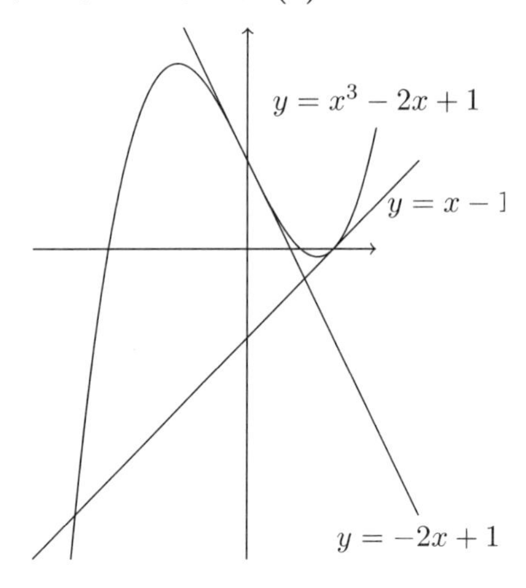

図 3.1 エウクレイデスの定義があてはまらない例

である。この定義は、「直線が曲線と 1 点のみを共有するとき直線は曲線の接線である」と拡張することにより円に限らず円錐曲線 (放物線、楕円、双曲線) にも適用できる。しかしながら、3 次曲線などについてはあてはまらないので、新しい定義が必要となる。図 3.1(曲線は $y = x^3 - 2x + 1$) では、変曲点 $(0, 1)$ における接線 $y = -2x + 1$ は曲線と変曲点のみを共有しているが、変曲点以外における接線 (たとえば、$y = x - 1$) は接点以外の点で交わる。

関連する用語を図 3.2 の放物線 C を例に取り説明する。直線 AT が接線、点 A が接点、直線 AN が法線、線分 BT が接線影、線分 BN が法線影である。B, T, N の座標をそれぞれ b, t, n としたとき、接線影と法線影の符号付きの長さを $b - t, n - b$ により定義する。

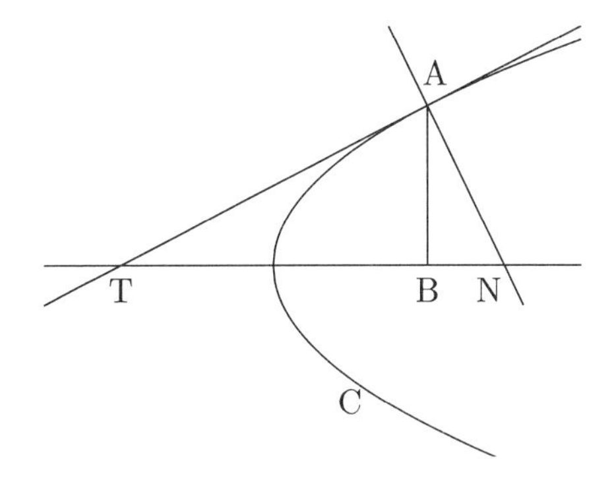

図 3.2　放物線における接線、法線など

微積分学では接線の定義は次のようになる。曲線 C : $y = f(x)$ の上に 1 定点 $\mathrm{P} = (c, f(c))$ と他の点 $\mathrm{Q} = (c+h, f(c+h))$ をとり、点 P と点 Q を結ぶ直線 (C の割線) の傾き (方向係数) は平均変化率

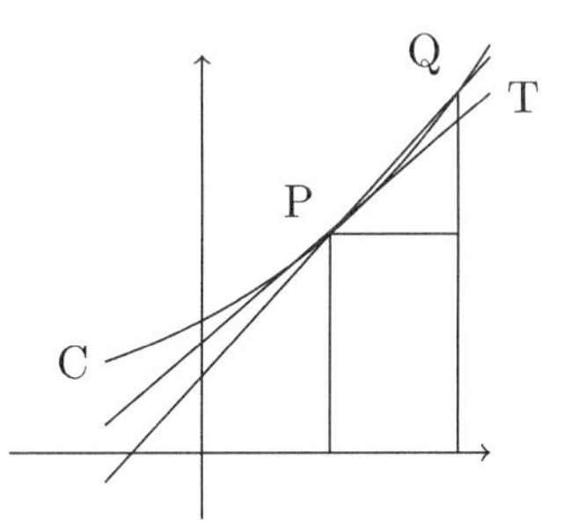

$$\frac{f(c+h) - f(c)}{h}$$

に等しい。Q を曲線 C に沿って P に近づけたとき、直線 PQ がある一定の直線 PT に近づくならば、直線 PT を点 P における曲線 C の接線という。このとき、$f(x)$ は c で微分可能で、接線の傾きは変化率

$$f'(c) = \lim_{h \to 0} \frac{f(c+h) - f(c)}{h}$$

に等しい。接線の方程式は

$$y = f'(c)(x - c) + f(c)$$

と表せる。法線の方程式は

$$\begin{cases} x = c & f'(c) = 0 \text{ のとき} \\ y = -\dfrac{1}{f'(c)}(x - c) + f(c) & f'(c) \neq 0 \text{ のとき} \end{cases}$$

である。

区間 I で定義された関数 $f(x)$ が I の各点で微分可能なとき、x に微分係数 $f'(x)$ を対応させる関数を $f(x)$ の導関数といい $f'(x)$ と書く。導函数が存在し連続のとき、$f(x)$ は I で連続微分可能、あるいは C^1 級という。

2 変数関数 $f(x, y)$ の接線と法線の方程式について述べる前に偏微分について簡単にまとめておく。

$f(x, y)$ に対し、$y = y_0$ を固定した x のみの関数 $\phi(x) = f(x, y_0)$ が x_0 で微分可能なとき、$f(x, y)$ は (x_0, y_0) において x について偏微分可能といい、$\phi'(x_0)$ を $f(x, y)$ の (x_0, y_0) における x に関する偏微分係数といい

$$\frac{\partial f(x_0, y_0)}{\partial x}, \quad f_x(x_0, y_0)$$

などと書く。y に関する偏微分係数も同様である。

2 変数関数 $z = f(x, y)$ が領域 (円板の内部、長方形の内部など) D の各点で x に関し偏微分可能なとき、各点にその点における x に関する偏微分係数を対応させた関数を x に関する偏導関数といい

$$\frac{\partial f}{\partial x}(x, y), \quad \frac{\partial f(x, y)}{\partial x}, \quad f_x(x, y), \quad z_x, \quad \frac{\partial z}{\partial x},$$

などと書く。y に関する偏導関数も同様である。

領域 D で定義された関数 $f(x,y)$ に対し、$f_x(x,y)$ と $f_y(x,y)$ がともに存在して連続のとき、$f(x,y)$ は D で連続微分可能、あるいは C^1 級という。

命題 3.1　(2 変数関数の合成関数の微分) $f(x,y)$ は領域 D で C^1 級とし、$x(t), y(t)$ は区間 I でそれぞれ C^1 級で、曲線 C : $x = x(t), y = y(t)$ は D に含まれるとき、

(1)　t の関数

$$F(t) = f(x(t), y(t))$$

は I で微分可能で、

$$F'(t) = f_x(x,y)\frac{dx}{dt} + f_y(x,y)\frac{dy}{dt}$$

である。

(2)　とくに、$x = t$ のときは

$$\frac{d}{dx}f(x,y) = f_x(x,y) + \frac{dy}{dx}f_y(x,y)$$

である。

証明　微積分のテキストを参照のこと。　□

命題 3.2　$f(x,y)$ は C^1 級の関数で $f_x(x_0,y_0) \neq 0, f_y(x_0,y_0) \neq 0$ と仮定する。このとき

(1)　曲線 $f(x,y)=0$ の点 (x_0,y_0) における接線は

$$y = -\frac{f_x(x_0,y_0)}{f_y(x_0,y_0)}(x-x_0)+y_0$$

で、接線影の符号付きの長さは

$$-y_0\frac{f_y(x_0,y_0)}{f_x(x_0,y_0)}$$

である。

(2)　曲線 $f(x,y)=0$ の点 (x_0,y_0) における法線は

$$y = \frac{f_y(x_0,y_0)}{f_x(x_0,y_0)}(x-x_0)+y_0$$

で、法線影の符号付きの長さは

$$-y_0\frac{f_x(x_0,y_0)}{f_y(x_0,y_0)}$$

である。

証明　$f(x,y)=0$ を x で微分すると、命題 3.1(2) より

$$f_x + \frac{dy}{dx}f_y = 0$$

である。

(1) 点 (x_0,y_0) における $f(x,y)=0$ の接線の方程式は

$$y-y_0 = -\frac{f_x(x_0,y_0)}{f_y(x_0,y_0)}(x-x_0)$$

であり、接線と x 軸の交点 t は $t = x_0 + \dfrac{f_y(x_0, y_0)}{f_x(x_0, y_0)} y_0$ なので、接線影の符号付きの長さ $x_0 - t$ は

$$-y_0 \frac{f_y(x_0, y_0)}{f_x(x_0, y_0)}$$

である。

(2) も同様である。 □

点 (x_0, y_0) において

$$f(x_0, y_0) = f_x(x_0, y_0) = f_y(x_0, y_0) = 0$$

のとき、(x_0, y_0) を $f(x, y) = 0$ の特異点という。

3.2　デカルトの法線決定法とフッデによる改良

デカルトは解析幾何学を『方法序説』の試論として収めた『幾何学』(1637) において提唱した。デカルトは、同書第 2 巻で幾何的曲線 (今日の代数曲線) の法線決定法を与えている。デカルトは、縦軸を x 軸、横軸を y 軸に取っているが、現代の方式に合わせ x と y を入れ換える。

図 3.3 において、曲線 AC は

$$f(x, y) = 0 \tag{3.1}$$

とし、軸上の点 P を中心とする円が曲線 AC と 2 点 C,E で交わるとする。このとき C における曲線の法線を決定する。$\mathrm{AM} = x, \mathrm{MC} = y, \mathrm{CP} = s, \mathrm{AP} = v$ とすると、$\triangle\mathrm{PCM}$ は直角三角形だから

$$s^2 = y^2 + v^2 - 2vx + x^2 \tag{3.2}$$

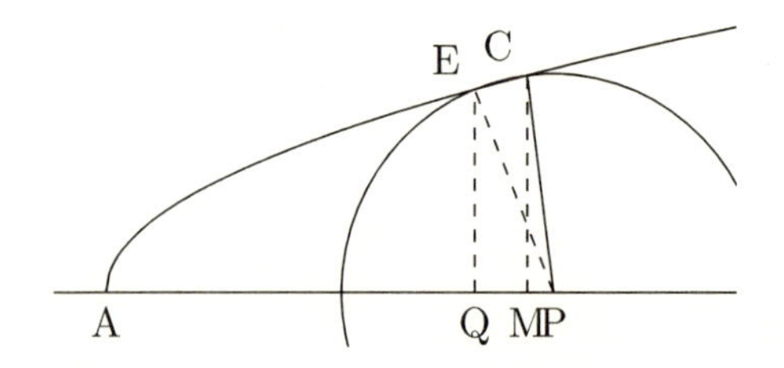

図 3.3　デカルトの法線の決定

となる。(3.1)(3.2) から y を消去すると

$$f(x, \sqrt{s^2 - v^2 + 2vx - x^2}) = 0 \tag{3.3}$$

が得られる。(3.3) は 2 つの根 $(x = \mathrm{AM}, \mathrm{AQ})$ を持つが、C, E が一致するとき、すなわち円が曲線に接するときは、2 つの根は 1 つになり重根 $(x = \mathrm{AM})$ となる。重根 e を持つとき、(3.3) は $(x - e)^2$ で割り切れる。デカルトは未定係数法により v を e すなわち x で表し、P を決定した。デカルトはいくつかの代数曲線に対し、法線 CP を与えた。

実は、円錐曲線であっても接する円の中心 (曲率中心) は一般に軸上にないので、デカルトの方法は正しくない。しかしながら、デカルトの方法において、P を軸と法線の交点とし、「円が曲線に接するとき」を「C と E が一致するとき」と読み替えれば、ほぼ正しくなる。ニュートンは、訂正された方法を 1665 年 5 月 20 日付けの手稿 (p.69) で与えている。

デカルトが取り上げた例はいずれも複雑であるので、ニュートンが調べた曲線の一つ

$$y = a\sqrt{\frac{a + x}{x}} \tag{3.4}$$

を用いて説明する。(3.4) は両辺二乗して整理すると

$$a^3 + a^2x - xy^2 = 0 \tag{3.5}$$

になる。(3.1) が (3.5) のとき、(3.3) は $a^3 + a^2x - x(s^2 - v^2 + 2vx - x^2) = 0$、すなわち

$$x^3 - 2vx^2 + (-s^2 + v^2 + a^2)x + a^3 = 0 \tag{3.6}$$

となる。(3.6) が重根 $x = e$ を持つときは、

$$x^3 - 2vx^2 + (-s^2 + v^2 + a^2)x + a^3 = (x - e)^2\left(x + \frac{a^3}{e^2}\right) \tag{3.7}$$

が恒等的に成立する。(3.7) の両辺の x^2 の係数を比較すると $-2v = -2e + \dfrac{a^3}{e^2}$ となるので、$e = x$ と置くと

$$v = x - \frac{a^3}{2x^2}$$

となる。法線影の符号付きの長さは

$$\mathrm{MP} = \mathrm{AP} - \mathrm{AM} = v - x = -\frac{a^3}{2x^2} \tag{3.8}$$

となる。

命題 3.2(2) において、$f(x, y) = a^3 + a^2x - xy^2$ とおくと、$f_x(x, y) = a^2 - y^2, f_y(x, y) = -2xy$ であるので、(x_0, y_0) における法線影の符号付きの長さは

$$-\frac{a^2 - y_0^2}{-2x_0y_0}y_0 = -\frac{a^3}{2x_0^2}$$

となり、(3.8) と一致している。

未定係数法で重根を求めるデカルトの方法は、通常容易ではない。この点を解決したのがライデン大学でスホーテンの学生であったヨハン・フッデ (1628-1704) である。以下に引用するフッデの定理は、『幾何学』(1637) のスホーテンによるラテン語訳第二版 (1659-61) に「極大極小についてのフッデの第 2 の書簡」として掲載されている。

> 方程式の 2 つの根が等しく、その方程式に任意の算術数列 (等差数列) が掛けられているとする。すなわち、方程式の初項には数列の初項、第 2 項には数列の第 2 項、etc. その積は根が再び現れる方程式となる。[1, p.356]

フッデの定理は、現代の表記法では以下のようになる。

定理 3.1　(フッデの定理) n 次方程式

$$a_0x^n + a_1x^{n-1} + \cdots + a_{n-1}x + a_n = 0$$

が重根 α を持つならば、任意の実数 b, d に対し

$$ba_0\alpha^n + (b+d)a_1\alpha^{n-1} + \cdots + (b+nd)a_n = 0 \quad (3.9)$$

を満たす。

証明　$f(x) = \sum_{i=0}^{n} a_ix^{n-i}, \quad g(x) = \sum_{i=0}^{n}(b+id)a_ix^{n-i}$ とおく。α が $f(x)=0$ の重根であることより、$c_{-1} = c_{-2} = c_{n-1} = c_n = 0$ とすると

$$\begin{aligned} f(x) =& (x-\alpha)^2(c_0x^{n-2} + c_1x^{n-3} + \cdots + c_{n-3}x + c_{n-2}) \\ =& \sum_{i=0}^{n}(c_i - 2\alpha c_{i-1} + \alpha^2 c_{i-2})x^{n-i} \end{aligned}$$

と書ける。つまり、$a_i = c_i - 2\alpha c_{i-1} + \alpha^2 c_{i-2}$, $(i = 0, \ldots, n)$ である。

$$
\begin{aligned}
g(x) &= \sum_{i=0}^{n} (b + id)(c_i - 2\alpha c_{i-1} + \alpha^2 c_{i-2}) x^{n-i} \\
&= \sum_{i=0}^{n-2} c_i x^{n-i-2} \{(b + id)x^2 - 2\alpha(b + (i+1)d)x \\
&\qquad + \alpha^2(b + (i+2)d)\} \\
&= \sum_{i=0}^{n-2} c_i x^{n-i-2} \{(b + id)(x^2 - 2\alpha x + \alpha^2) - 2\alpha d(x - \alpha)\} \\
&= (x - \alpha) \sum_{i=0}^{n-2} c_i x^{n-i-2} \{(b + id)(x - \alpha) - 2\alpha d\}
\end{aligned}
$$

よって、$g(x)$ は α で割り切れる。　□

$f(x) = a_0 x^n + \cdots + a_{n-1} x + a_n, b = n, d = -1$ とおくと (3.9) は $\alpha f'(\alpha) = 0$ と書ける。したがってフッデの定理から、n 次代数方程式 $f(x) = 0$ が重根 $\alpha (\neq 0)$ を持つならば $f'(\alpha) = 0$ となることが導ける。なお、$f'(x)$ は $f(x)$ の導関数に一致する多項式

$$
f'(x) = n a_0 x^{n-1} + (n-1) a_1 x^{n-2} + \cdots + a_1
$$

であるが、フッデは微分を考えているわけではない。$xf'(x)$ は同次化された導関数に相当する式で、後にニュートンおよび関孝和が用いている。(p.65, p.73 参照)

ニュートンは、数学の研究を始めて半年後の 1664 年秋にカレッジノートブック (MS-ADD-04000) において、(3.4) など 26 の曲線を代数方程式で表し、フッデの定理を適用し以下の

ように法線影を求めている。ノートの性格上言語による説明はなく式の羅列(られつ)であるので、[ ] 内に補っている。

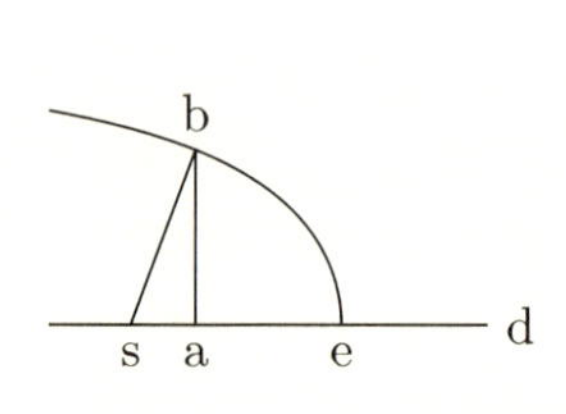

$$\left[y = a\sqrt{\frac{a+x}{x}}\right]$$

[d を原点とし、] ed $= a$, ae $= x$, ab $= y$, se $= v$, sb $= s$ [とすると、]$ss = y^2 + vv + xx - 2vx$[である。曲線は]$aax + a^3 = yyx$[である。] $y^2 = ss - vv + 2vx - xx$[を曲線に代入して得られる方程式にフッデの定理を適用し、重根を持つときの v を求める。]

$$\begin{array}{llll} x^3 - 2vx^2 & + vvx & + a^3 = 0 & \\ & - ss & & \\ & + aa & & \\ 2 \qquad\quad 1 & \quad 0 & -1 & \\ 2x^3 - 2vx^2 & \quad * & -a^3 = 0 & \end{array}$$

[よって、]$\dfrac{2x^3 - a^3}{2xx} = v$　　　　MP I, p.219

上記の例では、$f(x) = x^3 - 2vx^2 + (v^2 - s^2 + a^2)x + a^3 = 0$ の重根を求めるのにさいし、等差数列を $3, 2, 1, 0$ と取らず、消去したい s を係数に含む x の項を 0 とするため、$2, 1, 0, -1$ を等差数列に取っている。$xf'(x) = 3x^3 - 4vx^2 + (v^2 - s^2 + a^2)x = 0$ から重根を求めようとすると行き詰まる。

ニュートンと関孝和 1

代数方程式 $f(x) = a_0 + a_1x + a_2x^2 + \cdots + a_nx^n = 0$ の根を $\alpha_1, \ldots, \alpha_n$ としたとき、

$$D(f) = a_n^{2n-2} \prod_{1 \leqq i < j \leqq n} (\alpha_i - \alpha_j)^2$$

を $f(x) = 0$ の判別式という。判別式の定義から、$f(x) = 0$ が重根を持つための必要十分条件は $D(f) = 0$ である。関孝和は、『開方飜変之法』(1685 年重訂) において、

$$a_0 + a_1x + a_2x^2 + \cdots + a_nx^n = 0 \tag{1}$$

$$a_1x + 2a_2x^2 + \cdots + na_nx^n = 0 \tag{2}$$

から x を消去した式を $n = 2, 3, 4$ に対し与えている。関は、適尽方級法と呼んでおり、現代的に表すと、

$$\begin{cases} D(f) = a_1^2 - 4a_0a_2 = 0, & n = 2 \\ (-1)^{n(n-1)/2} D(f) = 0, & n \geqq 3 \end{cases}$$

となる。フッデは重根を持つための必要条件を与えた (p.62) のに対し、関は重根を持つための必要十分条件を与えたのである。そして (2) の左辺は、フッデやニュートンと同様、$f(x)$ の同次化された導関数に相当する式である。関はさらに、(1) と

$$a_2x^2 + 3a_3x^3 + \cdots + \tfrac{1}{2}n(n-1)a_nx^n = 0 \tag{3}$$

から x を消去した式を与えている。(3) の左辺はニュートンの記号 (p.89) を用いると $\frac{1}{2}\dddot{f}$ となる。

3.3　フェルマーの接線の決定法

フェルマーの最終定理で有名なピエール・ド・フェルマー (1607-1655) は、1629 年頃執筆したと考えられている『極大と極小についておよび接線について』で線分 AC を線分上の点 E で分割し、AE × EC を最大にする方法 (図 3.4) を与え、その応用として放物線の接線を決定している (図 3.5)。

フェルマーの極値を求める方法は次のようになる。多項式 $f(a)$ が a で極値を持つとき、$f(a+e)$ と $f(a)$ が「向相等（こうそうとう）」であるとして $f(a+e) \sim f(a)$ とおき、この式を e での除算を含め通常の四則演算を用いて整理して、e および e^2 を含む項を消して等号に置き換えると a に関する方程式が得られるというものである。

図 3.4　フェルマーの極大値決定法

線分を 2 分割し、それぞれの長さの積が極大 (実際は最大) になるような分割の仕方を求める。図 3.4 において、AC $= b$、AE $= a$ とすると EC $= b - a$ より、AE × EC $= ba - a^2$ となる。今最初の線分 [AE] を $a + e$ とすると、第二の線分 [EC] は $b - a - e$、2 つの線分の長さの積は $ba - a^2 + be - 2ae - e^2$ となる。$ba - a^2 + be - 2ae - e^2$ と $ba - a^2$ を向相等 (近似的に等しい) として、

$$ba - a^2 + be - 2ae - e^2 \sim ba - a^2$$

すなわち、$be \sim 2ae + e^2$ となる。e^2 は取り除き e で割り、等号に置き換えると

$$b = 2a$$

となる。a が b の半分のとき積は最大になる。

つぎに上記の方法を接線の決定に用いる。図 3.5 において、曲線 BDN は頂点を D、軸を DC とする放物線である。B は放物線上の点、直線 BE は放物線の接線で、E は軸上にある。切片 BE 上に点 O をとり、縦線 OI を描く。BC は点 B の縦線である。[OI と放物線の交点を F とする。B と F は放物線上の点だから $\mathrm{CD}/\mathrm{DI} = \mathrm{BC}^2/\mathrm{FI}^2$ である。] O は放物線の外部の点だから $\mathrm{CD}/\mathrm{DI} > \mathrm{BC}^2/\mathrm{OI}^2$ となる。$\triangle$EIO と $\triangle$ECB は相似だから $\mathrm{BC}^2/\mathrm{OI}^2 = \mathrm{CE}^2/\mathrm{IE}^2$ が成り立つ。以上より、

$$\frac{\mathrm{CD}}{\mathrm{DI}} > \frac{\mathrm{CE}^2}{\mathrm{IE}^2} \tag{3.10}$$

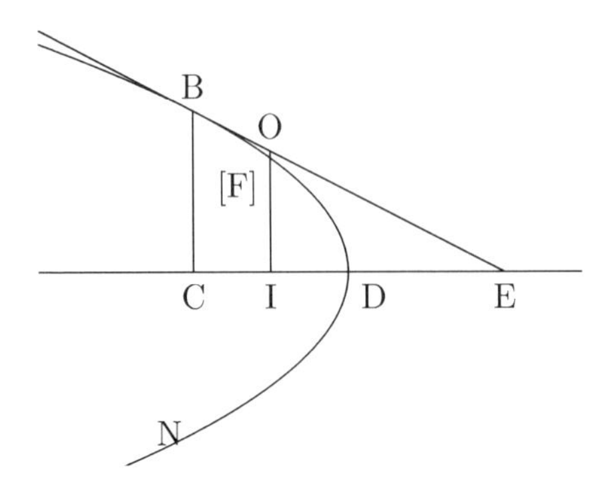

図 3.5　フェルマーの接線の決定

今、点 B が (放物線上に任意に) 与えられたとすると、縦線 BC、縦線と軸との交点 C、そして CD が決まる。$\mathrm{CD} = d$、

CE $= a$、CI $= e$ とおき、(3.10) に代入すると

$$\frac{d}{d-e} > \frac{a^2}{(a-e)^2}$$

分母を払って、

$$da^2 + de^2 - 2dae > da^2 - a^2e$$

フェルマーは左辺と右辺が近似的に等しいとおき、

$$de^2 - 2dae \sim -a^2e$$

移項して、

$$de^2 + a^2e \sim 2dae$$

e で割ると

$$de + a^2 \sim 2da$$

さらに、フェルマーは de を取り除き、近似式を等式にして

$$a = 2d$$

を導いている。

フェルマーの『極大と極小についておよび接線について』は、フェルマーがメルセンヌ素数に名前が残っている数学者で神学者のマラン・メルセンヌ (1588-1648) に送った書簡に見える。この書簡はメルセンヌから親友のデカルトに転送され、デカルトは 1638 年 1 月に受け取った。スホーテンが『幾何学』ラテン語訳第 2 版で紹介しており、ニュートンはこれによりフェルマーの方法を知ったと考えられている。なお、フェルマーの『極大と極小についておよび接線について』が出版されたのは、フェルマーの没後 1679 年である。

3.4　ニュートンの法線と接線の決定法

ニュートンは、1665 年 5 月 20 日付けの手稿で無限小を用いて法線影を求めた。この手稿は雑記帳と呼ばれているノート (MS-ADD-04004) に書かれている。

原文で文字 a は二つの用途に用いられているので、原点を表すときはローマン体 a, 方程式の係数を表すときはイタリック体 a として区別する。

> 極大・極小問題に関する諸定理を見出す方法.
>
> そして第 **1** に、曲線の接線についての創案
>
> $\mathrm{ab} = x$, $\mathrm{eb} = y$, $\mathrm{bd} = v$, $\mathrm{bc} = o$, $\mathrm{cf} = z$, $\mathrm{ed} = \mathrm{df}$, を仮定し、曲線の性質 [方程式] は $ax + xx = yy$ とする。
>
> 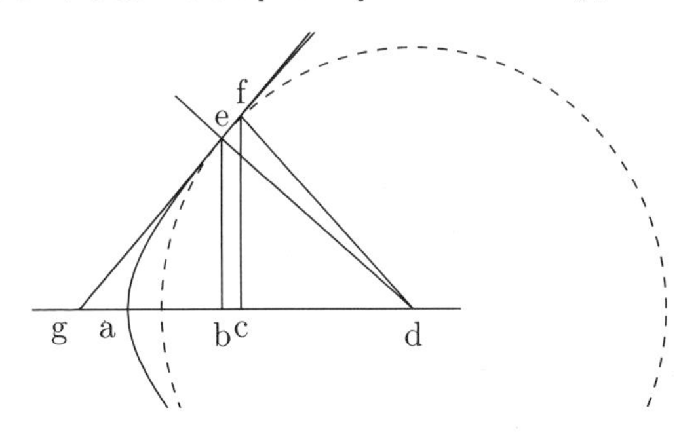
>
>
> そのとき、$\mathrm{ac} = x + o$, である。[f は曲線上の点だから、$a(x+o) + (x+o)^2 = z^2$ より]
>
> $$ax + ao + xx + 2ox + oo = zz \tag{3.11}$$

[が成り立つ。仮定より]

$$vv + yy = \mathrm{ed}^2 = \mathrm{fd}^2 = zz + vv - 2ov + oo$$

あるいは $yy = zz - 2ov + oo$ である。あるいは [(3.11) を代入すると] $yy = oo - 2ov + ax + ao + xx + 2ox + oo$ である。$ax = yy - xx$ より

$$0 = 2oo - 2vo + ao + 2xo$$

[となる。左辺と右辺を入れ替え、o で割ると]

$$2 \times o - 2v + a + 2x = 0$$

今、ed は点 e で求める直線 [接線] の垂線なので、e と f は重なる。[そのため]bc $= o$ はゼロに消滅するので、方程式 $2 \times o - 2v + a + 2x = 0$ あるいは

$$v = o + \frac{a}{2} + x$$

の項のうち (o) は消滅し、$v = \frac{a}{2} + x = \mathrm{bd}$ となり、それが ed の垂線 [すなわち接線] を決定する。

MP I, pp.272-273

ニュートンは、フェルマーの e の代わりに o を用いて双曲線 $ax + x^2 = y^2$ の法線影 $v = \frac{a}{2} + x$ を求めたのであるが、その過程で o の操作に関する一般的な法則を再発見した (フェルマーは当然知っていた)。

観察 I したがって、このような同様の操作では、1 次元を超える $o = \mathrm{bc}$ の項は消滅するように思える。

MP I, p.273

そこで、彼は次の例を考える。

$$x^3 + x^2y + xy^2 = ay^2 \tag{3.12}$$

(3.12) の x を $x+o$ とすると、y は z となる。そこで、o^2, o^3 の項を消去すると

$$x^3 + 3x^2o + x^2z + 2xoz + xz^2 + oz^2 = az^2 \tag{3.13}$$

となる。また、$v^2 + y^2 = (v-o)^2 + z^2$, すなわち

$$y^2 + 2vo = z^2 \tag{3.14}$$

を仮定し、(3.13) に (3.12) と (3.14) を代入すると、

$$-x^2y + 3x^2o + x^2z + 2xoz + oz^2 - 2voa + 2vox = 0$$

となる。x^2z 以外を移項し、左辺と右辺を交換し $z = \sqrt{y^2 + 2vo}$ を代入すると

$$x^2y - 3x^2o - 2xoz - oz^2 + 2voa - 2vox = x^2\sqrt{y^2 + 2vo}$$

となる。両辺二乗し o^2 の項は消滅させると

$$x^4y^2 + 2x^2y(2voa - 2vox - 3x^2o - 2xoz - oz^2) = x^4y^2 + 2x^4vo$$

となる。両辺の x^4y^2 を相殺し、$2x^2o$ で割ると

$$-3x^2y - 2xzy - z^2y = vx^2 + 2vxy - 2vay$$

となる。bc $= o$ を消滅させると $z = y$ となり、

$$v = -y\frac{3x^2 + 2xy + y^2}{x^2 + 2xy - 2ay} \tag{3.15}$$

が得られる。

以上はニュートンによる法線影の導出であるが、$f(x,y) = x^3 + x^2y + xy^2 - ay^2$ に命題 3.2(2) を当てはめると、

$$f_x(x,y) = 3x^2 + 2xy + y^2$$
$$f_y(x,y) = x^2 + 2xy - 2ay$$

より、法線影の符号付きの長さは

$$v = -y\frac{f_x(x,y)}{f_y(x,y)} = -y\frac{3x^2 + 2xy + y^2}{x^2 + 2xy - 2ay}$$

となり、(3.15) が確かめられる。

つぎにニュートンは、$m = a^4 + ax^3 + b^2x^2 - ab^2x$ に対し記号

$$\ddot{m} = 3ax^3 + 2b^2x^2 - ab^2x$$

を導入した。$a^4 + ax^3 + b^2x^2 - ab^2x = y^4$ において、x が $x + o$ と変化したとき、y の値が z になるとすると、

$$a^4 + a(x+o)^3 + b^2(x+o)^2 - ab^2(x+o) = z^4$$

となる。展開し o^2, o^3 を無視すると

$$a^4 + ax^3 + b^2x^2 - ab^2x + \frac{3ax^3 + 2b^2x^2 - ab^2x}{x}o = z^4$$

となる。この式を

$$m + \frac{\ddot{m}}{x}o = z^4 \tag{3.16}$$

と表した。

現代の記法で表すと、$m(x) = a^4 + ax^3 + b^2x^2 - ab^2x$ と置いたとき

$$\frac{\ddot{m}}{x} = \lim_{o\to 0}\frac{m(x+o) - m(x)}{o}$$

であるので、

$$\ddot{m} = x\frac{d}{dx}m(x) = xm'(x)$$

である。多項式関数の導関数の次数は元の関数より 1 少なくなるが、次数が下がらないように x を掛けている。同次化された導関数といわれることがある。また、2 変数多項式関数 $f(x,y)$ に対し、$xf_x(x,y), yf_y(x,y)$ は同次化された偏導関数である。

そしてニュートンは「$y \perp x$ のとき [x 軸と y 軸が直交するとき] の曲線の接線についての普遍的定理」という見出しで、曲線の法線影の符号付きの長さ

$$v = \frac{\frac{y}{x}xf_x}{-\frac{1}{y}yf_y} \left[= -\frac{yf_x}{f_y}\right] \tag{3.17}$$

を計算するアルゴリズムを以下のように文章で与えている。

> 代数的な項によって表された曲線の性質が与えられているとき、それらすべてを 0 とおけ。もし項の各々に x の次数が掛けられ、それを x で割り、それらに y を掛け分子とせよ。さらに符号が変更され、各項に y の次数を掛け y で割り、それを分母とせよ。そうすれば v の値が得られるだろう。　MP I, p.276

「代数的な項によって表された曲線」とは代数曲線である。「曲線の性質」は曲線を表す方程式 $f(x,y) = 0$ のことで、「項の各々に x の次数が掛けられ」は xf_x を表している。そして例を用いて説明している。

例 1, $rx+\dfrac{rx^2}{q}-y^2=0$ のとき

$$\begin{array}{c} \quad 1 \qquad 2 \qquad 0 \\ \dfrac{rx+\dfrac{rx^2}{q}-y^2 \text{ in } \dfrac{y}{x}}{-rx-\dfrac{rx^2}{q}+y^2 \text{ in } \dfrac{1}{y}} = \dfrac{ry+2\dfrac{r}{q}xy}{2y} = \dfrac{r}{2}+\dfrac{r}{q}x = v \\ \quad 0 \qquad 0 \qquad 2 \end{array}$$

左辺の分子の上の 1　2　0 は x の単項式としての次数、分母の下の 0　0　2 は y の単項式としての次数である。中辺 (中央の辺) の分子は、各項に x の次数と y/x を掛けた和、分母は各項に y の次数と $1/y$ を掛けた和である。

数式中にある in はヴィエトが用いた掛け算の記号である。左辺と中辺の分子を現代の記法で表すと

$$\left(1\times rx+2\times\frac{rx^2}{q}-0\times y^2\right)\times\frac{y}{x}=ry+2\frac{r}{q}xy$$

となる。

例 2, $x^3+x^2y+xy^2-ay^2=0$ のとき ((3.12) と同じ方程式)

$$\frac{3x^3+2x^2y+xy^2 \text{ in } \dfrac{y}{x}}{-x^2y-2xy^2+2ay^2 \text{ in } \dfrac{1}{y}}=v=\frac{3x^2y+2xy^2+y^3}{-x^2-2xy+2ay}$$

5 月 20 日付け手稿の最後は「座標軸が任意の角度で交わるとき、曲線に接線を引く普遍的定理」と見出しがつけられている。

図 3.6 において、eg は曲線 ea の接線、f は曲線 ea 上の点とする。bg $=t$, cb $=o$, eb $=y$, fc $=z$, ab $=x$ とし、fc と eb

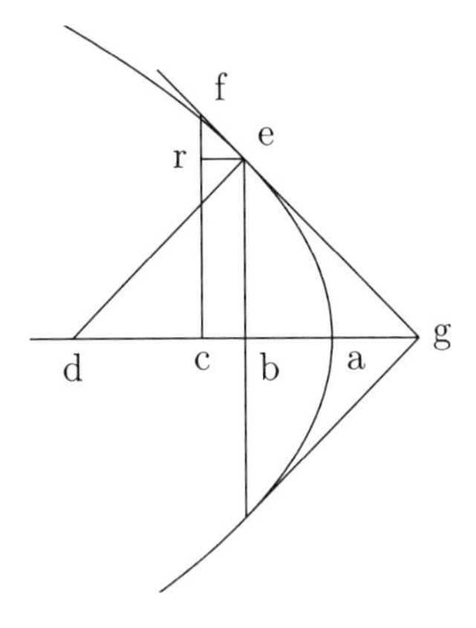

図 3.6　ニュートンの接線の決定 (MP I, p.279)

の距離 o は無限に小さいとする。f は接線上にあるとも考えられるため △erf と △gbe は相似になり、rf $= \frac{oy}{t}$ である。よって、$z = y + \frac{oy}{t}$ となる。曲線の方程式を

$$p + qy + ry^2 + sy^3 = 0 \tag{3.18}$$

とする (p, q, r, s は x の多項式である)。(3.18) において、x を $x + o$, y を z とおくと、(3.16) と同様にして、

$$p + \frac{\ddot{p}o}{x} + (q + \frac{\ddot{q}o}{x})z + (r + \frac{\ddot{r}o}{x})z^2 + (s + \frac{\ddot{s}o}{x})z^3 = 0 \tag{3.19}$$

となる。両辺に x を掛け、(3.18) を用いると

$$\begin{aligned} &-qyx - ry^2x - sy^3x + \ddot{p}o + qxz + \ddot{q}oz \\ &\qquad +rxz^2 + \ddot{r}oz^2 + sxz^3 + \ddot{s}oz^3 = 0 \end{aligned}$$

整理すると

$$qx(z-y)+rx(z^2-y^2)+sx(z^3-y^3)+(\ddot{p}+\ddot{q}z+\ddot{r}z^2+\ddot{s}z^3)o = 0$$

$z - y = \frac{oy}{t}$ を代入すると

$$\frac{qxyo}{t} + \frac{rxy(z+y)o}{t} + \frac{sxy(z^2+zy+y^2)o}{t} + (\ddot{p} + \ddot{q}z + \ddot{r}z^2 + \ddot{s}z^3)o = 0$$

$(z+y)o - 2yo = (z-y)o = \frac{y}{t}o^2 = 0$ より $(z+y)o$ を $2yo$ で置き換え、同様に、$(z^2+zy+y^2)o$ を $3y^2o$ で置き換えると

$$\frac{qxyo}{t} + \frac{2rxy^2o}{t} + \frac{3sxy^3o}{t} + (\ddot{p} + \ddot{q}z + \ddot{r}z^2 + \ddot{s}z^3)o = 0$$

[o は 0 でないので] 両辺を o で割ると

$$\frac{qxy}{t} + \frac{2rxy^2}{t} + \frac{3sxy^3}{t} + (\ddot{p} + \ddot{q}z + \ddot{r}z^2 + \ddot{s}z^3) = 0$$

よって、(3.18) の接線影の符号付きの長さ

$$t = -\frac{qxy + 2rxy^2 + 3sxy^3}{\ddot{p} + \ddot{q}z + \ddot{r}z^2 + \ddot{s}z^3}$$

が求められた。

そして、それを一般化して接線影の符号付きの長さを以下の文章により与えている。

> 方程式の y の次元に対応する項に任意の算術数列 [等差数列] を掛けたものを分子とせよ。ふたたび方程式の符号を変更し、x に対応する項に算術数列を掛け、その積を x で割ったものが t の値の分母となるだろう。
>
> MP I, p.280

現代表記すると次のようになる。曲線の方程式を

$$f(x,y) = \sum_{i=0}^{m} a_i(y)x^i = \sum_{j=0}^{n} b_j(x)y^j = 0$$

とおく。ここで、$a_i(y)$ は y の多項式、$b_j(x)$ は x の多項式である。任意の等差数列 $c, c+d, c+2d, c+3d, \ldots$ に対し、$f(x,y)=0$ の接線影の符号付きの長さは

$$t = -x\frac{\displaystyle\sum_{j=0}^{n}(c+dj)b_j(x)y^j}{\displaystyle\sum_{i=0}^{m}(c+di)a_i(y)x^i} \tag{3.20}$$

となる。(3.20) の分子は

$$\begin{aligned}\sum_{j=0}^{n}(c+dj)b_j(x)y^j &= c\sum_{j=0}^{n}b_j(x)y^j + d\sum_{j=0}^{n}jb_j(x)y^j \\ &= d \times yf_y(x,y)\end{aligned}$$

分母は

$$\sum_{i=0}^{m}(c+di)a_i(y)x^i = d \times xf_x(x.y)$$

なので、(3.20) は

$$t = -x\frac{d \times yf_y(x,y)}{d \times xf_x(x.y)} = -y\frac{f_y(x,y)}{f_x(x.y)} \tag{3.21}$$

となる。

ニュートンが与えた接線影の符号付きの長さは命題 3.2(1) に一致する。また、彼がアルゴリズムを文章で与え、(3.20) において任意の等差数列を用いたのはフッデの影響であろう。

3.5　曲率中心、曲率半径

曲率中心と曲率半径についてまとめておく。

曲線 C 上に点 P が与えられているとき、P の近くに曲線 C 上の点 P′ をとる。P および P′ における法線の交点の P′ → P としたときの極限 Q を曲線 C の点 P における曲率中心と定義する。Q を中心、半径 $\overline{\mathrm{PQ}}$ の円を曲線 C の P における曲率円、

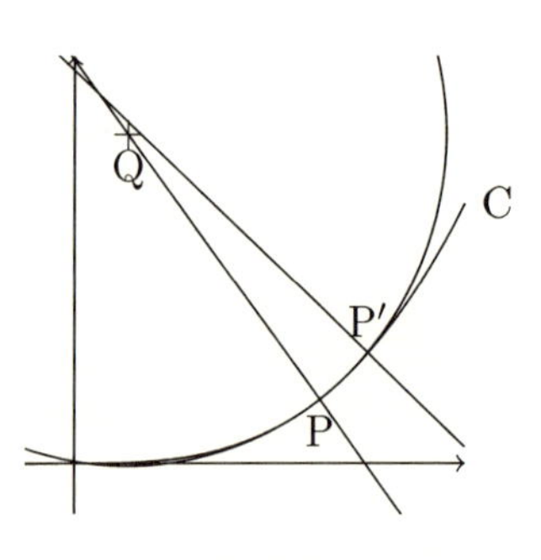

$\overline{\mathrm{PQ}}$ を曲率半径、$\frac{1}{\mathrm{PQ}}$ を曲率という。点 P が曲線 C を動いたときの曲率中心の軌跡 E を縮閉線という。縮閉線 E に対し、元の曲線 C を伸開線という。直線を除く滑らかな曲線に対しては曲率中心などは定義できる。

$y = f(x)$ で表される曲線の曲率中心と曲率半径について次の命題 3.3 が成立する。

> **命題 3.3**　$f(x)$ は a の近傍で 2 回連続微分可能で $f'(a) \neq 0, f''(a) \neq 0$ とする。曲線 $y = f(x)$ 上の点 $\mathrm{P}(a) = (a, f(a))$ における曲率中心 (X, Y) は
>
> $$X = a - \frac{(1 + f'(a)^2) f'(a)}{f''(a)}$$
> $$Y = f(a) + \frac{1 + f'(a)^2}{f''(a)}$$
>
> である。曲率半径は
>
> $$R = \frac{(1 + f'(a)^2)^{\frac{3}{2}}}{|f''(a)|}$$

証明　$\mathrm{P}(a) = (a, f(a))$ と $\mathrm{P}(a+h) = (a+h, f(a+h))$ の

法線はそれぞれ

$$y = -\frac{1}{f'(a)}(x-a) + f(a) \tag{3.22}$$

$$y = -\frac{1}{f'(a+h)}(x-a-h) + f(a+h) \tag{3.23}$$

である。(3.22) と (3.23) の交点の x 座標を $X(h)$ とすると

$$\begin{aligned}&-\frac{1}{f'(a)}(X(h)-a) + f(a)\\ &= -\frac{1}{f'(a+h)}(X(h)-a-h) + f(a+h)\end{aligned}$$

より、

$$\begin{aligned}X(h) =&\frac{\frac{a+h}{f'(a+h)} - \frac{a}{f'(a)} + f(a+h) - f(a)}{\frac{1}{f'(a+h)} - \frac{1}{f'(a)}}\\ =&a + \frac{hf'(a) + f'(a)f'(a+h)(f(a+h)-f(a))}{f'(a)-f'(a+h)}\end{aligned}$$

第 2 項の分子と分母を h で割り、$h \to 0$ として微分係数、2 階微分係数の定義を用いると、

$$X = \lim_{h\to 0} X(h) = a - \frac{(1+f'(a)^2)f'(a)}{f''(a)}$$

よって、

$$\begin{aligned}Y =& -\frac{1}{f'(a)}\left(-\frac{(1+f'(a)^2)f'(a)}{f''(a)}\right) + f(a)\\ =&f(a) + \frac{1+f'(a)^2}{f''(a)}\end{aligned}$$

曲率半径は

$$
\begin{aligned}
R =& \sqrt{(a-X)^2+(f(a)-Y)^2} \\
=& \sqrt{\frac{f'(a)^2+2f'(a)^4+f'(a)^6+1+2f'(a)^2+f'(a)^4}{f''(a)^2}} \\
=& \sqrt{\frac{1+3f'(a)^2+3f'(a)^4+f'(a)^6}{f''(a)^2}} = \frac{(1+f'(a)^2)^{\frac{3}{2}}}{|f''(a)|}
\end{aligned}
$$

□

縮閉線について次の命題 3.4 が成り立つ。

命題 3.4　曲線 C : $y = f(x)$ は、区間 I で C^3 級で $f'(x) \neq 0, f''(x) \neq 0$ とする。このとき、

1. 曲線 C の法線はすべて縮閉線 E に接する。
2. 曲線 C 上の 2 点 P, P′ の曲率中心をそれぞれ Q, Q′ とする。このとき、Q, Q′ 間の縮閉線 E 上の弧長は、P, P′ の曲率半径の差 |P′Q′ − PQ| に等しい。

証明　1. 縮閉線は、命題 3.3 より

$$
\begin{aligned}
\phi(x) =& x - \frac{(1+f'(x)^2)f'(x)}{f''(x)} \\
\psi(x) =& f(x) + \frac{1+f'(x)^2}{f''(x)}
\end{aligned}
$$

とおくと、$(\phi(x), \psi(x))$, $x \in \mathrm{I}$ とパラメタ表示される。

$$
\begin{aligned}
\phi'(x) &= \frac{-3f'(x)^2f''(x)^2+f'(x)f'''(x)+f'(x)^3f'''(x)}{f''(x)^2} \\
\psi'(x) &= \frac{3f'(x)f''(x)^2-f'''(x)-f'(x)^2f'''(x)}{f''(x)^2}
\end{aligned}
$$

よって、

$$\frac{\psi'(x)}{\phi'(x)} = \frac{3f'(x)f''(x)^2 - f'''(x) - f'(x)^2 f'''(x)}{-3f'(x)^2 f''(x)^2 + f'(x)f'''(x) + f'(x)^3 f'''(x)}$$
$$= \frac{-1}{f'(x)}$$

となる。点 $(x, f(x))$ における法線の傾きは、$\frac{-1}{f'(x)}$ なので、法線は縮閉線上の点 $(\phi(x), \psi(x))$ で接する。

2. 高木貞治『定本解析概論』[50], p.89 を見よ。 □

以下では、2 変数関数 $f(x, y)$ で表される曲線の点 (a, b) における曲率中心などを、a における陰関数の曲率中心として導くので、陰関数定理について簡単に述べておく。

命題 3.5 (陰関数定理) 関数 $f(x, y)$ は平面上の点 (a, b) を含む開集合 D で C^1 級とする。$f(a, b) = 0, f_y(a, b) \neq 0$ ならば、$x = a$ を内部に含む区間 I で定義された C^1 級の関数 $y = g(x)$ で $g(a) = b$ かつ

$$f(x, g(x)) = 0, \quad x \in I$$

であるものが一意的に定まる。そのとき、

$$g'(x) = -\frac{f_x(x, y)}{f_y(x, y)}$$

である。さらに、$f(x, y)$ が D において C^k 級 (x および y について k 階偏導関数が存在し連続) ならば、$g(x)$ も C^k 級である。

証明　微積分のテキスト、たとえば一松信『解析学序説』下巻, pp.55-57、杉浦光夫『解析入門』II, pp.4-6 を見よ。 □

命題 3.5 の $g(x)$ を $f(x,y)=0$ の点 (a,b) における陰関数という。

例 3.1　$f(x,y)=x^2+y^2-1=0$ の点 $(0,1)$ における陰関数は、開区間 $I=(-1,1)$ で定義された関数 $g(x)=\sqrt{1-x^2}$ である。$g(0)=1$ で、$x\in I$ のとき $f(x,g(x))=x^2+(1-x^2)-1=0$ を満たす。さらに、

$$g'(x)=-\frac{2x}{2y}=-\frac{x}{\sqrt{1-x^2}},\quad x\in I$$

である。

$f(x,y)=0$ で表される曲線の曲率中心と曲率半径について次の命題 3.6 が成立する。

命題 3.6　$f(x,y)$ は C^2 級で、$f(a,b)=0$ かつ $f_x(a,b)\neq 0, f_y(a,b)\neq 0$ とする。点 (a,b) における曲率中心 (X,Y) は

$$\begin{aligned}X=&a-\frac{f_x(f_x^2+f_y^2)}{f_x^2f_{yy}-2f_xf_yf_{xy}+f_y^2f_{xx}}\\Y=&b-\frac{f_y(f_x^2+f_y^2)}{f_x^2f_{yy}-2f_xf_yf_{xy}+f_y^2f_{xx}}\end{aligned}$$

である。ここで、$f_x, f_y, f_{xx}, f_{xy}, f_{yy}$ はそれぞれ点 (a,b) での値である。曲率半径は

$$R=\frac{(f_x^2+f_y^2)^{\frac{3}{2}}}{|f_x^2f_{yy}-2f_xf_yf_{xy}+f_y^2f_{xx}|}$$

となる。

証明　陰関数定理により、a を内部に含む区間 I で C^2 級の関数 $g(x)$ が存在し、$g(a) = b$ かつ

$$f(x, g(x)) = 0, \quad x \in I$$

となる。陰関数の一意性により点 (a, b) の近くでは曲線 $f(x, y) = 0$ と $y = g(x)$ は一致する。それゆえ、$f(x, y) = 0$ の点 (a, b) における曲率中心は、$y = g(x)$ の曲率中心に一致する。$f(x, y) = 0$ の両辺を x で微分すると

$$f_x(x, y) + \frac{dy}{dx} f_y(x, y) = 0 \tag{3.24}$$

なので、

$$g'(a) = \frac{dy}{dx}_{|x=a} = -\frac{f_x(a, b)}{f_y(a, b)} \tag{3.25}$$

である。$f(x, y)$ は C^2 級だから (3.24) を再び x で微分すると (命題 3.1(2) と $f_{xy}(x, y) = f_{yx}(x, y)$ を用いる)

$$\begin{aligned} f_{xx}(x, y) &+ \frac{dy}{dx} f_{xy}(x, y) + \frac{d^2y}{dx^2} f_y(x, y) \\ &+ \frac{dy}{dx} f_{xy}(x, y) + \left(\frac{dy}{dx}\right)^2 f_{yy}(x, y) = 0 \end{aligned}$$

となる。$(x, y) = (a, b)$ とおき、$g''(a)$ を求めると

$$g''(a) = \frac{d^2y}{dx^2}_{|x=a} = -\frac{1}{f_y} \left(g'(a)^2 f_{yy} + 2g'(a) f_{xy} + f_{xx}\right) \tag{3.26}$$

である。命題 3.3 と (3.25) および (3.26) より

$$
\begin{aligned}
X =& a - \frac{\left(1+\frac{f_x^2}{f_y^2}\right)\left(-\frac{f_x}{f_y}\right)}{\left(-\frac{1}{f_y}\right)\left(\frac{f_x^2}{f_y^2}f_{yy}-2\frac{f_x}{f_y}f_{xy}+f_{xx}\right)} \\
=& a - \frac{f_x(f_x^2+f_y^2)}{f_x^2f_{yy}-2f_xf_yf_{xy}+f_y^2f_{xx}} \\
Y =& g(a) + \frac{1+\frac{f_x^2}{f_y^2}}{\left(-\frac{1}{f_y}\right)\left(\frac{f_x^2}{f_y^2}f_{yy}-2\frac{f_x}{f_y}f_{xy}+f_{xx}\right)} \\
=& b - \frac{f_y(f_x^2+f_y^2)}{f_x^2f_{yy}-2f_xf_yf_{xy}+f_y^2f_{xx}}
\end{aligned}
$$

曲率半径は

$$
\begin{aligned}
R =& \sqrt{(a-X)^2+(g(a)-Y)^2} \\
=& \sqrt{\frac{f_x^6+3f_x^4f_y^2+3f_x^2f_y^4+f_y^6}{(f_x^2f_{yy}-2f_xf_yf_{xy}+f_y^2f_{xx})^2}} \\
=& \frac{(f_x^2+f_y^2)^{\frac{3}{2}}}{|f_x^2f_{yy}-2f_xf_yf_{xy}+f_y^2f_{xx}|}
\end{aligned}
$$

□

例 3.2　放物線

$$
y^2+kx=0 \tag{3.27}
$$

の曲率中心と縮閉線を求める。ただし、$k>0$ とする。

$f(x,y)=y^2+kx$ とおくと

$$
f_x=k,\quad f_y=2y,\quad f_{xx}=f_{xy}=0,\quad f_{yy}=2
$$

命題 3.6 より曲率中心は

$$X = x - \frac{k(k^2+4y^2)}{2k^2} = x - \frac{k}{2} - \frac{2}{k}y^2 \tag{3.28}$$

$$Y = y - \frac{2y(k^2+4y^2)}{2k^2} = -\frac{4}{k^2}y^3 \tag{3.29}$$

(3.27)(3.28)(3.29) から x, y を消去する。

$$X = x + 2x - \frac{k}{2} = 3x - \frac{k}{2}$$

より

$$Y^2 = \frac{16}{k^4}y^6 = -\frac{16}{k}x^3$$
$$= -\frac{16}{k}\left(\frac{X}{3}+\frac{k}{6}\right)^3$$

よって縮閉線は

$$y^2 = \frac{16}{k}\left(-\frac{x}{3}-\frac{k}{6}\right)^3$$

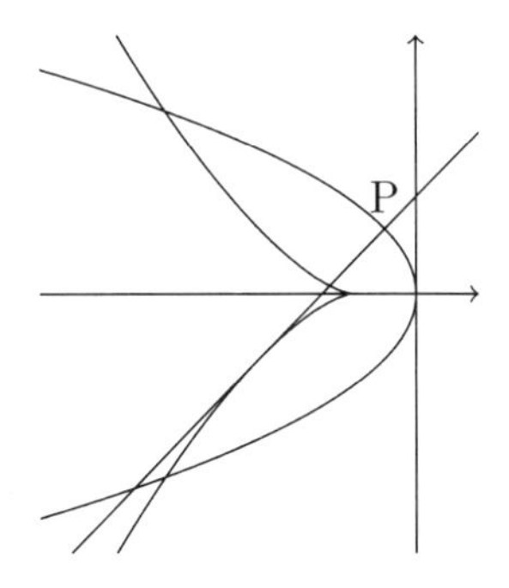

である。この曲線は半立方パラボラと呼ばれる。$k=1$ の場合を図に示す。放物線の P における法線が縮閉線に接している。

3.6　ニュートンの曲率中心の決定

ニュートンは法線と接線の決定法を与えた翌日、1665 年 5 月 21 日付けの手稿で曲率中心を求めている。

> 曲線の曲率を発見するための諸定理の創案
>
> $\mathrm{ac} = x, \mathrm{cd} = o, \mathrm{ce} = v, \mathrm{df} = w, \mathrm{ch} = y, \mathrm{ds} = z, \mathrm{pm} = \mathrm{bc} = d, \mathrm{pc} = \mathrm{bm} = c$ とする。

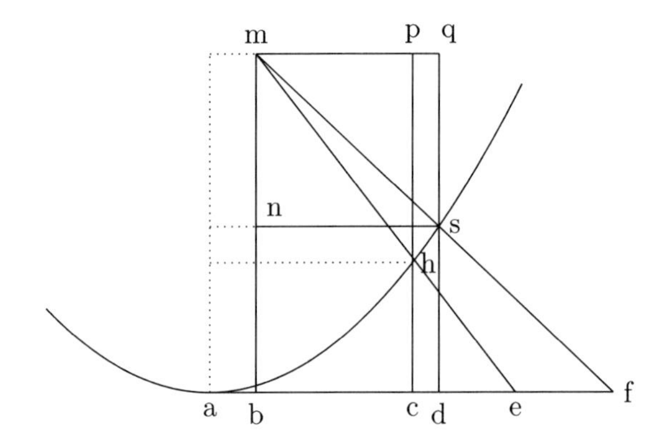

そして、もし $ay = xx$ ならば、前の諸定理 [法線影のアルゴリズム (3.17)] より

$$v = \mathrm{ce} \left[= \frac{(-2x^2) \times \frac{y}{x}}{(-ay) \times \frac{1}{y}} \right] = \frac{2xy}{a}$$

である。$az[= (x+o)^2] = xx + 2xo$[より、$az - xx - 2xo = 0$ に法線影のアルゴリズムを適用すると]

$$w \left[= \frac{(-2xx - 2xo) \times \frac{z}{x}}{(-az) \times \frac{1}{z}} \right] = \frac{2xz + 2zo}{a}$$

となる。

(m) を 2 つの垂線 [法線] msf と mhe の交点とし、それらの距離は無限に小さいとする。[$\triangle$hec $\sim$ $\triangle$hmp より] $y : v = (c - y) : d$ である。[すなわち、

$$d = (c - y)\frac{v}{y} = \frac{(c - y)2x}{a}$$

となる。$\triangle$sdf $\sim$ $\triangle$sqm より] $z : w = (c - z) : (d + o)$

となる。[左辺と右辺はそれぞれ

$$z : w = z : \frac{2xz + 2zo}{a} = a : (2x + 2o)$$
$$(c - z) : (d + o) = (c - z) : \frac{2cx - 2yx + ao}{a}$$

より]

$$a : (2x + 2o) = (c - z) : \frac{2cx - 2yx + ao}{a}$$

よって、$2cx - 2yx + ao = 2cx + 2co - 2zx - 2zo$, あるいは、

$$ao - 2yx = 2co - 2zx - 2zo \qquad (3.30)$$

となる。[o が限りなく小さいとき、hs は接線に一致するので、

$$\frac{z - y}{o} = \frac{v}{y}$$

すなわち、]

$$z = y + \frac{vo}{y} \qquad (3.31)$$

である。[(3.31) は一般に成り立つが、とくに、$ay = x^2$ のときは $v = \dfrac{2xy}{a}$ であるので]

$$z = y + \frac{2xo}{a} \qquad (3.32)$$

が成り立つ。[(3.30) に (3.32) を代入し、o^2 の項を削除すると、]

$$ao - 2yx = 2co - 2yx - \frac{4xxo}{a} - 2yo$$

である。[$-2yx$ を両辺から取り除き、o で割ると、]

$$a = 2c - \frac{4xx}{a} - 2y$$

となる。したがって、

$$c = \frac{a}{2} + \frac{2xx}{a} + y = \frac{a}{2} + 3y$$

である。

MP I, pp.280-281

ここまででニュートンは、曲線上の無限に近い 2 点の法線の交点として、$ay = x^2$ の曲率中心

$$(x-d, c) = \left(-\frac{4xy}{a}, \frac{a}{2} + 3y\right)$$

を与えている。実際、命題 3.3 において、$f(x) = \frac{1}{a}x^2$ とおくと

$$\begin{aligned} X =& x - \frac{\left(1 + \frac{4x^2}{a^2}\right)\frac{2}{a}x}{\frac{2}{a}} = -\frac{4xy}{a} \\ Y =& \frac{x^2}{a} + \frac{1 + \frac{4x^2}{a^2}}{\frac{2}{a}} = \frac{a}{2} + \frac{3x^2}{a} = \frac{a}{2} + 3y \end{aligned}$$

となる。 つぎにニュートンは新しい記号 $\therefore$ を

$$\begin{matrix} -1 \times 0 & 0 \times 1 & 1 \times 2 & 2 \times 3 & 3 \times 4 & \\ \frac{x}{x} & x & x^2 & x^3 & x^4 & \&c. \end{matrix}$$

により導入している。例として、

(p) が $a^4 - 3ab^2x + 5b^2x^2 + ax^3 - 2x^4$ のとき、$(\dot{p})$ は

$$\begin{matrix} 0 & 0 & 2 & 6 & 12 & \\ a^4 & -3b^2x & +5b^2x^2 & +ax^3 & -2x^4 & = 10b^2x^2 + 6ax^3 - 24x^4 \end{matrix}$$

であると説明している。現代の記号を用いると多項式関数 $p = p(x)$ に対し、$\dot{\dot{p}} = x^2\frac{d^2p}{dx^2} = x^2p''(x)$ という同次化された2階導関数である。

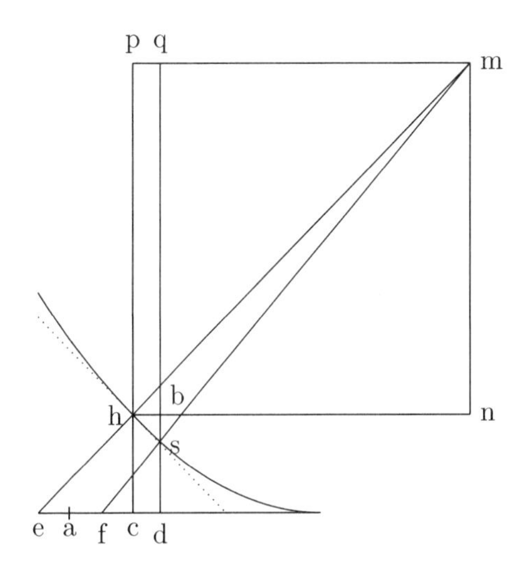

図 3.7　曲率中心の決定 (MP I, p.284)

図 3.7 において、ac $= x$, cd $= o$, ch $= y$, ds $= z$, ce $= v$, df $= w$, hp $= c$, pm $= d$ とする。曲線上の十分近い 2 点 h と s における法線をそれぞれ me、mf とする。h における接線と dq の交点を o とする。do と ds[したがって、bo と bs] は等しいと考えてよい。[$\triangle$hec $\sim$ $\triangle$hob より] $y : (-v) = o :$ bo が成り立つ [v は符号付きの法線影の長さで $v < 0$ である] ので

$$\mathrm{ob} = \mathrm{bs} = \frac{ov}{-y}$$

である。よって、

$$\mathrm{sq}[= c + \mathrm{bs}] = c - \frac{ov}{y}, \quad \mathrm{sd} = z = y + \frac{ov}{y}$$

[z を 2 乗あるいは 3 乗し、o^2, o^3 の項を無視すると]

$$z^2 \left[= y^2 + 2ov + \frac{o^2v^2}{y^2} \right] = y^2 + 2ov$$
$$z^3 \left[= y^3 + 3ovy + 3\frac{o^2v^2}{y} + \frac{o^3v^3}{y^3} \right] = y^3 + 3ovy$$

が成り立つ。

[$\triangle$ehc $\sim$ $\triangle$mhp より] $(-y) : v = c : d$ つまり

$$d = \frac{vc}{-y} \tag{3.33}$$

である。そして、[w は符号付きの法線影の長さで $w < 0$ であり、$\triangle$fsd $\sim$ $\triangle$msq より] $(-z) : w = (c - \frac{ov}{y}) : (d - o)$ である。よって、$wc - \frac{ovw}{y} = -zd + oz$, つまり

$$vcz + oyz[= -dyz + oyz] = cyw - vow$$

あるいは

$$-vz + yw = \frac{oyz + ovw}{c} \tag{3.34}$$

が得られる。ここまでは、一般の曲線について成り立つ。

ニュートンは曲線

$$p + qy = 0 \tag{3.35}$$

の曲率中心を求めることに取り掛かる。ここで、p, q は x の多項式である。

曲線上の 2 点 (x, y) および $(x+o, z)$ における符号付きの法線影の長さをそれぞれ v, w とすると [$f(x, y) = p + qy$ とおくと、$f_x = p' + q'y, f_y = q$ である。(3.17) より]

$$v \left[= -\frac{p'y + q'y^2}{q} \right] = \frac{\ddot{p}y + \ddot{q}y^2}{-qx} \tag{3.36}$$

[ここで、$\ddot{p} = xp'(x), \ddot{q} = xq'(x)$ である。(3.18) において、$r = s = 0$ とおくと、(3.19) より]

$$px + \ddot{p}o + qxz + \ddot{q}oz = 0$$

となる。[x が $x + o$ に変化すると、(3.36) の v, y, q, p', q' はそれぞれ $w, z, q + oq', p' + op'', q' + oq''$ になるので、]

$$w \left[= \frac{(p' + op'')z + (q' + oq'')z^2}{-q - oq'} \right] = \frac{\ddot{p}xz + \dot{\ddot{p}}oz + \ddot{q}xz^2 + \dot{\ddot{q}}oz^2}{-qx^2 - \ddot{q}ox} \tag{3.37}$$

である。[ここで、$\dot{\ddot{p}} = x^2p''(x), \dot{\ddot{q}} = x^2q''(x)$ である。]

(3.34) の両辺に $\frac{x}{zy}$ を掛けて、左辺に (3.36)(3.37) を代入すると、

$$\frac{\ddot{p} + \ddot{q}y}{q} + \frac{\ddot{p}x + \dot{\ddot{p}}o + \ddot{q}xz + \dot{\ddot{q}}oz}{-qx - \ddot{q}o} = \frac{ox}{c} + \frac{ovwx}{czy} \tag{3.38}$$

[(3.31) より、$y - z = -\frac{vo}{y}$ なので o^2 の項を無視すれば、$yo = zo$ である。(3.38) の左辺は

$$\begin{aligned} &\frac{\ddot{p}\ddot{q}o + \ddot{q}qx(y-z) + (\ddot{q})^2yo - \dot{\ddot{p}}qo - \dot{\ddot{q}}qoz}{q(qx + \ddot{q}o)} \\ =&\frac{\ddot{p}\ddot{q}o + \ddot{q}qx\left(-\frac{vo}{y}\right) + (\ddot{q})^2yo - \dot{\ddot{p}}qo - \dot{\ddot{q}}qoy}{q(qx + \ddot{q}o)} \end{aligned} \tag{3.39}$$

また、(3.38) の右辺は $yo = zo$ を用いると

$$\frac{ox}{c} + \frac{oxvw}{czy} = \frac{ox}{c} + \frac{o(\ddot{p} + \ddot{q}y)(\ddot{p}x + \dot{\ddot{p}}o + \ddot{q}xz + \dot{\ddot{q}}oz)}{cq(qx^2 + \ddot{q}ox)}$$
$$= \frac{q^2x^2o + o(\ddot{p} + \ddot{q}y)(\ddot{p} + \ddot{q}z)}{cq(qx + \ddot{q}o)}$$
$$= \frac{q^2x^2o + (\ddot{p})^2o + 2\ddot{p}\ddot{q}yo + (\ddot{q})^2y^2o}{cq(qx + \ddot{q}o)} \tag{3.40}$$

となる。(3.39) と (3.40) を等値し、両辺を o で割り、分母の $cq(qx + \ddot{q}o)$ を払うと

$$\left(\ddot{p}\ddot{q} + \ddot{q}qx\left(-\frac{v}{y}\right) + (\ddot{q})^2y - \dot{\ddot{p}}q - \dot{\ddot{q}}qy\right)c$$
$$= q^2x^2 + (\ddot{p})^2 + 2\ddot{p}\ddot{q}y + (\ddot{q})^2y^2$$

である。(3.36) を用いると、

$$(2\ddot{p}\ddot{q} + 2(\ddot{q})^2y - \dot{\ddot{p}}q - \dot{\ddot{q}}qy)c = q^2x^2 + (\ddot{p})^2 + 2\ddot{p}\ddot{q}y + (\ddot{q})^2y^2$$

より、]

$$c = \frac{(\ddot{p})^2 + 2\ddot{p}\ddot{q}y + (\ddot{q})^2y^2 + q^2x^2}{2\ddot{p}\ddot{q} + 2(\ddot{q})^2y - \dot{\ddot{p}}q - \dot{\ddot{q}}qy} \tag{3.41}$$

が得られる。(3.33)(3.36)(3.41) より

$$d = \frac{cv}{-y} = \frac{(\ddot{p})^2 + 2\ddot{p}\ddot{q}y + (\ddot{q})^2y^2 + q^2x^2}{2\ddot{p}\ddot{q} + 2(\ddot{q})^2y - \dot{\ddot{p}}q - \dot{\ddot{q}}qy} \times \frac{\ddot{p} + \ddot{q}y}{qx}$$
$$= \frac{(\ddot{p})^3 + 3(\ddot{p})^2\ddot{q}y + 3\ddot{p}(\ddot{q})^2y^2 + (\ddot{q})^3y^3 + \ddot{p}q^2x^2 + \ddot{q}q^2x^2y}{(2\ddot{p}\ddot{q}q + 2(\ddot{q})^2qy - \dot{\ddot{p}}q^2 - \dot{\ddot{q}}q^2y)x} \tag{3.42}$$

ニュートンは以上により曲線 $p+qy=0$ の曲率中心 $(x+d, y+c)$ を与えている。実際、命題 3.6 において $f(x,y) = p + qy$

とおくと

$$f_x = p' + q'y,\ f_y = q,\ f_{xy} = q',\ f_{xx} = p'' + q''y,\ f_{yy} = 0$$

より

$$\begin{aligned}
X =& x - \frac{(p' + q'y)((p')^2 + 2p'q'y + (q')^2y^2 + q^2)}{-2(p' + q'y)qq' + q^2(p'' + q''y)} \\
=& x + \frac{(\ddot{p} + \ddot{q}y)((\ddot{p})^2 + 2\ddot{p}\ddot{q}y + (\ddot{q})^2y^2 + q^2x^2)}{(2\ddot{p}\ddot{q}q + 2(\ddot{q})^2qy - \dot{\ddot{p}}q^2 - \dot{\ddot{q}}q^2y)x} \\
=& x + d \\
Y =& y - \frac{q((p')^2 + 2p'q'y + (q')^2y^2 + q^2)}{-2(p' + q'y)qq' + q^2(p'' + q''y)} \\
=& y + \frac{(\ddot{p})^2 + 2\ddot{p}\ddot{q}y + (\ddot{q})^2y^2 + q^2x^2}{2\ddot{p}\ddot{q} + 2(\ddot{q})^2y - \dot{\ddot{p}}q - \dot{\ddot{q}}qy} \\
=& y + c
\end{aligned}$$

が成り立つ。

同様に、ニュートンは

$$\begin{aligned}
&p + qy^n = 0, \quad n = 1, 2, 3, 4 \\
&rx + x^2 - y^2 = 0 \quad (\text{双曲線}) \\
&x^3 - axy + y^3 = 0 \quad (\text{デカルトの正葉形})
\end{aligned}$$

の曲率中心を計算している。そして、代数曲線 $\sum_{i,j} c_{ij}x^iy^j = 0$ の曲率中心を証明をつけずに与えている。

$$a_i = a_i(y) = \sum_j c_{ij}y^j, \quad b_j = b_j(x) = \sum_i c_{ij}x^i$$

$$f(x, y) = \sum_{i,j} c_{ij}x^iy^j = \sum_i a_ix^i = \sum_j b_jy^j$$

とおくと、同次化された 1 階および 2 階の偏導関数は

$$xf_x = \sum_{i,j} c_{ij} i x^i y^j = \sum_j \left(\sum_i c_{ij} i x^i \right) y^j = \sum_j \ddot{b}_j y^j$$

$$yf_y = \sum_{i,j} j c_{ij} x^i y^j = \sum_i \left(\sum_j c_{ij} j y^j \right) x^i = \sum_i \ddot{a}_i x^i$$

$$x^2 f_{xx} = \sum_{i,j} c_{ij} i(i-1) x^i y^j = \sum_j \dddot{b}_j y^j$$

$$y^2 f_{yy} = \sum_{i,j} c_{ij} j(j-1) x^i y^j = \sum_i \dddot{a}_i x^i$$

$$xyf_{xy} = \sum_{i,j} c_{ij} ij x^i y^j = \sum_i i\ddot{a}_i x^i = \sum_j j\ddot{b}_j y^j$$

と表せる。これらに対しニュートンは新しい記号

$$\supset\!\subset \equiv \sum_i a_i x^i = \sum_j b_j y^j = f(x,y)$$

$$\cdot\!\supset\!\subset \equiv \sum_j \ddot{b}_j y^j = xf_x \qquad \supset\!\subset\!\cdot \equiv \sum_i \ddot{a}_i x^i = yf_y$$

$$\therefore\!\supset\!\subset \equiv \sum_j \dddot{b}_j y^j = x^2 f_{xx} \qquad \supset\!\subset\!\therefore \equiv \sum_i \dddot{a}_i x^i = y^2 f_{yy}$$

$$\cdot\!\supset\!\subset\!\cdot \equiv \sum_i i\ddot{a}_i x^i = \sum_j j\ddot{b}_j y^j = xyf_{xy}$$

を導入し、曲率中心と曲率半径を以下のように与えた。

$$c = \frac{\cdot\!\supset\!\subset\ \cdot\!\supset\!\subset\ \supset\!\subset\!\cdot\, yy + \supset\!\subset\!\cdot\ \supset\!\subset\!\cdot\ \supset\!\subset\!\cdot\, xx}{-\cdot\!\supset\!\subset\ \cdot\!\supset\!\subset\ \supset\!\subset\!\therefore\, y + 2\cdot\!\supset\!\subset\ \supset\!\subset\!\cdot\ \cdot\!\supset\!\subset\!\cdot\, y - \supset\!\subset\!\cdot\ \supset\!\subset\!\cdot\ \therefore\!\supset\!\subset\, y} \tag{3.43}$$

$$d = \frac{\cdot\!\supset\!\subset\ \cdot\!\supset\!\subset\ \cdot\!\supset\!\subset\, yy + \cdot\!\supset\!\subset\ \supset\!\subset\!\cdot\ \supset\!\subset\!\cdot\, xx}{-\cdot\!\supset\!\subset\ \cdot\!\supset\!\subset\ \supset\!\subset\!\therefore\, x + 2\cdot\!\supset\!\subset\ \supset\!\subset\!\cdot\ \cdot\!\supset\!\subset\!\cdot\, x - \supset\!\subset\!\cdot\ \supset\!\subset\!\cdot\ \therefore\!\supset\!\subset\, x} \tag{3.44}$$

$$\sqrt{cc+dd}$$
$$= \frac{([illegible]\,[illegible]yy + [illegible]\,[illegible]xx)\sqrt{[illegible]\,[illegible]yy + [illegible]\,[illegible]xx}}{-[illegible]\,[illegible]\,[illegible]xy + 2\,[illegible]\,[illegible]\,[illegible]xy - [illegible]\,[illegible]\,[illegible]xy} \tag{3.45}$$

これらが命題 3.6 に一致することは次のように確認できる。図 3.7 の $\mathrm{pm} = d$ と $\mathrm{hp} = c$ は、それぞれ命題 3.6 の $X - a$ と $Y - b$ である。

$$\begin{aligned}
c &= -\frac{f_y(f_x^2 + f_y^2)}{f_x^2 f_{yy} - 2f_x f_y f_{xy} + f_y^2 f_{xx}} \\
&= \frac{(yf_y)(xf_x)^2y^2 + (yf_y)^3x^2}{-(xf_x)^2(y^2f_{yy})y + 2(xf_x)(yf_y)(xyf_{xy})y - (yf_y)^2(x^2f_{xx})y} \\
&= \frac{[illegible]\,[illegible]\,[illegible]yy + [illegible]\,[illegible]\,[illegible]xx}{-[illegible]\,[illegible]\,[illegible]y + 2\,[illegible]\,[illegible]\,[illegible]y - [illegible]\,[illegible]\,[illegible]y} \\
d &= -\frac{f_x(f_x^2 + f_y^2)}{f_x^2 f_{yy} - 2f_x f_y f_{xy} + f_y^2 f_{xx}} \\
&= \frac{(xf_x)^3y^2 + (xf_x)(yf_y)^2x^2}{-(xf_x)^2(y^2f_{yy})x + 2(xf_x)(yf_y)(xyf_{xy})x - (yf_y)^2(x^2f_{xx})x} \\
&= \frac{[illegible]\,[illegible]\,[illegible]yy + [illegible]\,[illegible]\,[illegible]xx}{-[illegible]\,[illegible]\,[illegible]x + 2\,[illegible]\,[illegible]\,[illegible]x - [illegible]\,[illegible]\,[illegible]x}
\end{aligned}$$

(3.45) も同様に示すことができる。

3.7　ニュートンの縮閉線についての言明

ニュートンは 1665 年 5 月 (日付は不明) の手稿で放物線の縮閉線である半立法パラボラと楕円の縮閉線であるアステロイド (星芒形) を求めている。同じ 5 月の別の手稿では、縮閉線について以下のことを述べている。

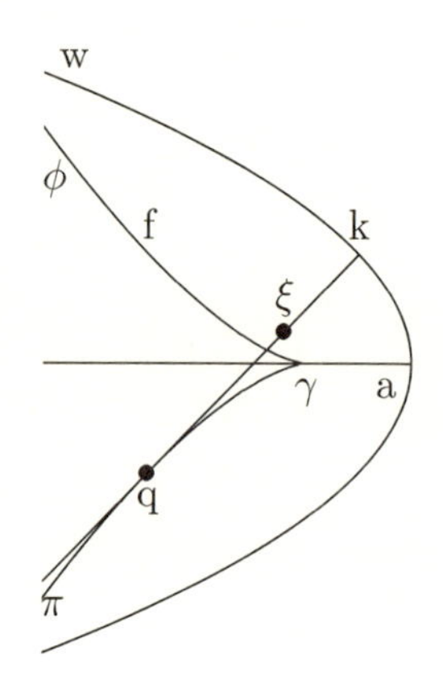

1. 曲率中心 q&f で描かれる曲線 $\phi\gamma q\pi$ はつねに法線 kq に接し、そして [描かれる曲線の長さは] それ [法線] によって測られることに注意せよ。曲線 $q\gamma$ の長さは、[法線]qk 上に $k\xi = a\gamma$ となるように点 ξ をとると、線分 $q\xi$ の長さに一致する。
2. また、直線 qk が曲線 $q\gamma$ の接線のときは、直線 qk は曲線 akw の法線になる。
3. 曲線 wka が放物線のときは、曲線 $\phi\gamma q\pi$ は [ヘンドリック・ファン] ヘラート [(1633-1660?)] が長さを見出した [半立方パラボラである]。
4. [略]

MP I, pp.263-264

曲線 $\phi\gamma q\pi$ は曲線 wka の縮閉線で、点 q は点 k の曲率中心になっている。命題 3.4(p.80) によると、

$$
\begin{aligned}
\widehat{q\gamma} &= \text{k の曲率半径} - \text{a の曲率半径}\\
&= \overline{kq} - \overline{a\gamma} = \overline{q\xi}
\end{aligned}
$$

となる。ニュートンは証明をつけずに命題 3.4 を述べたことになる。

第4章

流率法
―「1666年10月論文」

ニュートンは、1666年10月に執筆した無題の論文(「1666年10月論文」と呼ばれている)において、それまでに得ていた諸結果を整理し発展させて、流率法を体系的にまとめた。流率法は、『方法について』(1671)により完成した。

「1666年10月論文」は、曲線を点の運動の軌跡と考えて流率法を展開しており、「運動によって問題を解決するには、以下の諸命題で十分である」と題された第1部と、「問題を解決するためのこれまでの定理の適用」と題された第2部および「重力について」と題された第3部から構成されている。本章では、第1部と第2部に基づきニュートンの流率法を見ていく。

4.1　運動によって問題を解決するために十分な諸命題

運動によって問題を解決するための 8 つの命題が提示されている。点の運動に関する 6 つの命題が述べられた後、命題 7 で合成関数の微分、命題 8 で 1 階常微分方程式が多くの例とともに扱われ、最後に命題 7、命題 8、命題 1、命題 2 の順に証明がつけられている。

点の運動に関する命題のうち、運動の合成についての命題 2 と、接線を描く際に重要な役割を果たす命題 6 を見ておく。

> 命題 **2.**　2 つの三角形 △adc と △aec は合同で同一平面上にあり ad = ec を満たすとする。3 つの物体が同一時間に一様に点 a から、第一の物体は d に、第二の物体は e に、第三の物体は c に向かって動く。そのとき、第三の運動は第一と第二の運動の合成である。
>
> MP I, p.400

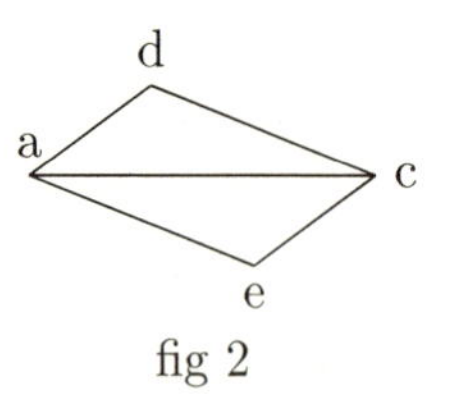

fig 2

命題 2 は速度に関する平行四辺形の法則である。つぎの命題 6 で用いられる。

> 命題 **6**　もし、線 ae, ah が絶えず交わりながら移動するとき、不等辺四辺形 abcd とその対角線 ac を引く。これら 5 つの線 ab, ad, ac, cb, cd の割合と位置は必要なデータによって決定され、5 つの運動の割合と位置を決

定するだろう。

1. 線 ae 上の固定点 a の b へ向かう運動
2. 線 ah 上の固定点 a の d へ向かう運動
3. 平面 abcd 上を運動する交点 a の c へ向かう運動 (というのは、ae と ah はそれらの交点 a で、その平面に接しているだけだが、それら 5 つの線は同一平面上にある)
4. 線 ae 上を文字 c, b の順の cb に平行に運動する交点 a の運動
5. 線 ah 上を文字 c, d の順の cd に平行に運動する交点 a の運動

[箇条書きの番号は引用者による。]

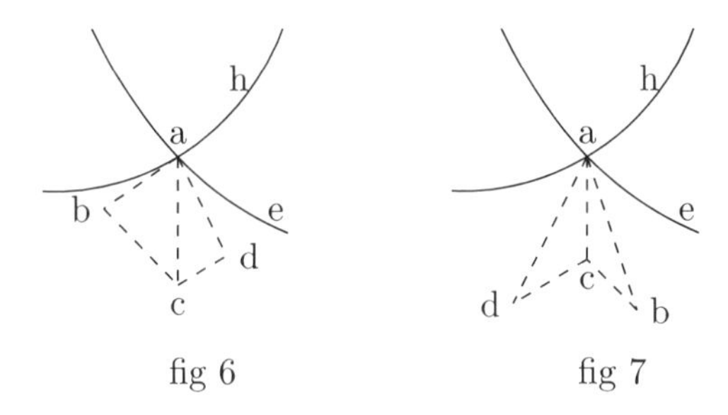

MP I, p.401

ベクトル $\overrightarrow{ab}$ は曲線 ae 上の点 a における速度ベクトル、ベクトル $\overrightarrow{ad}$ は曲線 ah 上の点 a における速度ベクトル、線分 cb は曲線 ae の点 a における接線と平行、線分 cd は曲線 ah の点 a における接線と平行である。このとき、ベクトル $\overrightarrow{ac}$ は、交点の軌跡が描く曲線上の点 a における速度ベクトルである。

ニュートンは、命題 6 の証明を与えてない。一般的な証明

を与えることは難しいので、例を 1 つ与えることにする。

例 4.1　運動する 2 つの放物線

$$\text{ae}\ : y=(x-t)^2-t^2-\tfrac{1}{2}t \tag{4.1}$$

$$\text{ah}\ : y=(x+t+1)^2-2t-1 \tag{4.2}$$

を考える。(4.1) の速度は

$$\left(\frac{d}{dt}t, \frac{d}{dt}\left(-t^2-\tfrac{1}{2}t\right)\right)=\left(1,-2t-\tfrac{1}{2}\right)$$

で、(4.2) の速度は

$$\left(\frac{d}{dt}(-t-1), \frac{d}{dt}(-2t-1)\right)=(-1,-2)$$

である。(4.1) と (4.1) の交点 a は

$$x^2-2tx-\frac{1}{2}t=x^2+2(t+1)x+t^2$$

を解いて $(-\frac{1}{4}t, \frac{9}{16}t^2-\frac{1}{2}t)$ である。

(4.1) と (4.2) の a における接線の傾きは、それぞれ

$$2(x-t)_{|x=-\frac{1}{4}t}=-\tfrac{5}{2}t$$

$$2(x+t+1)_{|x=-\frac{1}{4}t}=\tfrac{3}{2}t+2$$

である。任意の t について

$$(1,-2t-\tfrac{1}{2})+\lambda(1,-\tfrac{5}{2}t)=(-1,-2)+\mu(1,\tfrac{3}{2}t+2) \tag{4.3}$$

が成り立つような定数 λ, μ を求める。(4.3) の x 成分を比較すると $\mu=\lambda+2$ である。これを (4.3) の右辺に代入し y 成分を比較すると

$$-2t-\tfrac{5}{2}\lambda t-\tfrac{1}{2}=-2+\tfrac{3}{2}\lambda t+3t+2\lambda+4$$

よって、$\lambda = -\frac{5}{4}, \mu = \frac{3}{4}$ である。したがって、交点の描く曲線上の a における速度ベクトルは

$$\overrightarrow{\mathrm{ac}} = (1, -2t - \tfrac{1}{2}) - \tfrac{5}{4}(1, -\tfrac{5}{2}t) = (-\tfrac{1}{4}, \tfrac{9}{8}t - \tfrac{1}{2}) \tag{4.4}$$

である。

つぎに、(4.1)(4.2) の交点 a の軌跡

$$x = -\tfrac{1}{4}t, y = \tfrac{9}{16}t^2 - \tfrac{1}{2}t$$

から直接 a における速度ベクトルを求めると、

$$\left(\frac{d}{dt}(-\tfrac{1}{4}t), \frac{d}{dt}(\tfrac{9}{16}t^2 - \tfrac{1}{2}t)\right) = (-\tfrac{1}{4}, \tfrac{9}{8}t - \tfrac{1}{2}) \tag{4.5}$$

となり、(4.4) と (4.5) は一致している。

運動の合成による接線決定法は、コレージュ・ロワイヤル (現在のコレージュ・ド・フランス) の数学教授職にあったジル・ペルセンヌ・ド・ロベルヴァル (1602-1675) が、1636 年以前にサイクロイドの研究中に思いついた。またニュートンは、ロベルヴァルの方法をデカルト『幾何学』ラテン語訳第 2 版で知った。

命題 7.　同じ時間に移動する 2 つ以上の物体 A, B, C, ... が描く 2 つ以上の曲線 $x, y, z, \ldots$ の関係を表す方程式が与えられたとき、それらの速度 $p, q, r, \ldots$ は次のように見いだされる。

方程式のすべての項を一辺に移し 0 とおく。そして、最初に x の次数倍の $\frac{p}{x}$ を掛ける。第二に y の次数倍の $\frac{q}{y}$ を掛ける。第三に (もし未知量が 3 つあるときには) z

> の次数倍の $\frac{r}{z}$ を掛ける。(そして更に未知量があれば同様にする)。これらの積のすべての和を 0 とおく。その方程式が速度 $p, q, r, \ldots$ の関係を与える。
>
> MP I, p.402

x, y, z を t の関数とし、

$$p = \frac{dx}{dt}, \quad q = \frac{dy}{dt}, \quad r = \frac{dz}{dt}$$

とおく。代数方程式 $\sum_{i,j,k} a_{ijk} x^i y^j z^k = 0$ を t で微分した

$$\sum_{i,j,k} a_{ijk}(ipx^{i-1}y^j z^k + jqx^i y^{j-1} z^k + krx^i y^j z^{k-1}) = 0$$

が求める p, q, r の関係である。積の微分と命題 3.1(p.57) から導かれる。

ニュートンは『方法について』(1671) では、x, y, z を流量、p, q, r をそれぞれ x, y, z の流率あるいは速度と呼んでいる。命題 7 は流率と流量の関係式を与えるアルゴリズムである。

例 4.2　x, y の関係を表す方程式 $x^3 - abx + a^3 - dy^2 = 0$ に命題 7 を適用する。ここで、a, b, d は定数である。

1. x の次数倍の $\frac{p}{x}$ を掛ける：
   $3 \times \dfrac{p}{x}x^3 + 1 \times \dfrac{p}{x}(-abx) + 0 \times \dfrac{p}{x}a^3 + 0 \times \dfrac{p}{x}(-dy^2)$
2. y の次数倍の $\frac{q}{y}$ を掛ける：
   $0 \times \dfrac{q}{y}x^3 + 0 \times \dfrac{q}{y}(-abx) + 0 \times \dfrac{q}{y}a^3 + 2 \times \dfrac{q}{y}(-dy^2)$
3. これらの積のすべての和を 0 とおく：
   $3px^2 - abp - 2dqy = 0$

x, y の速度 p, q の関係が得られた。

つぎに命題 8 を見てみる。

> 命題 **8** もし、2 つの物体 A と B が速度 p と q で線 x と y を描き、線の一方 x と比 $\frac{q}{p}$ との間の関係を表している方程式が与えられたとして、もう一方の線 y を見出すこと。
>
> MP I, p.403

$p = \frac{dx}{dt}, q = \frac{dy}{dt}$ なので、命題 8 は $f(x, \dfrac{dy}{dx}) = 0$ から y を求める問題、すなわち 1 階常微分方程式である。そのあとの多くの例では、$\dfrac{dy}{dx} = f(x)$ から y を求める問題、すなわち正規形 1 階常微分方程式あるいは $f(x)$ の原始関数を求める問題である。そして、命題 8 を次のように説明している。

> 解かれるものがいかなる問題であろうとも、あらゆる問題をこれ [命題 8] により常に解くことができる。しかしながら、以下の諸規則が大変しばしば用いられるであろう。($\pm m$ と $\pm n$ は対数あるいは x の次元を表す数であることに注意せよ。)　MP I, p.403

以下の諸規則とは、$x^{\frac{m}{n}}$ の積分、部分積分や置換積分を用いた有理関数、無理関数の積分の諸公式である。ニュートンが括弧のなかで注意している「対数」は、常用対数や自然対数ではなく、x を底とする対数の意味で、$x^{\frac{m}{n}}$ に対し $\frac{m}{n}$ であるので、彼が「x の次元を表す数」と呼んでいるもの、すなわち x の次数である。

> 第一は $\frac{q}{p}$ の値を得ること。それが有理的でその分母が 1 項のみからなるとき、x を値にかけ、その各項

> をその項の対数で割ったものが y の値になる。もし、$ax^{\frac{m}{n}}=\frac{q}{p}$ ならば、$\frac{na}{m+n}x^{\frac{m+n}{n}}=y$ である。それで、もし $\frac{a}{x}=ax^{\frac{-1}{1}}=\frac{q}{p}$ ならば、$\frac{a}{0}x^0=y$ であり、y は無限大である。[中略] $\frac{a}{c+x}=\frac{q}{p}$ ならば y はまた無限大の数 $\frac{a}{0}c^0$ により減じられ、数 x の対数のように有限になる。そのため、x が与えられたとき、後で示されるように、y が対数表により機械的に見出される。
>
> MP I, p.403

「有理的でその分母が 1 項のみからなる」とは、x の有理数乗の定数倍を意味している。「x を値にかけ、その各項をその項の対数で割ったものが y の値になる。」とは

$$ax^{\frac{m}{n}}\longrightarrow ax^{\frac{m}{n}+1}\longrightarrow y=\frac{1}{\frac{m}{n}+1}ax^{\frac{m}{n}+1}=\frac{na}{m+n}x^{\frac{m+n}{n}}$$

の操作を指している。すなわち、

$$\frac{q}{p}=\frac{\frac{dy}{dt}}{\frac{dx}{dt}}=\frac{dy}{dx}=ax^{\frac{m}{n}}$$

ならば、$y=\frac{na}{m+n}x^{\frac{m+n}{n}}$ となることを述べている。さらに、「有理的でその分母が 2 項からなる」場合に該当する $\int\frac{a}{c+x}dx=a\log_e(c+x)$ を $\int x^{\frac{m}{n}}dx=\frac{na}{m+n}x^{\frac{m+n}{n}}$ の $m=-1,n=1$ の場合に帰着させて導いている。当時は極限や関数の収束の概念が確立していなかったため今日から見ると不正確な記述になっているが、ニュートンの意図をホワイ

トサイドは、下記のようだとしている。

$$
\begin{aligned}
y = \int_0^x \frac{a}{c+t}dt &= \lim_{\epsilon\to+0}\left(\int_0^x a(c+t)^{-1+\epsilon}dt\right) \\
&= \lim_{\epsilon\to+0}\left[\frac{a}{\epsilon}(c+t)^{\epsilon}\right]_0^x = \lim_{\epsilon\to+0}\frac{a}{\epsilon}\left((c+x)^{\epsilon}-c^{\epsilon}\right) \\
&= \lim_{\epsilon\to+0} a\left(\log_e(c+x)\cdot(c+x)^{\epsilon} - \log_e c\cdot c^{\epsilon}\right) \\
&= a\left(\log_e(c+x) - \log_e c\right) = a\log_e\frac{c+x}{c}
\end{aligned}
$$

2 行目から 3 行目への変換にはド・ロピタルの定理 ($\frac{0}{0}$ の不定形に対し分母と分子を ϵ で微分した後に $\epsilon\to+0$ とする) を用いている。ニュートンは、$\frac{a}{c+x}$ の原始関数が $a\log(x+c)$ になることを不完全な形ではあるが得たことになる。「数 x の対数」は数 x の次数の意味であるが、「対数表」は自然対数の表である。

> 第二に、$\frac{q}{p}$ の値の分母が 1 より多い項からなる [分母が単項式でない] とき、分母 [分数式] が $\dfrac{a}{c+x}$ となるまで変形し、第一の場合に帰着させる。
>
> MP I, p.403

ここでは、除算および変数変換 (置換積分) により既知の積分に帰着させることを述べている。多くの例をあげて説明しているので、これらを見ていく。記号 □ は積分記号である。

例題 1 $\dfrac{xx}{ax+b} = \dfrac{q}{p}$ ならば割り算により

$$\frac{x}{a} - \frac{b}{aa} + \frac{bb}{a^3x+aab} = \frac{xx}{ax+b} = \frac{q}{p}$$

となる。(掛け算により明らかになる。) それゆえ、こ

の命題の第一部分 [第一の規則] によりそれは

$$\frac{xx}{2a} - \frac{bx}{aa} + \Box\frac{bb}{a^3x + aab} = y$$

となる。$\left(\Box\frac{bb}{a^3x + aab}\right.$ は $\frac{q}{p}$ の値の項 $\frac{bb}{a^3x + aab}$ に対応する y の部分を表す。対数の表は後ほど現れるだろう。)

MP I, p.404

左辺の分数関数を除算により、$x^{\frac{m}{n}}$ および $\frac{a}{c+x}$ の形の項の和に分け、項別積分を行う。

$$\begin{aligned} x^2 &=(ax+b)\left(\frac{x}{a} - \frac{b}{a^2}\right) + \frac{b^2}{a^2} \\ \frac{x^2}{ax+b} &= \frac{x}{a} - \frac{b}{a^2} + \frac{b^2}{a^2}\frac{1}{ax+b} \\ y &= \int \frac{x^2}{ax+b}dx \\ &= \frac{x^2}{2a} - \frac{bx}{a^2} + \int \frac{b^2}{a^2}\frac{1}{ax+b}dx \\ &= \frac{x^2}{2a} - \frac{bx}{a^2} + \frac{b^2}{a^3}\log|ax+b| \end{aligned}$$

$$\begin{array}{r@{}l} & \frac{x}{a} - \frac{b}{a^2} \\ \hline ax+b) & x^2 \\ & x^2 + \frac{b}{a}x \\ \hline & -\frac{b}{a}x \\ & -\frac{b}{a}x - \frac{b^2}{a^2} \\ \hline & +\frac{b^2}{a^2} \end{array}$$

例題 2 $\frac{x^3}{aa - xx} = \frac{q}{p}$ なら、私は [置換]$x = z - a$ を考える。[$\frac{dz}{dt} = \frac{dx}{dt} = p$ より]

$$\frac{z^3 - 3azz + 3aaz - a^3}{2az - zz} = \frac{q}{p}$$

割り算により

$$\frac{-aa}{2z} - z + a + \frac{aa}{4a - 2z} = \frac{q}{p}$$

(掛け算により分かる。) z に $x+a$ を代入すると

$$-x-\frac{aa}{2x+2a}+\frac{aa}{2a-2x}=\frac{q}{p}$$

命題 8 の第一より

$$-\frac{xx}{2}-\square\frac{aa}{2x+2a}+\square\frac{aa}{2a-2x}=y$$

MP I, p.404

例題 1 のような除算によっては

$$\frac{z^3-3azz+3aaz-a^3}{2az-z^2}=-z+a+\frac{a^2z-a^3}{2az-z^2}$$

までしか得られないので

$$\frac{a^2z-a^3}{2az-z^2}=\frac{-a^2}{2z}+\frac{a^2}{4a-2z}$$

は未定係数法か何かで求めたのだろう。

例題 2 の $\square$ のついた式は、今日の記法では

$$\square\frac{aa}{2x\pm 2a}=\frac{a^2}{2}\int\frac{1}{x\pm a}dx=\frac{a^2}{2}\log|x\pm a|$$

である。

分母が 1 次式でないが、分母の微分の定数倍が分子に現れる

$$\frac{cx^{n-1}}{a+bx^n}=\frac{q}{p}$$

について、ニュートンは $n=2,3,4$ の場合を $z=bx^n$ として与えた後、

一般に、もし $\dfrac{cx^{n-1}}{a+bx^n}=\dfrac{q}{p}$ ならば、$bx^n=z$ とせよ。
そうすれば $\square\dfrac{c}{nba+nbz}=y$ MP I, p.405

としている。$z = bx^n$ とおくと、$dz = nbx^{n-1}dx$ より

$$y = \int \frac{cx^{n-1}}{a+bx^n}dx = \int \frac{c}{nb(a+z)}dz = \frac{c}{nb}\log|a+z|$$

となる。置換積分である。

> 第三に、$\frac{q}{p}$ の値が平方根で無理式のときは、以下の例のように最も簡単な場合に帰着させる。　MP I, p.405

「以下の例」として

$$\frac{cx^{kn}}{x}\sqrt{a+bx^n} = \frac{q}{p}, \quad k = 1, \ldots, 5$$
$$\frac{cx^{kn}}{x\sqrt{a+bx^n}} = \frac{q}{p}, \quad k = 1, \ldots, 5$$

など 31 題があげられている。ニュートンは結果のみ与えているが、最初の例の $k = 1, 2$ の場合

1. $\frac{cx^n}{x}\sqrt{a+bx^n} = \frac{q}{p}$ のとき $\frac{2ac+2bcx^n}{3nb}\sqrt{a+bx^n} = y$
2. $\frac{cx^{2n}}{x}\sqrt{a+bx^n} = \frac{q}{p}$ のとき
   $\frac{6bbcx^{2n}+2abcx^n-4aac}{15nbb}\sqrt{a+bx^n} = y$

を導いておく。

1. $z = a + bx^n$ とおき置換積分を用いる。$\frac{dz}{dx} = nbx^{n-1}$ となり、与えられた方程式は

$$\frac{dy}{dx} = \frac{cx^n}{x}\sqrt{a+bx^n} = \frac{c}{nb}\frac{dz}{dx}\sqrt{z}$$

つまり

$$\frac{dy}{dz} = \frac{\frac{dy}{dx}}{\frac{dz}{dx}} = \frac{c}{nb}z^{\frac{1}{2}}$$

命題8第一の規則より

$$y = \frac{2c}{3nb} z^{\frac{3}{2}} = \frac{2ac + 2bcx^n}{3nb} \sqrt{a + bx^n}$$

となる。

2. $u' = \frac{3}{2} nbx^{n-1}\sqrt{a+bx^n}, u = (a + bx^n)^{\frac{3}{2}}, v = \frac{c}{n}x^n, v' = cx^{n-1}$ とおき、部分積分 $\int u'vdx = uv - \int uv'dx$ を用いる。

$$\begin{aligned} I = &\int \frac{cx^{2n}}{x} \sqrt{a+bx^n} dx = \frac{2}{3b} \int u'vdx \\ =&\frac{2}{3b} \left(\frac{c}{n} x^n (a+bx^n)^{\frac{3}{2}} - \int cx^{n-1}(a+bx^n)^{\frac{3}{2}} dx \right) \end{aligned} \tag{4.6}$$

(4.6) の括弧の中の第2項は

$$\begin{aligned} &\int cx^{n-1}(a+bx^n)^{\frac{3}{2}} dx \\ =&\int (acx^{n-1} + bcx^{2n-1})\sqrt{a+bx^n} dx \\ =&a \int cx^{n-1}\sqrt{a+bx^n} dx + b \int cx^{2n-1} \sqrt{a+bx^n} dx \\ &(\text{第1項は1の積分の}\ a\ \text{倍で、第2項は}\ bI\ \text{だから}) \\ =&\frac{2a^2c + 2abcx^n}{3nb} \sqrt{a+bx^n} + bI \end{aligned}$$

(4.6) に代入すると

$$\begin{aligned} I =&\frac{2}{3b} \left(\frac{c}{n} x^n (a+bx^n) \sqrt{a+bx^n} \right. \\ &\left. - \frac{2a^2c + 2abcx^n}{3nb} \sqrt{a+bx^n} - bI \right) \end{aligned}$$

よって、

$$\frac{5}{3}I = \frac{2}{3b}\frac{3b^2cx^{2n} + abcx^n - 2a^2c}{3nb}\sqrt{a + bx^n}$$

以上より

$$I = \frac{6b^2cx^{2n} + 2abcx^n - 4a^2c}{15nb^2}\sqrt{a + bx^n}$$

ニュートンは部分積分により導かれる漸化式を用いて、「最も簡単な場合に帰着させる」ことを実行したと考えられている。

第三の規則の説明に続いて、命題8の例を3つ取り上げている。最初の例を見てみる。

例題1　$x\&y$ の運動が関係 $yy = x\sqrt{aa - xx}$ で与えられているとき、$p\&q$(x と y の速度) を見出すこと。
最初に、$\xi = \sqrt{aa - xx}$、あるいは $\xi\xi + xx - aa = 0$ を考える。それに関して、ξ の運動 π を見出す。すなわち、命題7によって、$2\pi\xi + 2px = 0$、あるいは

$$\frac{-px}{\xi} = \pi = \frac{-px}{\sqrt{aa - xx}}$$

である。方程式 $yy = x\sqrt{aa - xx}$ において $\sqrt{aa - xx}$ を ξ に置き換えると $yy = x\xi$ となる。運動 $p, q, \&\pi$ の関係は、命題7より $2qy = p\xi + x\pi$ となる。$\xi\&\pi$ の代わりにそれらの値で書き直すと

$$2qy = p\sqrt{aa - xx} - \frac{pxx}{\sqrt{aa - xx}}$$

が得られる。これが求めるものであった。
(その方程式に、$\sqrt{aa - xx}$ を掛けると $2qy\sqrt{aa - xx} = paa - 2pxx$ である。$\sqrt{aa - xx}$ の代わりにその値 $\frac{yy}{x}$ を

> 書くと、それは $\dfrac{2qy^3}{x} = paa - 2pxx$ である。あるいは $2qy^3 = paax - 2pxxx$ である。その結論は与えられた方程式の両辺を [2 倍して] 求積すると $y^4 = aax^2 - x^4$ である。そのため (命題 7 により) 前のように $4qy^3 = 2paax - 4px^3$ となる。)
>
> MP I, p.411

問題は「時間 t の関数 x, y が

$$y^2 = x\sqrt{a^2 - x^2} \tag{4.7}$$

を満たしているとき、速度 $p = \frac{dx}{dt}, q = \frac{dy}{dt}$ の関係を求めよ」というものである。(4.7) の両辺を t で微分した

$$2y\frac{dy}{dt} = \frac{dx}{dt}\sqrt{a^2 - x^2} - \frac{x^2\frac{dx}{dt}}{\sqrt{a^2 - x^2}} \tag{4.8}$$

が求める関係である。( ) 内の補足でニュートンは、(4.8) を積分すると元の関係 (4.7) が得られることを注意している。

命題 8 の説明の最後で次のように述べている。

> しかしこの 8 番目の命題は、このように機械的に解かれる。すなわち、あたかも、10 進数について除算、開平、あるいはヴィエトのべきの解析的解法により方程式を解くのと同じように、$\frac{q}{p}$ の値をもとめよ。
>
> MP I, p.413

与えられた $\frac{q}{p}$ に関する式を機械的に解くことにより、$\frac{q}{p}$ を x の無限級数で表し、項別積分して y を求めることを除算、開平、べきの解析的方法について 1 つずつ例題を取り上げて説明している。

例題 1 もし $\dfrac{a}{b+cx}=\dfrac{q}{p}$ ならば、除算により

$$\frac{q}{p}=\frac{a}{b}-\frac{acx}{bb}+\frac{accxx}{b^3}-\frac{ac^3x^3}{b^4}+\frac{ac^4x^4}{b^5}-\frac{ac^5x^5}{b^6}+\frac{ac^6x^6}{b^7}\text{\&c.}$$

それゆえ、

$$y=\frac{ax}{b}-\frac{acxx}{2bb}+\frac{accx^3}{3b^3}-\frac{ac^3x^4}{4b^4}+\frac{ac^4x^5}{5b^5}\text{\&c.}$$

MP I, p.413

$p=\frac{dx}{dt}, q=\frac{dy}{dt}$ なので、例題 1 は「$\dfrac{dy}{dx}=\dfrac{a}{b+cx}$ のとき y を x の級数で表せ」という問題である。級数展開は「除算により」としか記載されてないが、1669 年に『無限個の項をもつ方程式による解析について』(『解析について』と略す) で詳しく説明している。詳細は 5.3.1 節 (p.146) で述べる。

例題 2 もし $\sqrt{aa-xx}=\dfrac{q}{p}$ ならば、べき根を開き

$$\frac{q}{p}=a-\frac{xx}{2a}-\frac{x^4}{8a^3}-\frac{x^6}{16a^5}-\frac{5x^8}{128a^7}-\frac{7x^{10}}{256a^9}-\frac{21x^{12}}{1024a^{11}}\text{\&c.}$$

それゆえ、命題 8 の第一部分より

$$y=ax-\frac{x^3}{6a}-\frac{x^5}{40a^3}-\frac{x^7}{112a^5}-\frac{5x^9}{1152a^7}-\frac{7x^{11}}{2816a^9}\text{\&c.}$$

べき根を開いて級数展開する方法についても『解析について』で詳しく説明している。詳細は 5.3.2 節 (p.149) で述べる。

例題 3 は「もし $\dfrac{q^3}{p^3}*-ax\dfrac{q}{p}-x^3=0$ ならば、」と問題が記載されているだけで解法はない。問題の意味は、「$\frac{q}{p}$ すなわち $\frac{dy}{dx}$ についての 3 次方程式 $\dfrac{q^3}{p^3}+0\dfrac{q^2}{p^2}-ax\dfrac{q}{p}-x^3=0$ が与え

られたとき、$\frac{q}{p}$ を x の無限級数で表し、y を求めよ」というものである。数式の中の $*$ 印はそこに来るべき項 (本問では $\frac{q^2}{p^2}$ の項) がないというヴィエトの記号である。「ヴィエトのべきの解析的解法」はうまくいかなかったと 10 年後の 1676 年にライプニッツに宛てた「前の書簡」で述べている。

> いくつかの文字項を持つ複合方程式の根の抽出は、数値方程式の根の抽出と似ています。しかしながら、ヴィエトと我がオートレッドの方法はこの目的には適してません。そのため、私は別のものを考案するように導かれました。　[9, II, p.34]

考案した別のものは、『解析について』で与えている。詳細は 5.4 節 (p.155) で述べる。

第 1 部の最後に諸命題の証明を行なっている。命題 7 と命題 8 の証明を見てみよう。

命題 **7** の証明

補助定理　2 つの物体 A, B が、一方は a から c, d, e, f に、他方は b から g, h, k, l に、同じ時間に一様に運動するとする。

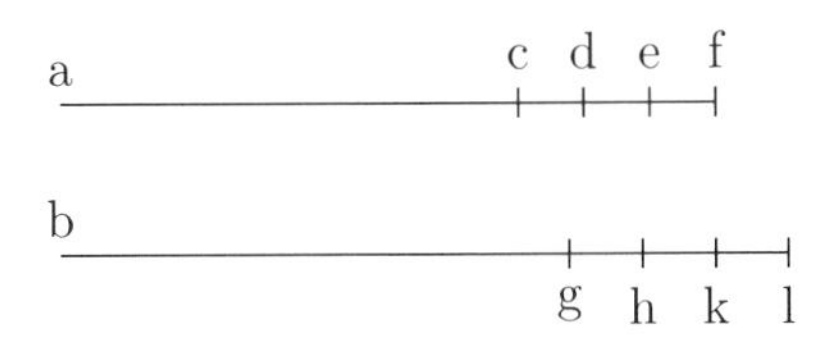

線 ac, cd, de, ef は速度 p で、線 bg, gh, hk, kl は速度 q で動く。たとえ、それらが一様に動かないとしても、

各瞬間にそれらが描く無限に小さい線はそれらを描いている間に持つ速度に比例する。あたかも、速度 p の物体 A がある瞬間に無限に小さい線 (cd $=)p \times o$ を描き、その瞬間に速度 q の物体は線 (gh $=)q \times o$ を描く。$p : q = po : qo$ より、もしある瞬間に描かれた線が (ac $=)x\&$(bg $=)y$ であれば、次の瞬間には (ad $=)x + po, \&$(bg $=)y + qo$ であろう。

[命題 **7** の] 証明 線 $x\&y$ をつなぐ方程式が $x^3 - abx + a^3 - dyy = 0$ であるとする。$x\&y$ の場所に $x + po\&y + qo$ を代入すると、補助定理により物体 A&B によって描かれる $x\&y$ と同様である。実行すると、結果は

$$\begin{array}{l} x^3 + 3poxx + 3ppoox + p^3o^3 - dyy - 2dqoy - dqqoo = 0 \\ \qquad\qquad - abx \qquad - abpo \\ \qquad\qquad\qquad\qquad + a^3 \end{array}$$

である。しかしながら、$x^3 - abx + a^3 - dyy = 0$ より、

$$\begin{array}{l} 3poxx + 3ppoox + p^3o^3 - 2dqoy - dqqoo = 0 \\ \qquad\qquad\qquad - abpo \end{array}$$

o で割ると

$$\begin{array}{l} 3px^2 + 3ppox + p^3oo - 2dqy - dqqo = 0 \\ \qquad\qquad\qquad - abp \end{array}$$

また o の項は無限に小さいから、それらを取り除くと残りは

$$3pxx - abp - 2dqy = 0$$

同様に他の方程式にも実行できる。

MP I, pp.414-415

命題 7 の証明を現代の微積分を用いて解釈すると以下のようになる。x, y を時間 t の関数とする。命題 7 では $x^n y^m$ の t による微分のアルゴリズムを

$$n\frac{p}{x}x^n y^m + m\frac{q}{y}x^n y^m \left(= n\frac{dx}{dt}x^{n-1}y^m + m\frac{dy}{dt}x^n y^{m-1}\right)$$

としているが、命題 7 の証明は

$$\lim_{o\to 0}\frac{(x+po)^n(y+qo)^m - x^n y^m}{o} = npx^{n-1}y^m + mqx^n y^{m-1}$$

を $(x+po)^n$ と $(y+qo)^m$ に二項定理を適用して行っている。また、代数方程式の一般的表記法

$$\sum_{i,j} a_{ij}x^i y^j = 0$$

を持ってなかったため、比較的一般性を有する特定の斉次方程式について示し、「同様に他の方程式にも実行できる」と述べることで、証明に代えている。

> **命題 8 の証明**　命題 8 は命題 7 の逆である。それゆえ、命題 7 によって解析的に証明されるであろう。

MP I, p.415

命題 7 は微分の問題、命題 8 は積分の問題であるので、ニュートンは積分は微分の逆であることを用いれば証明できると述べている。

4.2 問題を解決するためのこれまでの定理の適用

問題が13題(問題8は欠番)扱われ、それぞれの問題に対し、一般的な解法といくつかの例題が与えられている。本節では、問題1から問題9を取り上げる。

> **問題1** 曲線に接線を引くこと。
> (命題7; あるいは3,4& 2などにより)曲線が主として関係づけられている直線の運動をさがせ。またそれらがいかなる速度をもって増加あるいは減少するかをさがせ。それらの速度は、曲線を描く点の運動を与えるだろう。その運動は接線の上にある。
>
> MP I, p.416

例題が3題取り上げられている。例題1,2はユークリッド平面内の代数曲線(ニュートンは幾何的曲線と呼んでいる)であり、例題3は円積線(クワドラトゥリックス)という超越曲線(代数曲線でない曲線、ニュートンは機械的曲線と呼んでいる)である。例題1と3を取り上げる。

> **例題1**　図(fig 1)において、曲線facは2本の直線cb&dcの交点として記述される。一方はcb||ad, 他方はdc||abと平行に動く。ab $= x,$ &bc $= y =$ ad としたとき、[曲線の]関係は

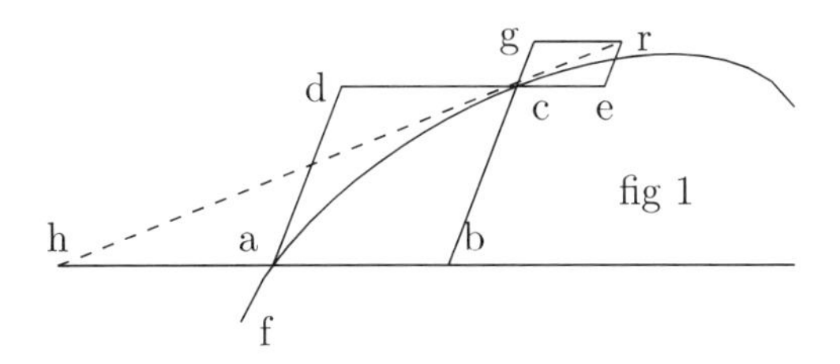

$x^4 - 3yx^3 + 10ax^3 + ayxx - 2y^3x + a^4 - y^4 = 0$ である。[ニュートンは斜交座標で考えている。なお、fig 1 の曲線はこの代数曲線のグラフではない。] 接線 hcr を描くため、線 cb に固定された点 c が e に向かって ab に平行に移動すると考える。また、線 dc に固定された点 c が g に向かって ad に平行に移動すると考える。それゆえ、それらの動きに比例して ce||ab&cg||ad を描く。そうして er||cb&gr||dc を描く。対角線 cr は、(命題 6 によって)、線 cb の速度で p とし、線 cd の速度を q とする。

$$\mathrm{ce} : \mathrm{gc} = p : q (= \mathrm{ce} : \mathrm{er} = \mathrm{hb} : \mathrm{cb})$$

を作り、点 c は対角線 cr を動くだろう。(命題 6 によって、) それは求める接線である。今、p と q の関係は、前述の方程式 (p は x の増加を、q は y の増加を表す) から見出される。(命題 7 から)

$$\begin{aligned} 4px^3 - 9pyxx + 30paxx + 2payx - 2py^3 \\ - 3qx^3 + qaxx - 6qyyx - 4qy^3 = 0 \end{aligned}$$

そしてそれゆえ、[接線影の符号付長さは]

$$\mathrm{hb} = \frac{py}{q} = \frac{3yx^3 - ayxx + 6y^3x + 4y^4}{4x^3 - 9yxx + 30axx + 2ayx - 2y^3}$$

> これが接線 hc を決定する。
>
> MP I, p.416

ニュートンは 1665 年 5 月 20 日付けの手稿において、斜交座標における曲線 $f(x,y)=0$ の接線影の符号付きの長さを

$$t = -y\frac{f_y}{f_x}$$

と与えている (p.77)。命題 3.1 より

$$-y\frac{f_y}{f_x} = y\frac{1}{\frac{dy}{dx}} = \frac{py}{q}$$

となるので、例題 1 では $f(x,y)=x^4-3yx^3+10ax^3+ayx^2-2y^3x+a^4-y^4=0$ に命題 7 を適用して $\frac{py}{q}$ を求めている。

例題 3 では円積線の接線の引き方が扱われている。円積線とは、図 4.1 において、円の半径 ak が等角速度でもって am まで回転する間に、線分 kn が等速度で am まで平行移動するとき、ap と hq の交点 b の描く軌跡である。ap が時計回りを正として $\frac{\pi}{2}$ ラジアン回転し am に重なったときの交点 f は、$\angle$pam $\to +0$ としたときの交点の極限と考える。このとき、曲線 $\overset{\frown}{\mathrm{kbf}}$ が円積線、直線 be が点 b における接線である。半径の長さを r とすると af $=\frac{2r}{\pi}$ より、円積問題 (古代ギリシャで、与えられた円に等しい面積を持つ正方形を、定規とコンパスを有限回用いて描く問題) に使えるのではないかと考えられていた。

> **例題 3**　円積線 kbf は 2 つの直線 hb&ap の交点によって描かれる。一方の hb は k から a に ma と平行に一様に動き、その間他方の ap は中心 a の周りを k から m

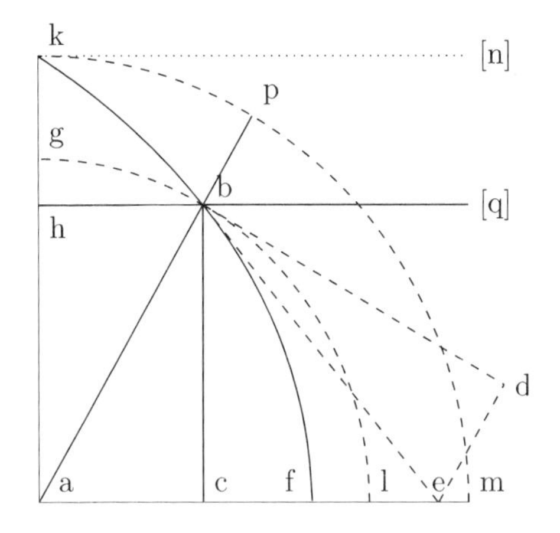

図 4.1　例題 3 の円積線 (MP I, p.418)

に [一様に] 回転する。半径を ab とする円 gbl を描け。bl = bd⊥ab||de とせよ。[線分 bd は線分 ab と垂直に取り、線分 de は線分 ab と平行に取り、bd の長さは弧 $\overset{\frown}{\mathrm{bl}}$ の長さに等しく取れ。] 直線 am と ed の交点 e は線分 eb を描き、それ [eb] は円積線と b で接するだろう。[証明略。証明には、命題 3,4,6 が用いられている。]

ニュートンの円積線の接線の引き方が正しいことを、現代の微積分学により示す。a を原点、am を x 軸、ak を y 軸にとり、b の座標を (x, y) とし、$\theta = \angle \mathrm{kap}$ とおくと

$$x = y \tan\theta$$
$$(r - y) : y = \theta : (\frac{\pi}{2} - \theta)$$

が成り立つ。$\theta = \frac{\pi}{2} - \frac{y\pi}{2r}$ より円積線の方程式は

$$x = \frac{y}{\tan\left(\frac{y\pi}{2r}\right)} \tag{4.9}$$

と表せる。(4.9) を y で微分すると

$$\frac{dx}{dy} = \frac{\tan\left(\frac{y\pi}{2r}\right) - y\frac{\pi}{2r}\left(1 + \tan^2\left(\frac{y\pi}{2r}\right)\right)}{\tan^2\left(\frac{y\pi}{2r}\right)}$$

となる。$\tau = \frac{y\pi}{2r}$ とおくと

$$\frac{dx}{dy} = \frac{\tan\tau - \tau(1 + \tan^2\tau)}{\tan^2\tau}$$

と書ける。b における円積線の接線の方程式は、逆関数の微分の公式を用いると

$$Y - y = \frac{\tan^2\tau}{\tan\tau - \tau(1 + \tan^2\tau)}(X - x) \tag{4.10}$$

である。(4.10) と x 軸との交点の x 座標は、

$$\begin{aligned}
&x - \frac{y}{\tan^2\tau}(\tan\tau - \tau(1 + \tan^2\tau)) \\
=&x - \frac{y}{\tan\tau} + \frac{y\tau}{\tan^2\tau\cos^2\tau} = \frac{y\tau}{\sin^2\tau} \\
=&\frac{x^2 + y^2}{y^2}\frac{y^2\pi}{2r} = \frac{\pi}{2r}(x^2 + y^2)
\end{aligned} \tag{4.11}$$

一方、$\mathrm{bd} = \overset{\frown}{\mathrm{bl}} = \tau\sqrt{x^2 + y^2}$ だから d の座標を (u, v) とすると

$$\begin{aligned}
u - x &= \tau\sqrt{x^2 + y^2}\sin\tau = \tau y \\
y - v &= \tau\sqrt{x^2 + y^2}\cos\tau = \tau x \\
\mathrm{ae} &= u - \frac{v}{\tan\tau}
\end{aligned}$$

となる。よって、

$$\mathrm{ae} = x + y\tau - \frac{y - x\tau}{\tan\tau} = x + y\tau - x + \frac{x^2\tau}{y}$$
$$= \frac{\pi}{2r}(x^2 + y^2) \tag{4.12}$$

したがって、e は円積線の b における接線と x 軸の交点になるので、線分 be は円積線の b における接線上にある。

問題 **2** 曲線の曲率を見出すこと。

曲率中心は法線上の最小運動点であるということを用いて、1665 年 5 月 21 日に求めた曲率中心 (3.43)(3.44) と曲率半径 (3.45) を与えている。そして、曲線 $x^3 - axy + ay^2 = 0$, (a は定数) と円錐曲線 $rx + \frac{rx^2}{q} = y^2$, ($q, r$ は定数) の曲率中心などを求めている。

問題 **3** 凸部分と凹部分を区別する点 [変曲点] を見出すこと。

解　線はそれらの点 [変曲点] で曲がってない。それゆえ、その点で曲率半径は無限大になる。その目的のため、定理 [(3.45) 式と同じもの] における曲率半径の分母を 0 とする。

$${\cdot}{\supset\!\subset}\ {\cdot}{\supset\!\subset}\ {\supset\!\subset}{:} - 2\,{\cdot}{\supset\!\subset}\ {\supset\!\subset}{\cdot}\ {\cdot}{\supset\!\subset}{\cdot} + {\supset\!\subset}{\cdot}\ {\supset\!\subset}{\cdot}\ {:}{\supset\!\subset} = 0$$

あるいは多分

$$\frac{{\cdot}{\supset\!\subset}\ {\supset\!\subset}{:}}{{\supset\!\subset}{\cdot}} - 2\,{\cdot}{\supset\!\subset}{\cdot} + \frac{{\supset\!\subset}{\cdot}\ {:}{\supset\!\subset}}{{\cdot}{\supset\!\subset}} = 0$$

が望ましい。

$y = f(x)$ で表される曲線の曲率半径が無限大になるのは命題 3.3(p.78) より $f''(x) = 0$ のときである。曲線がある範囲で直線になるとき、曲率半径は無限大であるが変曲点ではない。問題 3 の解では変曲点であるための必要条件を与えている。

ニュートンは 1665 年 5 月 21 日に定義した 2 つの記号 ∴)($= x^2 f_{xx}(x,y)$ と)(∴ $= y^2 f_{yy}(x,y)$ を、それぞれ ∴)(と)(∴ に変更している。

問題 4 曲率半径が極大または極小となる点を見出すこと。

解 その点において曲率半径 cm は増加も減少もしない。それで、曲率中心 m は絶対的に静止するので、[中略] al, cm あるいは lm の運動を求め、速度を 0 とおく。

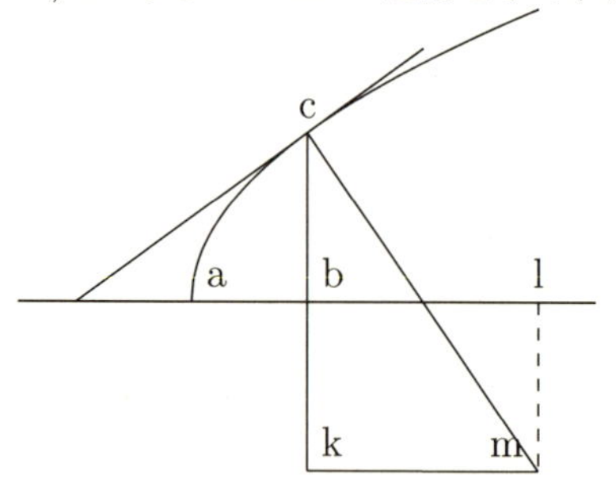

たとえば、曲線 $x^3 = c^2 y$ の最小の曲率 [半径] の点を見出す。

$[\,)(= f(x,y) = x^3 - c^2y$ に対し$]$

$$\bullet)(= [xf_x =]3x^3, \quad)(\bullet = [yf_y =] - c^2y,$$
$$:)(= [x^2f_{xx} =]6x^3, \quad)(: = [y^2y_{yy} =]0,$$
$$\bullet)(\bullet = [xyf_{xy} =]0$$

である。よって、

$$\mathrm{ck} = \frac{\bullet)(\ \bullet)(\ )(\bullet yy +)(\bullet\ )(\bullet\ )(\bullet xx}{-\bullet)(\ \bullet)(\ )(:y + 2\,\bullet)(\ )(\bullet\ \bullet)(\bullet y -)(\bullet\ )(\bullet\ :)(y}$$
$$\left[= \frac{-9c^2x^6y^3 - c^6x^2y^3}{-6c^4x^3y^3}\right] = \frac{3}{2}\frac{x^3}{c^2} + \frac{c^2}{6x}$$

ck が最小 [極小] になるのは速度が 0 のときなので、

$$\left[\frac{d}{dt}\mathrm{ck} = \frac{9}{2c^2}x^2\frac{dx}{dt} - \frac{c^2}{6x^2}\frac{dx}{dt} = 0 \text{ より}\right] \frac{9}{2c^2}x^2 - \frac{c^2}{6x^2} = 0$$

のとき、すなわち $x = \sqrt[4]{\frac{c^4}{27}}$ のときに曲率は最大になる。

微積分学では、$\mathrm{ck} = \dfrac{3}{2}\dfrac{x^3}{c^2} + \dfrac{c^2}{6x}$ の極小値は ck の x に関する導関数が 0 の点として求めるが、ニュートンは x が一様に動くときの ck の運動を考え、ck の速度が 0 のとき ck が極小になるとして求めている。

ここまでは、接線および曲率に関連する問題である。問題 5 と 7 の解として微分積分学の基本定理を与えている。この定理は、微分と積分は互いに逆演算であるというもので、今日の記法では以下のようになる。

> **定理 4.1**　(微分積分学の基本定理 (その 1)) 関数 $f(x)$ が区間 $a \leqq x \leqq b$ で連続であれば、$F(x) = \int_a^x f(t)dt$ は微分可能であって、$F'(x) = f(x)$ である。

> **定理 4.2**　(**微分積分学の基本定理 (その 2)**) 関数 $f(x)$ が区間 $a \leqq x \leqq b$ の各点で微分可能で、導関数 $f'(x)$ が連続であれば、$\displaystyle\int_a^b f'(x)dx = f(b) - f(a)$ である。

証明　微積分の教科書を見よ。 □

問題 5 その面積が任意に与えられた方程式によって表される曲線の性質を見出すこと。

すなわち、面積の性質が与えられたとき、その面積を持つ曲線を見出すこと。

解 ab $= x$ と ◿abc $= y$ の関係が与えられたとして、ab $= x$ と bc $= q$ の関係を求める (bc は ab と直角な縦座標)。de||ab⊥ad||be $= 1$ とすれば □abed $= x$ となる。

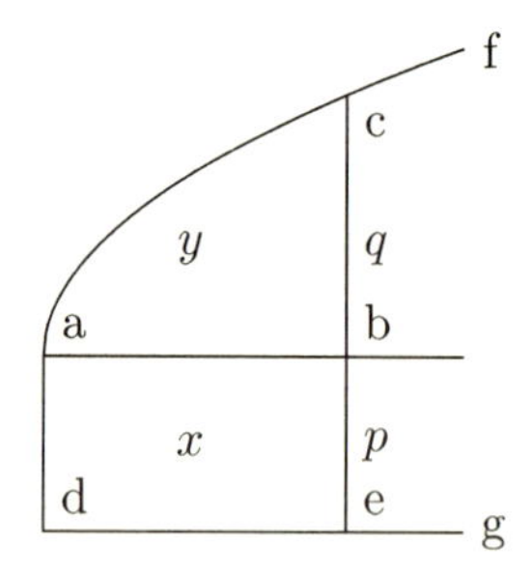

今、直線 cbe は ad から平行に運動し、2 つの面積 □ae $= x$ と ◿abc $= y$ を描くとする。面積 x と y の増加する速度の比は be : bc であるから、x が be $= p = 1$ のように増加すれば、y が bc $= q$ と増加することは命題 7 により見出される。すなわち、

$$\frac{-\cdot\!\rangle\!\langle\, y}{\rangle\!\langle\!\cdot\, x} = q = \mathrm{bc}$$

である。 MP I, p.427

記号 ◿abc は領域 abc、□abed および □ae は長方形 abed を表す。「曲線の性質」とは、曲線を表す方程式のことである。

したがって、問題 5 は「領域 abc の面積が微分可能な関数 $y(x)$ により与えられたとき、曲線 ac の方程式 $f(x)$ を求めよ」、言い換えると「微分可能な関数 $y(x)$ に対し、

$$\int_0^x f(\xi)d\xi = y(x) \tag{4.13}$$

となる $f(x)$ を求めよ」ということである。

解は、「面積 x と y の増加する速度の比は $[\frac{dx}{dt} : \frac{dy}{dt} =]$be : bc であるから」として $\frac{dx}{dt} : \frac{dy}{dt} = 1 : f(x)$ を導いている。これが成り立てば、

$$\frac{dy}{dx} = \frac{\frac{dy}{dt}}{\frac{dx}{dt}} = f(x)$$

となるので、

$$y = \int_0^x f(\xi)d\xi$$

である。したがって、

$$\frac{d}{dx}\int_0^x f(\xi)d\xi = f(x)$$

すなわち、微分積分学の基本定理 (その 1) が得られたことになる。

代数方程式 $f(x, y) = 0$ を t で微分すると命題 7 より

$$\frac{dx}{dt}f_x + \frac{dy}{dt}f_y = 0$$

である。$\supset\!\subset = f(x, y)$ とすると、$\cdot\!\supset\!\subset = xf_x$, $\supset\!\subset\!\cdot = yf_y$ であることに注意すると、$\frac{dx}{dt} = 1, \frac{dy}{dt} = q$ より、ニュートンが最後の文で述べている

$$q = \frac{dy}{dx} = \frac{-f_x}{f_y} = \frac{-xyf_x}{xyf_y} = \frac{-\cdot\!\supset\!\subset y}{\supset\!\subset\!\cdot\, x}$$

が導かれる。

$\frac{dx}{dt} : \frac{dy}{dt} = \mathrm{be} : \mathrm{bc}$ を厳密に証明するには微分の概念が必要である。そのため、微分の定義を行う。$y = f(x)$ を微分可能な関数とする。x の増分 Δx に対し、y の増分 Δy は

$$\Delta y = f(x + \Delta x) - f(x)$$

により定義する。

$$\lim_{\Delta x \to 0} \frac{\Delta y}{\Delta x} = f'(x)$$

より

$$\Delta y = f'(x)\Delta x + o(\Delta x) \tag{4.14}$$

と表せる。ここで $o(\Delta x)$ は

$$\lim_{\Delta x \to 0} \frac{o(\Delta x)}{\Delta x} = 0$$

を満たす Δx の式である。(4.14) の右辺の第 1 項 (主要項)

$$dy = f'(x)\Delta x \tag{4.15}$$

を y の微分という。x を x 自身の関数と考えると

$$dx = (x)'\Delta x = \Delta x$$

となる。dx を x の微分といい、y の微分は

$$dy = f'(x)dx$$

と表せる。両辺を dx で割ると

$$\frac{dy}{dx} = f'(x)$$

が得られるが、左辺は微分の比であるとともに y の導関数でもある。微分は置換積分や変数分離形の微分方程式などで有用である。

$\frac{dx}{dt} : \frac{dy}{dt} = \mathrm{be} : \mathrm{bc}$ の証明

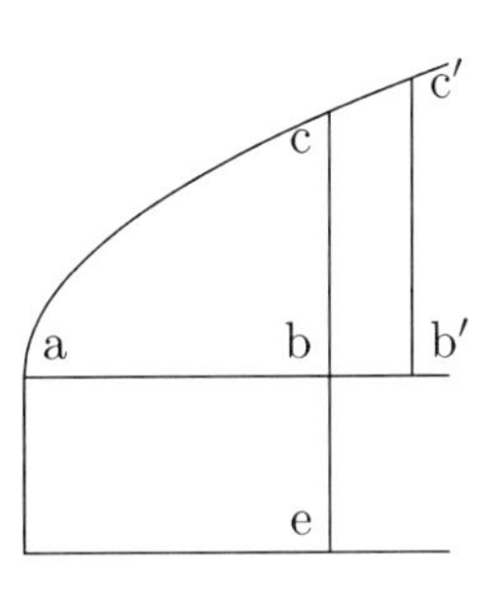

a を原点、$x = \mathrm{ab}, q = \mathrm{bc}$ とし、曲線 ac の方程式を $f(x)$, 領域 abc の面積を $y(x)$, $\Delta x = \mathrm{bb}'$, 領域 $\mathrm{bb}'\mathrm{c}'\mathrm{c}$ の面積を Δy とする。$y(x)$ は微分可能、$f(x)$ は連続と仮定する。$f(x)$ の区間 bb' における最大値を $M(\Delta x)$, 最小値を $m(\Delta x)$ とすると

$$m(\Delta x)\Delta x \leqq \Delta y \leqq M(\Delta x)\Delta x$$
$$m(\Delta x)\Delta x \leqq q\Delta x \leqq M(\Delta x)\Delta x$$

なので、

$$|\Delta y - q\Delta x| \leqq (M(\Delta x) - m(\Delta x))\Delta x$$

である。$\Delta x \to 0$ のとき $M(\Delta x) - m(\Delta x) \to 0$ だから

$$\lim_{\Delta x \to 0} \frac{\Delta y - q\Delta x}{\Delta x} = 0$$

であるので、

$$\Delta y = q\Delta x + o(\Delta x)$$

となる。Δy の主要項は $q\Delta x$ だから微分の定義により

$$dy = q \cdot dx$$

である。よって、

$$\frac{dx}{dt} : \frac{dy}{dt} = dx : dy = 1 : q = \mathrm{be} : \mathrm{bc}$$

が成り立つ。 □

例題 1　もし、$\dfrac{2x}{3}\sqrt{rx}=y$, あるいは $-4rx^3+9yy=0$ ならば、$\dfrac{12rxx}{18y}=q=\sqrt{rx}=y$ である。あるいは、$rx=qq$ で、[曲線]abc は [一般] 放物線で abc の面積は $\dfrac{2x}{3}\sqrt{rx}=\dfrac{2qx}{3}$ である。

MP I, p.428

$\dfrac{2x}{3}\sqrt{rx}=y$ の両辺を平方し整理した $-4rx^3+9yy=0$ に命題 7 を適用すると、

$$-12prx^2+18yq=0$$

であるので、$p=1$ とおき、

$$q=\frac{2rx^2}{3y}=\sqrt{rx}$$

となる。abc の面積は

$$\int_0^x \sqrt{r\xi}d\xi=\frac{2}{3}x\sqrt{rx}=\frac{2qx}{3}$$

である。17 世紀には曲線 $y=x^{\frac{n}{m}}, (\frac{n}{m}>0)$ も放物線と呼ばれた。$y=x^2$ と区別するため、本書では一般放物線あるいは放物線様の曲線と呼ぶ。

問題 6 任意の曲線の性質が与えられ、曲線の面積に等しいような面積を持つ別の曲線を見出すこと。

解　与えられた曲線を ac とし、その面積を abc $=s$, 求める曲線を df, その面積を def $=t$ とする。そして、bc $=z$ は [横座標]ab $=x$ に対する縦座標で、ef $=v$

は de $= y$ に対し、$\angle$abc $= \angle$def となるような縦座標である。

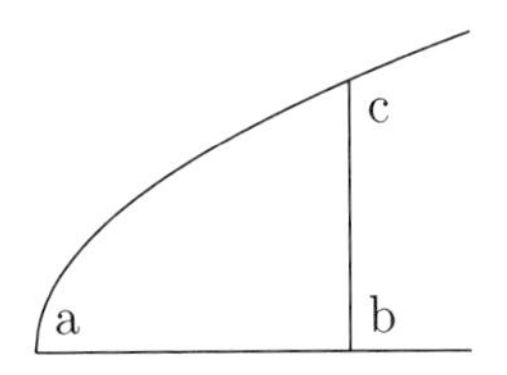

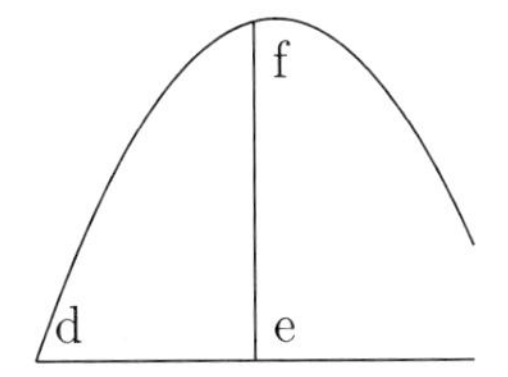

ab と de の速度は増加し (すなわち、点 b と e の速度、あるいは線 bc と ef が a と d から動く速度)、p と q と呼ばれる。そのとき縦線 bc と ef はそれらの速度がかけられ、(すなわち、pz と qv)、面積 abc $= s$ と def $= t$ の増加を示す。今、面積 s と t の関係は、命題 7 によってそれらの面積を描く運動 pz と qv の関係を与える。また直線 ab $= x$ と de $= y$ の関係は命題 7 によって p と q の関係を与える。曲線 ac の性質を表す方程式は de $= y$ と ef $= v$ の関係を与え、それが求める df の性質である。

MP I, p.428

x, y を時間 τ の関数 (t は def の面積として用いているので τ とする) とし、

$$s = \int_0^x z(\xi)d\xi, \quad t = \int_0^y v(\eta)d\eta \tag{4.16}$$

とする。

(i) x の関数 z, (ii) x, y の関係, (iii) s, t の関係

が与えられたとき、y の関数 v を求めよという問題である。

(4.16) より

$$\frac{ds}{d\tau} = \frac{dx}{d\tau}z = pz, \quad \frac{dt}{d\tau} = \frac{dy}{d\tau}v = qv \tag{4.17}$$

となる。(i) より z, (ii) と命題 7 より p, q の関係、(iii) と (4.17) より pz, qv の関係が分かるので v が求められる。

とくに、$s = t$ のときは、

$$v = \frac{1}{q}\frac{dt}{d\tau} = \frac{1}{q}\frac{ds}{d\tau} = \frac{p}{q}z = \frac{dx}{dy}z$$

より、$vdy = zdx$ である。ここで、dx および dy はそれぞれ x および y の微分 (p.126) である。$z = f(x), v = g(y), y = h(x)$ とすると、$dy = h'(x)dx$ より、

$$g(h(x))h'(x)dx = f(x)dx$$

と書けるので、置換積分の公式

$$\int_0^y g(\eta)d\eta = \left(\int_0^x f(\xi)d\xi =\right) \int_0^x g(h(\xi))h'(\xi)d\xi$$

が得られる。

問題 7 任意の曲線の性質が与えられ、可能ならその面積を見出す、あるいはもっと一般に 2 つの曲線が与えられ、可能ならそれらの面積の関係を見出すこと。

解 問題 5 の図において、与えられた曲線 acf の面積を abc $= y$、その面積を描く運動を cb $= q$ と表す。他の面積 abed $= x$ は、与えられた曲線 acf の基線 ab $= x$ に等しい (すなわち、ab||de⊥be||ad $= 1$ と仮定している)。be $= p = 1$ の運動は他の面積 [abed $= x$] を描く。

今、ab $= x =$ abed と bc $= q = \frac{q}{1} = \frac{q}{p}$ の関係が与えられたとき、面積 abc $= y$ を命題 8 により求める。

MP I, p.430

(4.13) において、$y(x)$ が与えられたとき $f(x)$ を求める問題が問題 5 であるのに対し、問題 7 はその逆の $f(x)$ が与えられたとき $y(x)$ を求める問題である。$y(x)$ は $f(x)$ の原始関数なので、問題 7 は微分積分学の基本定理 (その 2) の $f(a) = 0$ の場合を与えたことになる。

例題 **1** 曲線が、

$$\frac{ax}{\sqrt{aa - xx}} = \mathrm{bc} = \frac{q}{p}$$

であるとする。命題 8 の表の

$$\frac{cx^n}{x\sqrt{a + bx^n}} = \frac{q}{p}$$

を見出す。(c, a, b, n として $a, aa, -1, 2$ と書くと $\dfrac{ax}{\sqrt{aa - xx}} = \dfrac{q}{p}$ となる。) そして、反対にそれは方程式 $\dfrac{2c}{nb}\sqrt{a + bx^n} = y$ である。c, a, b, n に $a, aa, -1, 2$ を代入すると、$-a\sqrt{aa - x^2} = y =$ abc が求める面積である。

$a > 0$ と考えると面積は $-a\sqrt{aa - x^2} < 0$ となるので、面積を求めるといっても実際は原始関数を求めているのであろう。解答には命題 8 の後に与えられている無理関数の原始関数の公式の一つ

$$\text{もし、} \frac{cx^n}{x\sqrt{a + bx^n}} = \frac{q}{p} \text{ ならば、} \frac{2c}{nb}\sqrt{a + bx^n} = y$$

MP I, p.406

を利用している。本問の場合 $\int \frac{ax}{\sqrt{a^2 - x^2}} dx$ を求めようということであるから、一般的公式を用いなくても容易に求めることができる。$z = \sqrt{a^2 - x^2}$ とおくと $dz = \frac{-x}{\sqrt{a^2 - x^2}} dx$ となるので、

$$\int \frac{ax}{\sqrt{a^2 - x^2}} dx = \int (-a) dz = -az = -a\sqrt{a^2 - x^2}$$

が求めるものである。

例題 2 の後、1 ページ半空白があり、問題 8 は欠番になっている。

問題 9 長さが見出されるような曲線を見出すこと、そしてそれらの長さを見出すこと。

長さが見出されるような曲線として、1665 年 5 月に考察した (3.7 節、p.95) 縮閉線 (曲率中心の軌跡) を取り上げている。縮閉線の長さは元の曲線 (伸開線) の曲率半径から求められる。

「1666 年 10 月論文」は、今日の理工系 1 年次の微積分学で扱われる題材のうち、1 変数の微積分の計算の多くをカバーしていることがわかる。指数関数、対数関数、三角関数、逆三角関数の微積分は、無限級数の方法を用いて『解析について』(1669) と『方法について』(1671) で扱われている。関数の極限、連続関数、べき級数などは 18 世紀から 19 世紀に確立されたもので、これらが含まれないのはやむを得ないであろう。

第 5 章

無限級数の方法
―『解析について』

1665 年の初めにニュートンは、無限級数の方法を発見したのであるが、『解析について』(1669) と『方法について』(1671) によりこの方法を完成させた。本章では、主として『解析について』に沿って、無限級数の方法を見ていく。

5.1　漸近級数

ニュートンは、$y = \dfrac{a^2}{b+x}$ を無限級数に展開し、項別積分により双曲線の下の面積を求めた際 (p.148)、「無限級数は最初の数項で役に立ち、x が b よりかなり小さければ十分正確である」と注意している。この特徴を持つ無限級数を一般化したものが今日の漸近級数（ぜんきん）である。

ニュートンの無限級数は、漸近級数とみなすと厳密に取り扱うことができる。そのため、漸近級数を記述するのに有用なランダウの記号を説明したあと、漸近級数について簡単に述べる。

5.1.1　ランダウの記号

ランダウの記号、あるいはバッハマン・ランダウの記号は、変数 x を $x \to \infty, x \to a$ あるいは $x \to +0$ などとしたとき、ある関数 $f(x)$ がどの程度の大きさであるかを $f(x)$ より簡単な別の関数 $g(x)$ で表すために用いられる記号である。

$\infty, a, +0$ などの極限点を x_0 と書き、2つの関数 $f(x), g(x)$ は $x \to x_0$ のとき極限を持つとする。正数 $K > 0$ が存在して、x_0 の近くのすべての x に対し、$|f(x)| \leqq K|g(x)|$ のとき、

$$f(x) = O(g(x)) \quad (x \to x_0) \tag{5.1}$$

と表す。また、

$$\lim_{x \to x_0} \frac{f(x)}{g(x)} = 0$$

のとき、

$$f(x) = o(g(x)) \quad (x \to x_0) \tag{5.2}$$

と表す。(5.1) をビッグ O 記号、(5.2) をスモール o 記号という。

ランダウの記号を厳密に定義するには ϵ-δ 論法を用いる。極限の存在を仮定しないので、条件は弱くなっている。十分大きな x について定義された実関数 $f(x), g(x)$ に対し、定数 $K > 0, M > 0$ が存在し、$x > M$ となる任意の x に対し、

$$|f(x)| \leqq K|g(x)|$$

となるとき

$$f(x) = O(g(x)) \quad (x \to \infty)$$

と表す。任意の $\epsilon > 0$ に対し、$M > 0$ が存在し、$x > M$ となる任意の x に対し、

$$|f(x)| \leqq \epsilon |g(x)|$$

となるとき

$$f(x) = o(g(x)) \quad (x \to \infty)$$

と表す。

実数 a の近くで定義された実関数 $f(x), g(x)$ に対し、定数 $K > 0, \delta > 0$ が存在し、$0 < |x - a| < \delta$ となる任意の x に対し、

$$|f(x)| \leqq K|g(x)|$$

となるとき

$$f(x) = O(g(x)) \quad (x \to a)$$

と表す。任意の $\epsilon > 0$ に対し、$\delta > 0$ が存在し、$0 < |x-a| < \delta$ となる任意の x に対し、

$$|f(x)| \leqq \epsilon |g(x)|$$

となるとき

$$f(x) = o(g(x)) \quad (x \to a)$$

と表す。$x \to a + 0$ のときは、$0 < |x - a| < \delta$ の代わりに $0 < x - a < \delta$ とする。

例 5.1　マクローリン展開を有限項で打ち切るとき、剰余項の代わりに O 記号および o 記号が使える。

1. $\dfrac{1}{1+x} = 1 - x + x^2 + O(x^3) \quad (x \to 0)$
2. $\dfrac{1}{1+x} = 1 - x + x^2 + o(x^2) \quad (x \to 0)$

証明

1. $|x| < \frac{1}{2}$ のとき $\frac{1}{2} < 1 + x < \frac{3}{2}$ より

$$\left|\frac{1}{1+x} - (1 - x + x^2)\right| = \left|\frac{-x^3}{1+x}\right| < 2|x^3|$$

よって、

$$\frac{1}{1+x} = 1 - x + x^2 + O(x^3) \quad (x \to 0)$$

2.

$$\left|\frac{1}{x^2}\left(\frac{1}{1+x} - (1 - x + x^2)\right)\right| = \left|\frac{-x}{1+x}\right|$$

の右辺は $x \to 0$ のとき 0 に収束するので、

$$\lim_{x \to 0} \frac{1}{x^2}\left(\frac{1}{1+x} - (1 - x + x^2)\right) = 0$$

が成り立つ。したがって、

$$\frac{1}{1+x} = 1 - x + x^2 + o(x^2) \quad (x \to 0)$$

□

例 5.2　$x \to +0$ のときの O 記号において、x を $1/x$ に置き換えると $x \to \infty$ のときの O 記号が得られる。o 記号についても同様である。

1. $\dfrac{1}{1+x} = \dfrac{1}{x} - \dfrac{1}{x^2} + \dfrac{1}{x^3} + O\left(\dfrac{1}{x^4}\right) \quad (x \to \infty)$

2. $\dfrac{1}{1+x} = \dfrac{1}{x} - \dfrac{1}{x^2} + \dfrac{1}{x^3} + o\left(\dfrac{1}{x^3}\right) \quad (x \to \infty)$

証明 例 5.1 において、x を $1/x$ に置き換え、両辺を x で割ればよい。 □

5.1.2 漸近級数

x_0 は実数 a あるいは $a+0, \infty$ などとする。関数列 $\{\phi_n(x)\}_{n=0,1,2,\ldots}$ が、$n = 0, 1, 2, \ldots$ に対し、

$$\lim_{x \to x_0} \frac{\phi_{n+1}(x)}{\phi_n(x)} = 0$$

あるいは

$$\phi_{n+1}(x) = o(\phi_n(x)) \quad (x \to x_0)$$

を満たすとき、$\{\phi_n(x)\}$ を $x \to x_0$ における漸近列という。

たとえば、$\{x^{-n}\}_{n=0,1,2,\ldots}$ は $x \to \infty$ における漸近列、$\{x^n\}_{n=0,1,2,\ldots}$ は $x \to 0$ における漸近列、$\{x^{\frac{n}{2}}\}_{n=0,1,2,\ldots}$ は $x \to +0$ における漸近列である。

$f(x)$ を関数とし、$\{\phi_n(x)\}_{n=0,1,2,\ldots}$ を $x \to x_0$ における漸近列とする。数列 $\{c_n\}$ が存在して、$\nu = 0, 1, 2, \ldots$ に対し

$$f(x) = \sum_{n=0}^{\nu} c_n \phi_n(x) + o(\phi_\nu(x)) \quad (x \to x_0) \tag{5.3}$$

が成立するとき、$f(x)$ は漸近展開可能であるといい、

$$f(x) \sim \sum_{n=0}^{\infty} c_n \phi_n(x) \quad (x \to x_0) \tag{5.4}$$

と書く。(5.4) を $f(x)$ の $\{\phi_n(x)\}$ に関する漸近展開、(5.4) の右辺を漸近級数という。そして、漸近級数 $\displaystyle\sum_{n=0}^{\infty} c_n\phi_n(x)$ は $f(x)$ に漸近収束するという。$x \to \infty$ の漸近列として $\{x^{-n}\}_{n=0,1,2,\dots}$ をとった漸近級数を漸近べき級数という。

$f(x)$ が漸近展開 (5.4) を持つとき、無限級数 $\displaystyle\sum_{n=0}^{\infty} c_n\phi_n(x)$ は必ずしも収束しないが、有限項で打ち切ったとき

$$\lim_{x\to x_0} \frac{f(x) - \displaystyle\sum_{n=0}^{\nu} c_n\phi_n(x)}{\phi_\nu(x)} = 0$$

となり、発散級数であっても有限和が近似に使えるので、極めて有用である。

漸近展開 (5.4) の係数は

$$c_0 = \lim_{x\to x_0} \frac{f(x)}{\phi_0(x)}$$
$$c_\nu = \lim_{x\to x_0} \frac{1}{\phi_\nu(x)}\left(f(x) - \sum_{n=0}^{\nu-1} c_n\phi_n(x)\right), \quad \nu = 1, 2, \dots,$$

と一意的に定まる。漸近展開が一致しても関数が一致するとは限らない。

例 5.3　e^{-x} が漸近べき級数展開可能であるとして

$$e^{-x} \sim c_0 + \frac{c_1}{x} + \frac{c_2}{x^2} + \frac{c_3}{x^3} + \cdots \quad (x \to \infty)$$

とおく。$c_n = \displaystyle\lim_{x\to\infty} x^n e^{-x} = 0, (n = 0, 1, 2, \dots)$ であるので

$$e^{-x} \sim 0 + \frac{0}{x} + \frac{0}{x^2} + \frac{0}{x^3} + \cdots \quad (x \to \infty)$$

となる。一方、定数関数 $f(x)=0$ も同じ漸近べき級数を持つので、異なる関数が同じ漸近展開を持っている。

漸近級数の項別積分については、次の 2 つが成立する。

命題 5.1　(漸近級数の項別積分)　$f(x)$ が $[0,a]$ で連続で、漸近級数展開

$$f(x) \sim \sum_{n=0}^{\infty} c_n x^n \quad (x \to +0)$$

を持つとき、

$$\int_0^x f(t)dt \sim \sum_{n=0}^{\infty} \frac{c_n}{n+1} x^{n+1} \quad (x \to +0)$$

証明 任意の自然数 ν, 任意の $\epsilon > 0$ に対し、$\delta > 0$ が存在して、$x \in (0,\delta)$ のとき、

$$\left| f(x) - \sum_{n=0}^{\nu} c_n x^n \right| < \epsilon x^{\nu}$$

となる。$f(x)$ は連続だから $[0,x]$ で積分可能であるので、

$$\left| \int_0^x f(t)dt - \sum_{n=0}^{\nu} \frac{c_n}{n+1} x^{n+1} \right| \leqq \frac{\epsilon}{\nu+1} x^{\nu+1}$$

よって、

$$\int_0^x f(t)dt \sim \sum_{n=0}^{\infty} \frac{c_n}{n+1} x^{n+1} \quad (x \to +0)$$

□

命題 5.2 (漸近べき級数の項別積分) $f(x)$ が $[a, \infty)$ で連続で、漸近べき級数展開

$$f(x) \sim \sum_{n=0}^{\infty} \frac{c_n}{x^n} \quad (x \to \infty)$$

を持つとき、$f(x) - c_0 - \frac{c_1}{x}$ は積分可能で、

$$\int_x^{\infty} \left(f(t) - c_0 - \frac{c_1}{t} \right) dt \sim \sum_{n=2}^{\infty} \frac{c_n}{(n-1)x^{n-1}} \quad (x \to \infty)$$

証明 任意の自然数 ν, 任意の $\epsilon > 0$ に対し、$M > 0$ が存在して、$x > M$ のとき、

$$\left| f(x) - \sum_{n=0}^{\nu} \frac{c_n}{x^n} \right| < \frac{\epsilon}{x^{\nu}}$$

となる。$f(x) - c_0 - \frac{c_1}{x}$ は $O(\frac{1}{x^2})$ なので $[M, \infty)$ で積分可能だから

$$\left| \int_x^{\infty} \left(f(t) - c_0 - \frac{c_1}{t} \right) dt - \sum_{n=2}^{\nu} \frac{c_n}{(n-1)x^{n-1}} \right|$$
$$< \frac{\epsilon}{(\nu-1)x^{\nu-1}}$$

よって

$$\int_x^{\infty} \left(f(t) - c_0 - \frac{c_1}{t} \right) dt \sim \sum_{n=2}^{\infty} \frac{c_n}{(n-1)x^{n-1}}$$

□

5.2 求積についての規則

『解析について』は次のように始まる。

DE

ANALYSI

PER ÆQUATIONES NUMERO

TERMINORUM INFINITAS.

Methodum generalem, quam de Curvarum quantitate per Infinitam terminorum Seriem mensuranda, olim excogitaveram, in sequentibus breviter explicatam potius quam accuratè demonstratam habes.

Basi *AB* (*Fig.* 1.) Curvæ alicujus *AD*, sit Applicata *BD* perpendicularis: Et vocetur $AB = x$, $BD = y$, & sint *a*, *b*, *c*, &c. Quantitates datæ, & *m*, *n*, Numeri Integri. Deinde,　TAB. I.

Curvarum Simplicium Quadratura.

REGULA I.

Si $ax^{\frac{m}{n}} = y$; *Erit* $\frac{an}{m+n} x^{\frac{m+n}{n}} =$ *Area ABD.*

A 2　　*Res*

図 5.1 『ニュートン数学、自然哲学、文献学作品集』(1744) に収録された『解析について』
http://edb.math.kyoto-u.ac.jp/yosho/1027-0029
京都大学数学教室貴重書ライブラリ

少し前に私が得た曲線の量を無限項の級数で量る一般的方法は、厳格に証明されるというよりは、以下のように簡潔に説明される。

ある曲線 AD の基線 AB に対し、BD を縦座標とし、AB を x、BD を y とする。$a, b, c, \ldots$ は与えられた量とし、m, n は整数とする。そのとき、

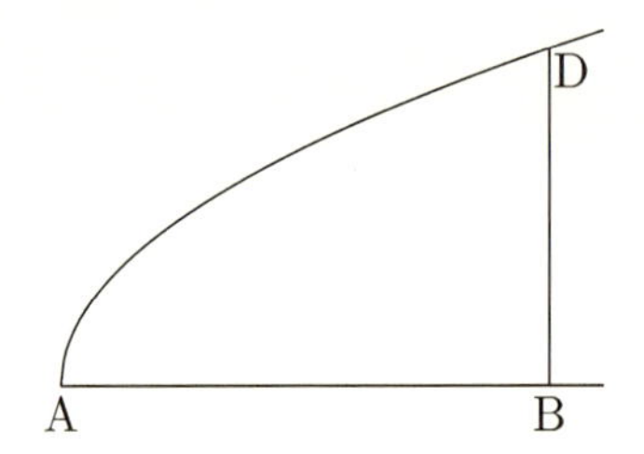

規則 I $ax^{\frac{m}{n}} = y$ ならば、$\dfrac{na}{m+n}x^{\frac{m+n}{n}}$ は面積 ABD に等しい。

MP II, pp.206-207

現代表示すると

$$\int_0^x at^{\frac{m}{n}}\,dt = \frac{na}{m+n}x^{\frac{m+n}{n}}$$

である。この後のいくつかの例から原始関数

$$\frac{d}{dx}\left(\frac{na}{m+n}x^{\frac{m+n}{n}}\right) = ax^{\frac{m}{n}}$$

について述べているとも考えられる。

「事柄は例により明らかになる」として、6 つ例を示している。前の 3 例は通常の積分、後の 3 例は無限積分と広義積分である。無限積分と広義積分を 1 例ずつ取り上げる。

例 **4**　もし $\frac{1}{x^2}(=x^{-2})=y$ ならば、すなわち、もし $a=n=1$ かつ $m=-2$ ならば、

$$\left(\frac{1}{-1}x^{\frac{-1}{1}}=\right)-x^{-1}\left(=\frac{-1}{x}\right)=\alpha\mathrm{BD}$$

は α の方向に無限に広がっている。線分 BD の遠い方の側なので符号を負とおく。

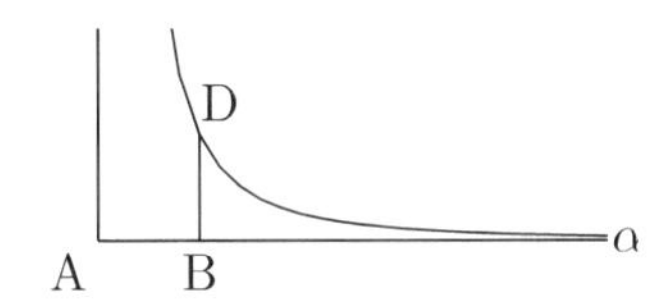

MP II, pp.208-209

線分 BD の右側で曲線と x 軸で挟まれた「無限に広がっている」部分の面積は、今日では

$$\alpha\mathrm{BD}=\int_x^{\infty}t^{-2}dt=\lim_{b\to\infty}\int_x^{b}t^{-2}dt$$
$$=\lim_{b\to\infty}\left(-b^{-1}+x^{-1}\right)=x^{-1}$$

である。「線分 BD の遠い方の側なので符号を負とおく」として $-x^{-1}=\alpha\mathrm{BD}$ としているのは、「遠い方の側なので」面積を負と定義した」ということであるが、原始関数

$$\frac{d}{dx}\left(-x^{-1}\right)=x^{-2}$$

について述べていると考えることもできる。

例 **6**

$$\frac{1}{x}(=x^{-1})=y \text{ ならば } \frac{1}{0}x^{\frac{0}{1}}=\frac{1}{0}x^{0}=\frac{1}{0}\times 1=\infty$$

ちょうど、双曲線、線分 BD、両軸の間の面積である。

MP II, pp.208-209

今日では、

$$\int_0^x \frac{dt}{t} = \lim_{\epsilon \to +0} \int_\epsilon^x \frac{dt}{t} = \lim_{\epsilon \to +0} (\log x - \log \epsilon) = +\infty$$

より、広義積分 (特異積分) は収束しないとする。

> **規則 II**　y の値がいくつかの項の和で表されるとき、面積はそれぞれの和になる。

MP II, pp.208-209

有限項の項別積分について述べている。例が 3 つ挙げられているが、3 つ目の例を引用する。

> **例 3**　$x^2 + x^{-2} = y$ のとき、$\frac{1}{3}x^3 - x^{-1}$ が描かれる面である。しかしここで、面の部分は線 BD の反対側にあることに注意すべきである。正確には $\mathrm{BF} = x^2, \mathrm{FD} = x^{-2}$ とおくと $\frac{1}{3}x^3$ は BF によって描かれる面 ABF で、$-x^{-1}$ は DF によって描かれる面 DFα である。[後略]

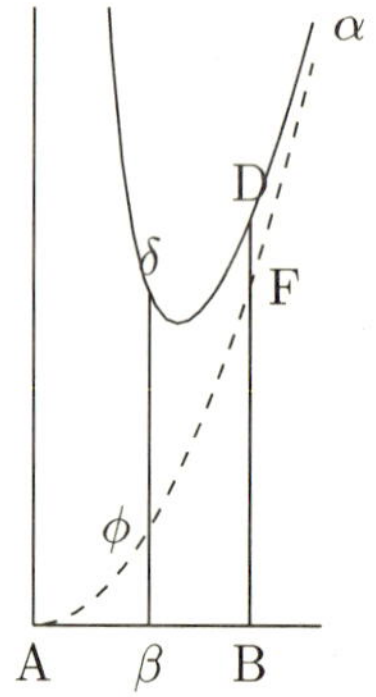

α
D
δ
F
φ
A　β　B

MP II, pp.210-211

ニュートンは

$$\mathrm{ABF} = \int_0^x t^2 dt = \frac{1}{3}x^3, \quad \mathrm{DF}\alpha = -\int_x^\infty t^{-2} dt = -x^{-1}$$

と面積と関連付けて説明しているが、真意は $x^2 + x^{-2}$ の原始

関数が $\frac{1}{3}x^3 - x^{-1}$ となることを言いたいのであろう。

ニュートンは有限和と無限和の違いについては区別していない。1665 年以降、2.4 節 (p.33) で見たように、規則 2 を繰り返し無限和に適用している。

5.3　無限級数展開の求め方

『解析について』でもっとも言いたかったことは次の規則 III である。

> 規則 **III**　y の値あるいはその項が、規則 II でのべたものよりも複雑なときは、算術家が 10 進数について割り算をしたり、べき根を開いたり、複合方程式を解くのと同じ方法で、文字を処理することによって、それをより簡単な項に還元されるべきである。
>
> MP II, pp.210-213

規則 III は、被積分関数が複雑なときは、10 進数について

1. 割り算
2. べき根を開く
3. 複合方程式 (3 項以上の代数方程式) を解く

ことを行うのと同じ方法を、多項式の除算、多項式の開平、2 変数代数方程式に適用し、無限級数へ展開すべきであると述べている。そうすれば、規則 II により項別積分できる。

ニュートンは、ルーカス教授職の「代数学講義」(1683~84) で、10 進数の筆算による割り算、10 進数の筆算による開平法と開立方を扱っている。

5.3.1　割り算

10 進数の筆算による割り算、例えば $4798 \div 23 = 208.6086\cdots$ を筆算で行なう場合、今日行われている計算 (長除法ということがある) を左に、ニュートンが「代数学講義」(MP V,p.76) で行なった計算を右に示す。

```
   208.6086
  ---------
23)4798
  46
  --
   198
   184
    ---
    14 0
    13 8
    -----
      200
      184
      ---
       160
       138
       ---
        22
```

今日の計算

```
23)4798 (208, 6086 &c.
   46
   --
    19
    00
    --
    198
    184
     ---
     140
     138
      ---
       20
       00
      ---
       200
       184
       ---
        160
```

ニュートンの計算

ニュートンの除算を多項式に用いると以下のようになる。

> 割り算による [還元の] 例 $\dfrac{aa}{b+x} = y$ とせよ。その曲線は明らかに双曲線である。方程式をその分母から自

由にするため割り算を以下のように実行する。

$$b+x\big)\,aa+0\qquad\left(\frac{aa}{b}-\frac{aax}{b^2}+\frac{aax^2}{b^3}-\frac{aax^3}{b^4}\,\&\mathrm{c}\right.$$

$$\begin{array}{l}
\underline{aa+\dfrac{aax}{b}} \\
0-\dfrac{aax^2}{b}+0 \\
\underline{\;-\dfrac{aax^2}{b}-\dfrac{aax^2}{b^2}} \\
\qquad 0\;+\dfrac{aax^2}{b^2}+0 \\
\qquad \underline{+\dfrac{aax^2}{b^2}+\dfrac{aax^3}{b^3}} \\
\qquad\qquad 0-\dfrac{aax^3}{b^2}+0 \\
\qquad\qquad \underline{-\dfrac{aax^3}{b^3}-\dfrac{a^2x^4}{b^4}} \\
\qquad\qquad\qquad 0+\dfrac{aax^4}{b^4}\,\&\mathrm{c.}
\end{array}$$

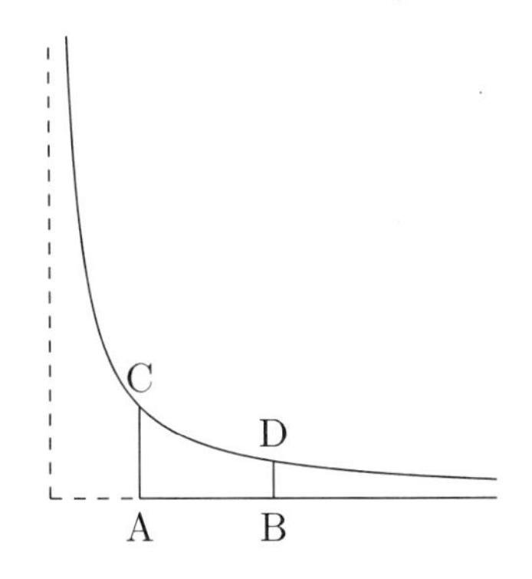

この方程式 $\frac{aa}{b+x} = y$ の代わりに、新しい方程式

$$y = \frac{aa}{b} - \frac{a^2x}{b^2} + \frac{a^2x^2}{b^3} - \frac{a^2x^3}{b^4}\&c \qquad (5.5)$$

が現れる。ここで、級数は無限に続く。規則 II の結果から ABDC の面積は

$$\frac{a^2x}{b} - \frac{a^2x^2}{2b^2} + \frac{a^2x^3}{3b^3} - \frac{a^2x^4}{4b^4}\&c \qquad (5.6)$$

に等しい。無限級数は最初の数項で役に立ち、x が b よりかなり小さければ十分正確である。

MP II, pp.212-213

最後の 7 行を今日の微積分学で整理しておこう。ダランベールの収束判定法 (p.39) と命題 2.3 (p.39) より (5.5) の収束半径は b で、$|x| < b$ のとき (5.5) は項別積分可能である。したがって、(5.6) は $|x| < b$ で絶対収束する。

『方法について』では、上記の除算に続いて x と b を入れ替えて、漸近べき級数 (5.1.2 節、p.137) を与えている。

あるいは、このやり方で除式の最初の項として x をおくと、

$$x+b)aa(\frac{aa}{x} - \frac{aab}{xx} + \frac{aabb}{x^3} - \frac{aab^3}{x^4}\&c$$

を生じさせるだろう。　MP III, pp.36-39

すなわち

$$\frac{a^2}{x+b} \sim \frac{a^2}{x} - \frac{a^2b}{x^2} + \frac{a^2b^2}{x^3} - \frac{a^2b^3}{x^4} + \cdots, \quad (x \to \infty)$$

である。右辺の級数は $x > b$ のとき、左辺の分数式に絶対収束する。

5.3.2　開平

現在平方根の近似値は、関数電卓などにより簡単に求めることができるが、かつては数表 (平方根表)、算盤(そろばん)、計算尺、あるいは筆算により求めた。ここで扱うのは筆算による開平である。

開平のアルゴリズムを示す。例として、各ステップで $\sqrt{3297.60} = 57.4247\cdots$ の場合を載せる。

1. 平方根を求める数を $x > 0$ とする。x を 100 進数として表したときの桁数を $k+1$ とする。k は $\log_{100} x = \frac{1}{2}\log_{10} x$ の小数点以下を切り捨てた数である。
   $\log_{100} 3297.60 = 1.75...$ より、$k = 1$ である。
2. 小数点を起点として x の整数部分と小数部分を 2 桁ずつのブロックに分解する。$x = a_k 10^{2k} + a_{k-1}10^{2k-2} + \cdots + a_0 + a_{-1}10^{-2} + a_{-2}10^{-4} + \cdots$ とおく。
   $a_1 = 32, a_0 = 97, a_{-1} = 60, a_{-2} = a_{-3} = a_{-4} = 00$
3. 平方が a_k を超えない最大の整数 b_k をとる。$a'_k = a_k,\ b'_k = b_k$ とおく。
   $a_1 = 32$ で $5^2 = 25 \leqq 32 < 6^2$ なので $b_1 = 5$ である。
   $a'_1 = 32,\ b'_1 = 5$ とおく。
4. $n = k-1, k-2, \ldots$ に対し (i)(ii)(iii) により a'_n, b_n, b'_n

を必要な桁数計算する。

(i) $a'_n = (a'_{n+1} - b'_{n+1}b_{n+1}) \times 100 + a_n$ とおく

(ii) $((b'_{n+1} + b_{n+1}) \times 10 + b_n)b_n \leqq a'_n$ を満たす最大の非負整数 b_n を求める

(iii) $b'_n = (b'_{n+1} + b_{n+1}) \times 10 + b_n$ とおく

$x = \sqrt{3297.60}$ の場合は次のようになる。

$$
\begin{aligned}
&a'_1 = 32,\ b_1 = 5,\ b'_1 = 5 \\
&a'_0 = 797,\ b_0 = 7,\ b'_0 = 107 \\
&a'_{-1} = 4860,\ b_{-1} = 4,\ b'_{-1} = 1144 \\
&a'_{-2} = 28400,\ b_{-2} = 2,\ b'_{-2} = 11482 \\
&a'_{-3} = 543600,\ b_{-3} = 4,\ b'_{-3} = 114844 \\
&a'_{-4} = 8422400,\ b_{-4} = 7,\ b'_{-4} = 1148487
\end{aligned}
$$

5. $b_k 10^k + b_{k-1}10^{k-1} + b_{k-2}10^{k-2} + \ldots$ が求める $\sqrt{x}$ の近似値である。

$$
\begin{aligned}
&\sqrt{3297.60} \\
=&5 \times 10 + 7 + 4 \times 0.1 + 2 \times 0.01 + 4 \times 0.001 \\
&\quad + 7 \times 0.0001 + \cdots \\
=&57.4247\ldots
\end{aligned}
$$

$k = 1$(整数部分が 3 桁ないし 4 桁) の場合に $b_1 10 + b_0$ が $\sqrt{x}$ の整数部分になることを証明をしておく。

$$
\begin{aligned}
&x = a_1 \times 100 + a_0 + \cdots \\
&b_1^2 \leqq a_1 < (b_1 + 1)^2 \\
&a'_1 = a_1, \quad b'_1 = b_1
\end{aligned}
\tag{5.7}
$$

$$a_0' = (a_1' - b_1'b_1) \times 100 + a_0 \tag{5.8}$$

$$((b_1' + b_1) \times 10 + b_0)b_0 \leqq a_0'$$
$$\leqq a_0' < ((b_1' + b_1) \times 10 + b_0 + 1)(b_0 + 1) \tag{5.9}$$

となる $a_1, a_0, b_1, a_1', b_1', a_0', b_0$ が得られたとする。(5.7)(5.8) より

$$a_0' = (a_1 - b_1^2) \times 100 + a_0 \tag{5.10}$$

(5.10)(5.9) より

$$20b_1b_0 + b_0^2 \leqq 100a_1 - 100b_1^2 + a_0 < 20b_1(b_0 + 1) + (b_0 + 1)^2$$

各辺に $100b_1^2$ を加えると

$$(10b_1 + b_0)^2 \leqq 100a_1 + a_0 < (10b_1 + b_0 + 1)^2$$

となり、$10b_1 + b_0$ は $\sqrt{100a_1 + a_0}$ を超えない最大の整数である。

筆算で開平を行うには下のように行う。b_n, b_n' は左に、a_n, a_n' は右に書く。左は加算、右は減算である。

	5 7. 4 2 4 7
5	$\sqrt{3297.60}$
5	25
107	797
7	749
1144	48 60
4	45 76
11482	2 8400
2	2 2964
114844	543600
4	459376
1148487	8422400
7	8039409
1148494	382991

一方、ニュートンは以下のように計算している。

```
     32˙97;6  (57,4247
     25
      7 97
      7 49
        48 60
        45 76
1148 )2 84(247
```

32˙ の右肩の点は、被開平数を 2 桁ごとに分けた切れ目、; は被開平数の小数点、, は商の小数点を表す記号である。最下行は、$57.4 \times 2 = 114.8$, $2.84 \div 114.8 = 0.0247 \cdots$ である。

57.4 まで開いていたので、それに 0.0247 を加えた値を平方根の小数第 4 位までの値とする。

「算術家が 10 進数について」「べき根を開 [くのと] 同じ方法で」多項式の平方根を無限級数に展開する方法は次のようである。

開平による [還元の] 例　$\surd : aa + xx = y$ に対し以下のように根を開く。

$$aa+xx\left(a + \frac{x^2}{2a} - \frac{x^4}{8a^3} + \frac{x^6}{16a^5} - \frac{5x^8}{128a^7} + \frac{7x^{10}}{256a^9} - \frac{21x^{12}}{1024a^{11}}\&\text{c}\right.$$

$$\underline{aa}$$

$$0+xx$$

$$\underline{xx+\frac{x^4}{4aa}}$$

$$0-\frac{x^4}{4aa}$$

$$\underline{-\frac{x^4}{4aa}-\frac{x^6}{8a^4}+\frac{x^8}{64a^6}}$$

$$0+\frac{x^6}{8a^4}-\frac{x^8}{64a^6}$$

$$\underline{+\frac{x^6}{8a^4}+\frac{x^8}{16a^6}-\frac{x^{10}}{64a^8}+\frac{x^{12}}{256a^{10}}}$$

$$0-\frac{5x^8}{64a^6}+\frac{x^{10}}{64a^8}-\frac{x^{12}}{256a^{10}}\&\text{c.}$$

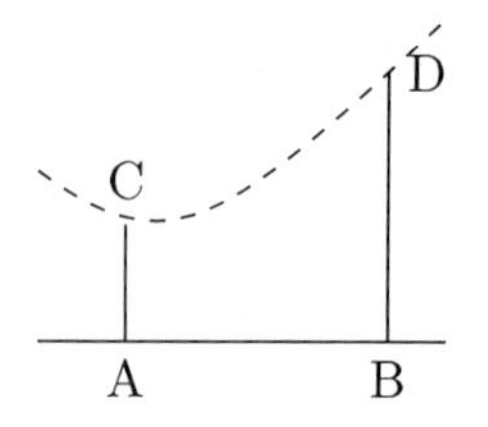

$\sqrt{\ }: aa + xx = y$ の代わりに新しい方程式、すなわち

$$a + \frac{xx}{2a} - \frac{x^4}{8a^3}\&\mathrm{c} \tag{5.11}$$

が得られ、双曲線 $[y^2 - x^2 = a^2$ の上半分$]$ の面積は

$$\mathrm{ABDC} = ax + \frac{x^3}{6a} - \frac{x^5}{40a^3} + \frac{x^7}{112a^5} - \frac{5x^9}{1152a^7}\&\mathrm{c} \tag{5.12}$$

となるであろう。

MP II, pp.214-217

上記の例では $\sqrt{a^2 + x^2}$ のべき級数展開を開平により求めているが、一般二項定理 (p.49) により、

$$\begin{aligned} \sqrt{1+x} &= \sum_{n=0}^{\infty} \binom{\frac{1}{2}}{n} x^n \\ &= \sum_{n=0}^{\infty} \frac{(-1)^{n-1}(2n-2)!}{n!(n-1)!2^{2n-1}} x^n, \quad |x| < 1 \end{aligned} \tag{5.13}$$

とすることもできる。(5.13) の x に $\frac{x^2}{a^2}$ を代入し、$a(> 0)$ を掛けると、

$$\sqrt{a^2 + x^2} = \sum_{n=0}^{\infty} \frac{(-1)^{n-1}(2n-2)!x^{2n}}{n!(n-1)!2^{2n-1}a^{2n-1}}, \quad |x| < a \tag{5.14}$$

である。(5.14) は $|x| < a$ で項別積分可能で

$$\int_0^x \sqrt{a^2+t^2}dt = \sum_{n=0}^{\infty} \frac{(-1)^{n-1}(2n-2)!x^{2n+1}}{n!(n-1)!(2n+1)2^{2n-1}a^{2n-1}} \tag{5.15}$$

$$\left(= \sum_{n=0}^{\infty} \frac{1}{a^{2n-1}(2n+1)} \binom{\frac{1}{2}}{n} x^{2n+1} \right)$$

が成り立つ。(5.11) と (5.12) を一般的に表した式が、それぞれ (5.14) と (5.15) である。したがって、(5.11) と (5.12) は $|x| < a$ で絶対収束する。

5.4 複合方程式の解法

複合方程式とは、3 項以上からなる代数方程式である。ニュートンは、複合方程式を $y^3 - 2y - 5 = 0$ のような数値方程式と、$y^3 + a^2y - 2a^3 + axy - x^3 = 0$ のような文字方程式に分けている。$y^3 + a^2y - 2a^3 + axy - x^3 = 0$ は、$y^3 + (a^2 + ax)y + (-2a^3 - x^3) = 0$ と考えると、y に関する 3 項方程式で x と a が文字である。

5.4.1 数値方程式の解法

ニュートンは、文字方程式 $f(x, y) = 0$ から y を x の無限級数として表す方法の説明に先立ち、x や a などの文字を含まない数値方程式 $f(y) = 0$ から y の値を求める方法を扱っている。数値方程式の解法は、今日ニュートン法あるいはニュートン・ラフソン法と言われている方法の原型となるものである。

『解析について』(1669) では無駄な計算を省こうとして最

後の桁 (小数第 8 位) に誤差が生じているので、訂正版である『方法について』(1671) に基づき説明する。両者の違いは、有効数字の取り方のみで本質的な違いはない。原書の 2 乗 pp, 代入式 $2+p=y$, 小数点数 0,1 は、今日の表記法ではそれぞれ $p^2, y=2+p, 0.1$ である。$+0,06\ \ +1,2q\ \ +6qq$ は $+0,06\ \ +1,2\ \ \ +6$ などと q, qq が略されている。なお、有効数字でないものは、斜線により削除されているが、本書では印刷の都合上最初から記載してない。

『方法について』では次のように述べられている。

複合方程式の還元

しかし、複合方程式が与えられたとき、根がこのような級数に還元される方法は、もっと緊密に説明されるべきではあるが、数値係数に対してこれまで数学者によって説明されてきたような理論を文字係数の場合に持ち込むべきではない。最初に複合方程式の数値解法を簡潔かつ包括的に議論し、ついで、同様の仕方で文字解法について説明する。

$y^3-2y-5=0$ が解かれるとし、求める根とその 10 分の 1 未満だけ異なる数 2 が何らかの方法で見つけられたとせよ。そのとき、$2+p=y$ とおき方程式の y に $2+p$ を代入する。これより新しい方程式

$$p^3+6p^2+10p-1=0$$

が現れ、その根 p が商に加えられる。(p^3+6p^2 は小さいので無視され)$10p-1=0$ を得て、$p=0,1$ は真値に大変近い。それで 0,1 を商に書き、$0,1+$

$q = p$ とおき、前のように、この仮の値を代入すると、$q^3 + 6,3q^2 + 11,23q + 0,061 = 0$ が現れる。そして、$11,23q + 0,061$[$= 0$ の根] は真値に近づき、あるいはほぼ $q = -0,0054$ である。[後略]

$$\left(\begin{array}{r} +2,10000000 \\ -0,00544852 \\ 2,09455148 \end{array}\right.$$

$2 + p = y.$	y^3	$+8 + 12p + 6pp + p^3$
	$-2y$	$-4 - 2p$
	-5	-5
	Summa	$-1 + 10p + 6pp + p^3$
$0,1 + q = p.$	$+p^3$	$+0,001 + 0,03q + 0,3qq + q^3$
	$+6pp$	$+0,06 \quad + 1,2 \quad + 6,0$
	$+10p$	$+1, \quad + 10,$
	-1	$-1,$
	Summa	$0,061 \quad + 11,23q + 6,3qq + q^3$
$-0,0054 + r = q.$	$+q^3$	$-0,0000001$
	$6,3q^2$	$+0,0001837 - 0,068$
	$+11,23q$	$-0,060642 \quad + 11,23$
	$+0,061$	$+0,061$
	Summa	$+0,0005416 + 11,162r$
$-0,00004852 + s = r.$		

MP III, pp.42-45

複合方程式の文字解法と緊密に関連する複合方程式の数値解法は、[ヴィエトやオートレッドなどの] 数学者の方法は取るべきではないと前置きした上で、有効数字の取り方を含め数値解法を詳細に説明している。以下でニュートンの説明を現代的に解説する。

N1. $y_0 = 2$ を何らかの方法で見つけ初期値に取る。2 は求める根 α と $|\alpha|/10$ 以下の差である。

N2. $y = 2 + p$ を方程式 $f(y) = y^3 - 2y - 5 = 0$ に代入し、p の方程式 $f_1(p) = f(2+p) = p^3 + 6p^2 + 10p - 1 = 0$ を得る。($p^3 + 6p^2$ は小さいので無視し) $10p - 1 = 0$ を解いて $p = 0.1$ を商とする。

N3. $p = 0.1 + q$ を方程式 $f_1(p) = 0$ に代入し、$f_2(q) = f_1(0.1 + q) = q^3 + 6.3q^2 + 11.23q + 0.061 = 0$ を得る。[$f_2(q) = 0$ の 2 次以上の項を無視した]$11.23q + 0.061 = 0$ を解いて $q = -0.0054$ を得る。(q の小数点以下 0 が 2 つ続くので、q の有効数字は 2 桁にとる。)

N4. $q = -0.0054 + r$ とおき、$f_2(q) = 0$ に代入し、$f_3(r) = f_2(-0.0054 + r)$ を求める。[$|r| < 10^{-4}$ として q^3 を $10^{-7} = 0.0000001$ 未満を切り捨てにより計算すると] $f_3(r) \fallingdotseq 0.0005416 + 11.162r$ となる。$r = -0.0005417/11.162 = 0.00004852$ (r の小数点以下 0 が 4 つ続くので、r の有効数字は 4 桁とる。)

N5. $y = 2 + 0.1 - 0.0054 - 0.00004852 = 2.09455148$ が根の近似値である。

$p, q, r, \ldots$ は、小数点以下 0 が続く数だけ有効数字をとっている。たとえば、r は小数点以下 0 が 4 つ続く (最初に 0 でない数字 4 の前に 0 が 4 つある) ので、r の有効数字は 4 つとり、$r = 0.00004852$ としている。この有効数字の取り方は、ニュートンの方法が 2 次収束する (反復ごとに正しい桁数が 2 倍になる) という性質に基づいている。

方程式 $f(y) = 0$ の近似根を求める方法に、ニュートン法、あるいはニュートン・ラフソン法と呼ばれる方法がある。あらかじめ許容残差 $\epsilon > 0$ を決めておき、$f(y) = 0$ の根 α の近くに初期値 y_0 を取り、数列 $\{y_\nu\}$ を

$$y_{\nu+1} = y_\nu - \frac{f(y_\nu)}{f'(y_\nu)}, \quad \nu = 0, 1, 2, \ldots \tag{5.16}$$

により定義し、$|f(y_\nu)| < \epsilon$ となったら反復を停止し、y_ν を根 α の近似値にとる方法である。ニュートンが N1~N5 で与えた方法と、ニュートン・ラフソン法 (5.16) の関係を見ておく。

$f(y) = y^3 - 2y - 5$ に対し、$y_0 = 2$ とおき、

$$y_{\nu+1} = y_\nu - \frac{y_\nu^3 - 2y_\nu - 5}{3y_\nu^2 - 2}, \quad \nu = 0, 1, 2, \ldots$$

とする。

N1′. $y_0 = 2$

N2′. ニュートンの計算はニュートン・ラフソン法 $y_1 = 2.1$ と完全に一致している。

N3′. ニュートンの計算は $2 + 0.1 - 0.0054 = 2.0946$ であるが、ニュートン・ラフソン法では、$y_2 = 2.0945681211$ である。根の真値は 2.094551481542327 であるので、ニュートンの計算は小数第 4 位まで、ニュートン・ラフ

ソン法は小数第 5 位まで正しい。この違いは、ニュートンが $0.061 \div 11.23 = 0.0054318788958$ を 0.0054 に丸めたことにより生じている。

代数方程式に対しては、ニュートンの方法とニュートン・ラフソン法 (5.16) は数学的に同値である。したがって、ニュートンの方法を除算ではなく分数 (有理数) のまま計算すれば、ニュートン・ラフソン法 (5.16) に一致する。

ニュートンと関孝和 2

関孝和（せきたかかず）は『解隠題之法（かいいんだいのほう）』(1685) で代数方程式 $f(x) = a_0 + a_1x + \cdots + a_nx^n = 0$ の数値解法を扱った。その際、ニュートンとほぼ同じ方法を用いている。
関の計算は組立除法に対応しているので、関が例示した $-9 + 3x + 2x^2 + x^3 = 0$ を組立除法で示す。( ) 内は N1〜N5 の記法に合わせたものである。

S1. $-9 + 3x + 2x^2 + x^3 = 0$ に商 1 を立てる。

$$
\begin{array}{r|rrrr}
1) & -9 & 3 & 2 & 1 \\
 & 6 & 3 & 1 & \\
\hline
 & -3 & 6 & 3 & 1 \\
 & & 4 & 1 & \\
\cline{3-5}
 & & 10 & 4 & 1 \\
 & & & 1 & \\
\cline{4-5}
 & & & 5 & 1
\end{array}
$$

$(f_1(y) = f(1 + y) = -3 + 10y + 5y^2 + y^3)$

(続く)

(続き)

S2. $-3+10y+5y^2+y^3=0$ に商 0.2 を立てる。

$$
\begin{array}{r|rrrr}
0.2) & -3 & 10 & 5 & 1 \\
 & 2.208 & 1.04 & 0.2 & \\ \hline
 & -0.792 & 11.04 & 5.2 & 1 \\
 & & 1.08 & 0.2 & \\ \hline
 & & 12.12 & 5.4 & 1 \\
 & & & 0.2 & \\ \hline
 & & & 5.6 & 1
\end{array}
$$

$$
\begin{aligned}
(f_2(z) =& f_1(0.2+z) \\
=& -0.792+12.12z+5.6z^2+z^3)
\end{aligned}
$$

S3. $-0.792+12.12z+5.6z^2+z^3=0$ に商 0.06 を立てる。

$$
\begin{array}{r|rrrr}
0.06) & -0.792 & 12.12 & 5.6 & 1 \\
 & 0.747576 & 0.3396 & 0.06 & \\ \hline
 & -0.044424 & 12.4596 & 5.66 & 1 \\
 & & 0.3432 & 0.06 & \\ \hline
 & & 12.8028 & 5.72 & 1 \\
 & & & 0.06 & \\ \hline
 & & & 5.78 & 1
\end{array}
$$

$$
\begin{aligned}
(f_3(u) =& f_2(0.06+u) \\
=& -0.044424+12.8028u+5.78u^2+u^3)
\end{aligned}
$$

(続く)

(続き)

S4. 定数項 -0.044424 は 0 にならないので、定数項の符号を変えた 0.044424 を 1 次の係数 12.8028 で割り、$0.044424/12.8028 = 0.00346$ 強を得る。
($-0.044424 + 12.8028u = 0$ を解いて、$u = 0.00346$ 強を得る。)
$1 + 0.2 + 0.06 + 0.00346$ 強 $= 1.26346$ 強を定商とする。

S1,S2,S3 では、商 $1, 0.2, 0.06$ を 10 進数で 1 桁ずつ試行錯誤により立てている。関が S4 で行なっている計算はニュートンの方法と同一である。S4 で $0.00346986\cdots$ を 0.00347 弱とせず、0.00346 強と丸めているのは、切り捨てによる計算である。

5.4.2　複合方程式の文字解法

複合方程式

$$f(x,y) = \sum_{i,j} a_{i,j} x^i y^j = 0$$

に対し、y を x の無限級数で表すことを文字解法という。ニュートンは数値方程式 $y^3 - 2y - 5 = 0$ の解法を複合方程式

$$y^3 + a^2 y - 2a^3 + axy - x^3 = 0 \tag{5.17}$$

の文字解法に適用している。

> 数値 [方程式の] 例についてはこのくらいにする。解かれるべき文字方程式を $y^3 + aay - 2a^3 + axy - x^3 = 0$

とせよ。最初に x が 0 のときの y の値を探し出す。すなわち、この方程式 $y^3 + aay - 2a^3 = 0$ の根を抽出し、$+a$ であることを見出す。そして、$+a$ を商の中に書く。再び、$+a + p = y$ を考えその値を代入し、$p^3 + 3ap^2 + 4aap$&c という項を結果として余白に設定する。これらから p と x が分離している最小次元の $+4aap + aax$ を取り出す。そしてそれを近似的に 0 に等しいと考える。すなわち、p は $-\frac{x}{4}$ に近く、あるいは $p = -\frac{x}{4} + q$ と書ける。[中略]
再び、[r に関する] 方程式の最後の 2 項 [定数項と 1 次の項]

$$\left(\frac{15x^4}{4096a} - \frac{131x^3}{128} + \frac{9xx}{32}r - \frac{1}{2}axr + 4aar\right)$$

から、割り算

$$4aa - \frac{1}{2}ax + \frac{9}{32}xx\Bigg) + \frac{131x^3}{128} - \frac{15x^4}{4096a}$$

を実行し $\dfrac{+131x^3}{512aa} + \dfrac{509x^4}{16384a^3}$ を抽出し、商に加える。最後に商 $\left(a - \dfrac{1}{4}x + \dfrac{xx}{64a}\&c\right)$ は、規則 II より、求める面積

$$ax - \frac{xx}{8} + \frac{x^3}{192a} + \frac{131x^4}{2048a^2} + \frac{509x^5}{81920a^3}\&\mathrm{c}$$

をもたらすだろう。x が十分小さいとき、展開は真値に急速に収束する。

		$a - \frac{1}{4}x + \frac{x^2}{64a} + \frac{131x^3}{512a^2} + \frac{509x^4}{16384a^3}$ &c
$+a+p=y.)$	$+y^3$	$+a^3+3aap+3app+p^3$
	$+aay$	$+a^3+aap$
	$+axy$	$+aax+axp$
	$-2a^3$	$-2a^3$
	$-x^3$	$-x^3$
$-\frac{1}{4}x+q=p.)$	$+p^3$	$-\frac{1}{64}x^3+\frac{3}{16}xxq-\frac{3}{4}xqq+q^3$
	$+3ap^2$	$+\frac{3}{16}ax^2-\frac{3}{2}axq+3aqq$
	$+4aap$	$-aax+4aaq$
	$+axp$	$-\frac{1}{4}axx+axq$
	$+aax$	$+aax$
	$-x^3$	$-x^3$
$+\frac{xx}{64a}+r=q.)$	$+3aqq$	$+\frac{3x^4}{4096a}+\frac{3}{32}xxr+3ar^2$
	$+4aaq$	$+\frac{1}{16}axx+4aar$
	$-\frac{1}{2}axq$	$-\frac{1}{128}x^3-\frac{1}{2}axr$
	$+\frac{3}{16}xxq$	$+\frac{3x^4}{1024a}+\frac{3}{16}xxr$
	$-\frac{1}{16}axx$	$-\frac{1}{16}axx$
	$-\frac{65}{64}x^3$	$-\frac{65}{64}x^3$

$+4aa-\frac{1}{2}ax+\frac{9}{32}x^2)+\frac{131}{128}x^3-\frac{15x^4}{4096a}\left(\frac{+131x^3}{512aa}+\frac{509x^4}{16384a^3}\right.$ [&c].

MP II, pp.222-227

上記の算法を現代表記で示す。

L1. $f(x,y)=y^3+a^2y-2a^3+axy-x^3=0$ において $x=0$ とした $y^3+a^2y-2a^3=0$ の根 $y=+a$ が (初) 商である。[y がべき級数展開 $y=b_0+b_1x+b_2x^2+\cdots$ できるとき、$x=0$ のときの y の値が定数項 b_0 である。]

L2. $y=a+p$ を $f(x,y)=0$ に代入すると、$f_1(x,p)=a^2x-x^3+(4a^2+ax)p+3ap^2+p^3=0$ となる。p と x が分離している最小次元のもの $4a^2p+a^2x$ を取り出し、近似的に 0 とおく。[分離している p の項は $4a^2p+3ap^2+p^3$ であり、最小次元の項は $4a^2p$ である。分離している x の項は a^2x-x^3 であり、最小次元の項は a^2x である。]

L3. $a^2x+4a^2p \fallingdotseq 0$ を解くと $p \fallingdotseq -\frac{1}{4}x$ なので、$-\frac{1}{4}x$ を商に取る。$p=-\frac{1}{4}x+q$ を $f_1(x,p)=0$ に代入し、$f_2(x,q)=-\frac{1}{16}ax^2-\frac{65}{64}x^3+\left(4a^2-\frac{1}{2}ax+\frac{3}{16}x^2\right)q+\left(3a-\frac{3}{4}x\right)q^2+q^3=0$ を得る。

L4. q と x が分離している最小次元の項 $-\frac{1}{16}ax^2+4a^2q$ を近似的に 0 とおき、$q \fallingdotseq \frac{1}{64a}x^2$ を得る。

L5. $q=\frac{1}{64a}x^2+r$ を [$f_2(x,q)$ の q^3 を省略した] $\tilde{f}_2(x,q)=-\frac{1}{16}ax^2-\frac{65}{64}x^3+\left(4a^2-\frac{1}{2}ax+\frac{3}{16}x^2\right)q+\left(3a-\frac{3}{4}x\right)q^2=0$ に代入すると $\tilde{f}_3(x,r)=-\frac{131}{128}x^3+\frac{15}{4096a}x^4+\left(4a^2-\frac{1}{2}ax+\frac{9}{32}x^2\right)r+\left(-\frac{3}{4}x+3a\right)r^2=0$ となる。[$q=O(x^2)$ より $q^3=O(x^6)$ である。x^4 までの級数展開を求めるためには、$q^3=O(x^6)$ を無視しても結果に影響は出ない。]

L6. [計算を打ち切るときは r の定数項と 1 次の項の係数をすべて用い] $-\frac{131}{128}x^3+\frac{15}{4096a}x^4+\left(4a^2-\frac{1}{2}ax+\frac{9}{32}x^2\right)r=0$ から、除算

$$4a^2-\frac{1}{2}ax+\frac{9}{32}x^2 \Big) \, \frac{131}{128}x^3-\frac{15}{4096a}x^4$$

を計算して $+\frac{131}{512a^2}x^3+\frac{509}{16384a^3}x^4$

を得る。

L7. $y = a - \frac{1}{4}x + \frac{x^2}{64a} + \frac{131x^3}{512a^2} + \frac{509x^4}{16384a^3}$ が y の x^4 までの級数展開 (4 次の近似多項式) である。

L8. 級数展開を規則 II により項別積分し y の下側の面積

$$\left[\int_0^x y dx =\right] ax - \frac{1}{8}x^2 + \frac{x^3}{192a} + \frac{131x^4}{2048a^2} + \frac{509x^5}{81920a^3} \cdots$$

が得られる。

(5.17) において $a = 1$ に取った $y^3 + y - 2 + xy - x^3 = 0$(太線) と y の 4 次近似多項式 $y = 1 - \frac{1}{4}x + \frac{x^2}{64} + \frac{131x^3}{512} + \frac{509x^4}{16384}$(細線) のグラフを図 5.2 に示す。グラフより $|x| \leqq 0.5$ ではよい近似になっていることが分かる。

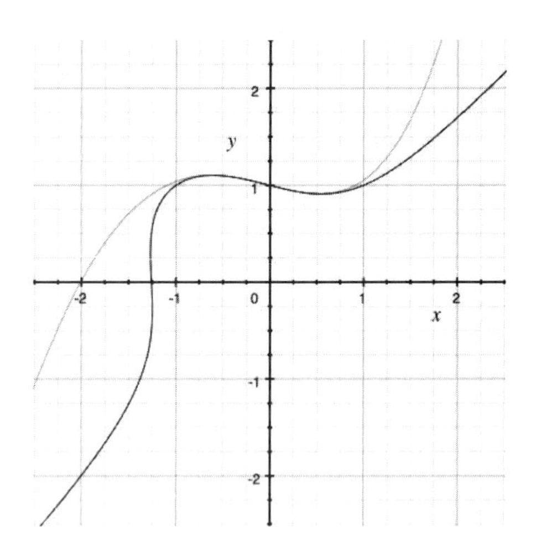

図 5.2　$y^3 + y - 2 + xy - x^3 = 0$ と 4 次近似多項式のグラフ

ここまでは、x が小さいときの級数展開であるが、x が大きいときの級数展開を次に述べている。

> x が大きいときに面積が真値に近づくことを望むときは、例 $y^3 + axy + x^2y - a^3 - 2x^3 = 0$ のように行なえ。したがって、これを解くため x, y が分離しているか互いに掛け合わされた項の次元が最大で等しい項 $y^3 + xxy - 2x^3$ を取り 0 とおく。x を見つけ商とする。あるいは x に 1 を代入し $y^3 + y - 2 = 0$ から根 1 を抽出し、それに x を掛け積 x を商とする。そして $x + p = y$ とし、商 $x - \dfrac{a}{4} + \dfrac{aa}{64x} + \dfrac{131a^3}{512xx} + \dfrac{509a^4}{16384x^3}$&c を得るまで前の例と同様に進め。そして、面積は
>
> $$\frac{x^2}{2} - \frac{ax}{4} + \boxed{\frac{aa}{64x}} - \frac{131a^3}{512x} - \frac{509a^4}{32768x^2}$$
>
> である。[後略]

MP II, pp.226-227

ここで、$\boxed{\dfrac{aa}{64x}}$ は $\displaystyle\int \frac{a^2}{64x}dx$ を表すニュートンの積分記号である。「面積」は無限区間 $[x, \infty)$ における面積ではなく、規則 I の例 4 あるいは規則 II の例 3(p.144) について説明したように、原始関数、あるいは不定積分を表していると考えられる。

「前の例と同様に進め」の箇所を現代表記で示す。前の例の「x と y が分離している最小次元」を「x と y が分離しているか互いに掛け合わされた項の次元が最大で等しい項」に読み替える。

M1. $f(x,y)=y^3+axy+x^2y-a^3-2x^3=0$ とおく。x,y が分離しているか互いに掛け合わされた項の次元が最大で等しい項は、[$y=O(x)$ を仮定すると]$y^3+x^2y-2x^3$ である。$y^3+x^2y-2x^3=0$ とおくと $y=+x$ が根である。$y=x+p$ とおき、y を $f(x,y)=0$ に代入すると、$f_1(x,p)=ax^2-a^3+(4x^2+ax)p+3xp^2+p^3=0$ となる。

M2. x,p が分離しているか互いに掛け合わされた項の次元が最大で等しい項は [$p=O(1)$ を仮定すると] ax^2+4x^2p である。この式を 0 とおくと $ax^2+4x^2p=0$ となり、根は $p=-\frac{a}{4}$ である。

M3. $p=-\frac{a}{4}+q$ を $f_1(x,p)=0$ に代入すると $f_2(x,q)=-\frac{1}{16}a^2x-\frac{65}{64}a^3+\left(4x^2-\frac{1}{2}ax+\frac{3a^2}{16}\right)q+(3x-\frac{3}{4}a)q^2+q^3=0$ となる。

M4. x,q が分離しているか互いに掛け合わされた項の次元が最大で等しい項は [$q=O(\frac{1}{x})$ を仮定すると] $-\frac{1}{16}a^2x+4x^2q$ である。この式を 0 とおくと $-\frac{1}{16}a^2x+4x^2q=0$ となり、根は $q=\frac{a^2}{64x}$ である。

M5. $f_2(x,q)=0$ から [$O(\frac{1}{x^2})$ まで求めるため] q^3 を無視した $\tilde{f_2}(x,q)=-\frac{1}{16}a^2x-\frac{65}{64}a^3+\left(4x^2-\frac{1}{2}ax+\frac{3a^2}{16}\right)q+(3x-\frac{3}{4}a)q^2=0$ に $q=\frac{a^2}{64}\frac{1}{x}+r$ を代入すると $f_3(x,r)=-\frac{131}{128}a^3+\frac{15a^4}{4096x}-\frac{3a^5}{16384x^2}+\left(4x^2-\frac{1}{2}ax+\frac{9a^2}{32}-\frac{3a^3}{128x}\right)r+\left(3x-\frac{3}{4}a\right)r^2=0$ となる。

M6. $f_3(x,r)=0$ を 1 次式で近似し
$-\frac{131}{128}a^3+\frac{15a^4}{4096x}-\frac{3a^5}{16384x^2}+\left(4x^2-\frac{1}{2}ax+\frac{9a^2}{32}-\frac{3a^3}{128x}\right)r\fallingdotseq$

0 を解く。[r を 2 項得るためには、分子 2 項、分母 3 項とれば十分なので、]

$$r \fallingdotseq \frac{\frac{131}{128}a^3 - \frac{15a^4}{4096x}}{4x^2 - \frac{1}{2}ax + \frac{9a^2}{32}} = \frac{131a^3}{512x^2} + \frac{509a^4}{16384x^3} \cdots$$

M7. y の $x \to \infty$ における無限級数展開 (漸近展開) は

$$y = x - \frac{a}{4} + \frac{a^2}{64x} + \frac{131a^3}{512x^2} + \frac{509a^4}{16384x^3} \cdots \quad (5.18)$$

で、$x \to 0$ における級数展開

$$y = a - \frac{1}{4}x + \frac{x^2}{64a} + \frac{131x^3}{512a^2} + \frac{509x^4}{16384a^3} \cdots$$

の a と x を入れ替えたものになっている。

「分離しているか互いに掛け合わされた項の次元が最大で等しい項」を決定するためには x と y(あるいは、$p, q, r, \ldots$) の次数の関係が必要である。この問題は『方法について』(1671) で図式を用いて解決される (5.4.3 節、p.171) のであるが、1669 年当時ニュートンは $y = O(x), p = O(1), \ldots$ と直感で推察して決定したと思われる。M1 で $y = O(x)$ と仮定してよいことは次のようにいえる。

$$y = cx^\alpha + o(x^\alpha),\ (x \to \infty)$$

とおく。

$$\begin{aligned} f(x,y) =& c^3x^{3\alpha} + acx^{1+\alpha} + cx^{2+\alpha} - a^3 - 2x^3 + o(x^{\max\{3\alpha,3\}}) \\ =& \begin{cases} c^3x^{3\alpha} + o(x^{3\alpha}), & \alpha > 1 \\ (c^3 + c - 2)x^3 + o(x^3), & \alpha = 1 \\ -2x^3 + o(x^3), & \alpha < 1 \end{cases} \end{aligned}$$

$f(x, y)$ の x に関する次元を小さくする $c \neq 0$ が確定するためには、$\alpha = 1$ が必要である。そのとき、$c^3 + c - 2 = 0$、すなわち、$c = 1$ である。

ニュートンと関孝和 3

ニュートンは代数曲線 $f(x, y) = 0$ を

$$f(x, y) = c_0(x)y^n + c_1(x)y^{n-1} + \cdots + c_n(x)$$

と考え、1変数代数方程式の数値解法に類似の方法を適用し、y を x の無限級数として表した。

一方、関孝和は『解伏題之法（かいふくだいのほう）』(1683年重訂) において、連立代数方程式

$$\begin{cases} a_0(x) + a_1(x)y + \cdots + a_n(x)y^n = 0 \\ b_0(x) + b_1(x)y + \cdots + b_n(x)y^n = 0 \end{cases} \tag{5.19}$$

から、$a_i(x), b_j(x)$ を文字係数と考えることにより、y を消去して x のみを未知数とする代数方程式を導いた。

まず、(5.19) から y^n の項を消去して、$n-1$ 次の n 個の方程式

$$\begin{cases} x_{11} + x_{12}y + \cdots + x_{1n}y^{n-1} = 0 \\ x_{21} + x_{22}y + \cdots + x_{2n}y^{n-1} = 0 \\ \cdots \\ x_{n1} + x_{n2}y + \cdots + x_{nn}y^{n-1} = 0 \end{cases} \tag{5.20}$$

(続く)

(続き)

を導く。ここで、x_{ij} は未知数 x の多項式である。$n = 2, 3$ の場合の導き方については p.226 で述べる。(5.20) が解 y を持つためには

$$\begin{vmatrix} x_{11} & x_{12} & \cdots & x_{1n} \\ x_{21} & x_{22} & \cdots & x_{2n} \\ & & \cdots & \\ x_{n1} & x_{n2} & \cdots & x_{nn} \end{vmatrix} = 0 \tag{5.21}$$

が必要である。関は、行列式のサラスの公式を拡張した計算法を与えることにより、連立代数方程式 (5.19) を 1 変数代数方程式 (5.21) に帰着させた。

関の行列式は、$n \geqq 5$ のとき誤りがあるが $n = 2, 3, 4$ は正しい。したがって、関は、4 次の連立代数方程式を 1 変数代数方程式に帰着させる方法を与えたことになる。

5.4.3　複合方程式の文字解法の改良

5.4.2 節 (p.162) で紹介した『解析について』における複合方程式の文字解法 (現代的には陰関数の級数展開) はいくつか難点がある。$f(0, 0) = 0$ のときは初商を見つけることができない。また、x が大きいときには、$y = O(x^{\alpha})$ となる α を決定しないと、最大次元の項を見つけることができない。それらの問題をニュートンは、『方法について』において図式を用いて鮮(あざ)やかに解決した。

しかしながら、この規則をもっと分かりやすくするため、下記の図式の助けを借りて考える。直角 BAC を描

き、両辺 BA, AC を等間隔に分割し、これらの辺から法線を引いて、直角の間のスペースを等しい正方形あるいは長方形に分割する。それらに図 (fig.1) のように変数 x と y のべきの名前 $[x^i y^j]$ をつける。[中略]

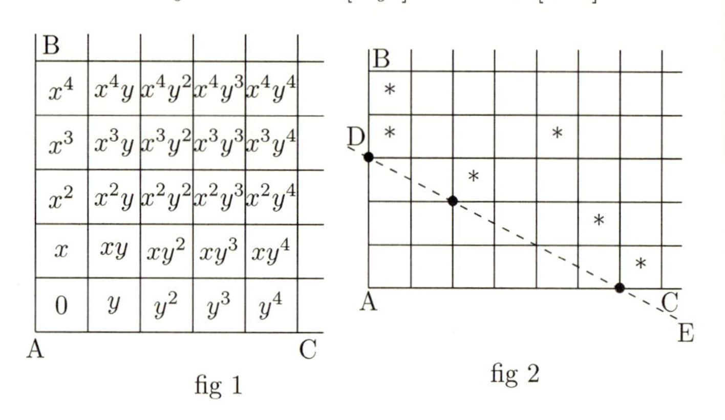

fig 1　　fig 2

それで、

$$y^6 - 5xy^5 + (x^3/a)y^4 - 7a^2x^2y^2 + 6a^3x^3 + b^2x^4 = 0,$$

から根 y を抽出するため、長方形に記号 $*$ を図 (fig 2) のようにつける。そして、AB に接している一番下側の印をつけた場所の左下の角に定規 DE を当て、下から上に [反時計回りで] 第二あるいはそれ以上の別の印をつけた場所に接するまで回転させる。x^3, x^2y^2 と y^6 が定規に接しているので、$y^6 - 7a^2x^2y^2 + 6a^3x^3 = 0$ とおく。($y = v\sqrt{ax}$ と置くことにより $v^6 - 7v^2 + 6 = 0$ に帰着させる [根は $v = \pm 1, \pm\sqrt{2}, \pm\sqrt{3}i$ の 6 個である])。求める y は $+\sqrt{ax}, -\sqrt{ax}, +\sqrt{2ax}$ と $-\sqrt{2ax}$ の 4 つの部分である。これらの任意の値は商の初期値としてこれらのいずれも、商の第1項として許容される。
[中略]
商の引き続く項は作業の過程で生じる方程式から同様に導かれる。[後略]

MP III, pp.48-53

『方法について』で与えられている複合方程式の文字解法における商の初期値の決め方を現代表記で示す。

P1 図 (fig 1) の方眼の下から i 行目、左から j 列目に $x^{i-1}y^{j-1}$ を対応させる。なお、左下の 0 は $1[=x^0y^0]$ の誤りと考えられている。

P2 複合方程式 $f(x,y)=0$ に対し $f(x,y)$ の項が存在する長方形に印*をつけ、第1列の一番下にある長方形の左下のすみに定規を当て、定規を反時計回りに回転させ、始めて他の長方形に触れたところで定規を止め定規に触れている項をすべて取り出す。

P3 たとえば、$f(x,y)=y^6-5xy^5+(x^3/a)y^4-7a^2x^2y^2+6a^3x^3+b^2x^4=0$ の場合は図 (fig 2) とする。定規が接するのは x^3, x^2y^2, y^6 である。

P4 初商は架空方程式 [補助方程式]$y^6-7a^2x^2y^2+6a^3x^3=0$ の根 $y=\sqrt{ax}, y=-\sqrt{ax}, y=\sqrt{2ax}, y=-\sqrt{2ax}$ である。(ニュートンは『方法について』では $y=\sqrt{-3ax}, y=-\sqrt{-3ax}$ は採用してないが、1684 年執筆の未刊行の論文『数学の普遍的システムの実例』では採用している。)

P5 複合方程式 $f(x,y)=0$ の x が十分大のときは $f(x,y)$

をxの多項式と見たときの次数を d とし、$z = \frac{1}{x}$ と変換し、$g(z, y) = z^d f(\frac{1}{z}, y)$ とおき、$g(z, y) = 0$ に対し、P2 以下を行なう。

ニュートンは引き続き『方法について』で扱った $y^3 + a^2y + axy - 2a^3 - x^3 = 0$ (項の順序を y に関する降べき、x に関する昇べきで表示している) に対する fig 2 のような図式を使った文字解法を説明している。これらを、図式と現代表記により解説する。

例 5.4　x が小さいときの

$$y^3 + a^2y + axy - 2a^3 - x^3 = 0 \tag{5.22}$$

の文字解法。

1. (5.22) の図式は次のようになる。

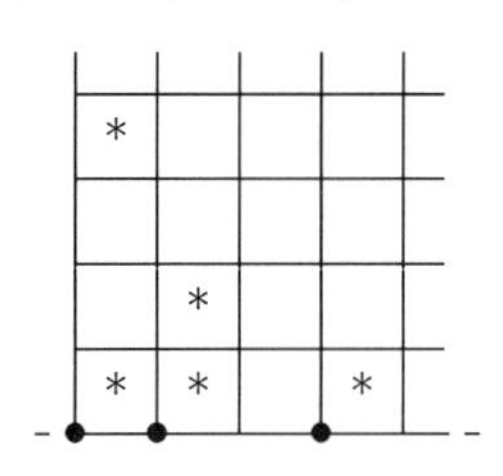

2. 定規に接している項は $y^3, a^2y, -2a^3$ なので、架空方程式は $y^3 + a^2y - 2a^3 = 0$ である。[$y^3 + a^2y - 2a^3 = (y-a)(y^2 + ay + 2a^2)$ より]$y - a = 0$ を抽出し、$+a$ を商とする。
3. $+a$ は y の値として正確でないので、$y = a + p$ とおき、

$a+p$ を方程式 (5.22) の y に代入すると、

$$p^3 + 3ap^2 + 4a^2p + axp + a^2x - x^3 = 0 \qquad (5.23)$$

となる。[縦軸に x, 横軸に p をとった] 図式は次のようになる。

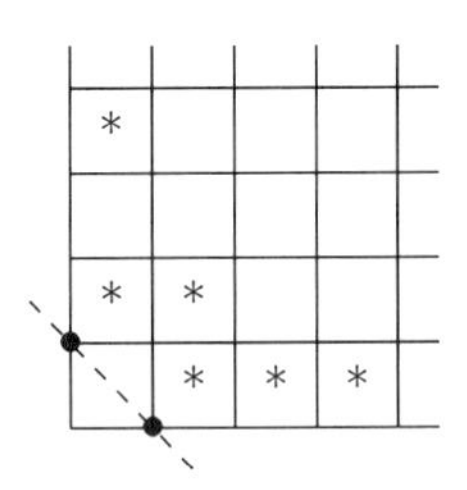

4. 以下同様であるので省略する。

x が小さいとき、$f(x,y)=0$ の『方法について』の文字解法は、『解析について』の文字解法の拡張になっていることは、以下のように確認できる。$f(0,0)\neq 0$ で $f(0,y)=0$ は根 c を持つとする。

1. 『解析について』では c を初商に取る。『方法について』では、$f(x,y)$ は定数項 $f(0,0)\neq 0$ を持つので、$f(x,y)=0$ の図式における定規は横軸に一致する。したがって、架空方程式は $f(0,y)=0$ である。
2. 『解析について』では $g(x,p)=f(x,c+p)=0$ の x と p の「分離している最小次元の項」を取り出しそれらを加えて 0 とおいた架空方程式の根を次商とする。『方法について』の図式では、$g(x,p)=0$ の分離している最小次元の x の項は図式では縦軸上の 1 番下側にある項であり、分離している最小次元の p の項は横軸上の 1

番左側の項である。

なお、『方法について』の図式を用いた方法は、$f(0,0)=0$ であっても多くの場合初商を求めることができるので、真の拡張になっている。

x が十分大の場合は、$z=\frac{1}{x}$ と変換することにより、z を十分小さいものに還元できる。すなわち、x の最高次数を d としたとき、z を十分小さいとして、$g(z,y)=z^d f(\frac{1}{z},y)=0$ の商を求めればよい。『解析について』で取り上げられた $y^3+axy+x^2y-a^3-2x^3=0$ は、『方法について』では扱われてないが、図式を用いた文字解法は次のようになる。

例 5.5　x が十分大のときの

$$y^3+axy+x^2y-a^3-2x^3=0 \tag{5.24}$$

の文字解法。

1. $z=\frac{1}{x}$ とおくと (5.24) は

$$y^3+a\frac{y}{z}+\frac{y}{z^2}-a^3-2\frac{1}{z^3}=0$$

となるので、

$$z^3y^3+az^2y+zy-a^3z^3-2=0 \tag{5.25}$$

に対する z が小さいときの文字解法を考えれば良い。

2. (5.25) の縦軸を z, 横軸を y とした図式は次のようになる。

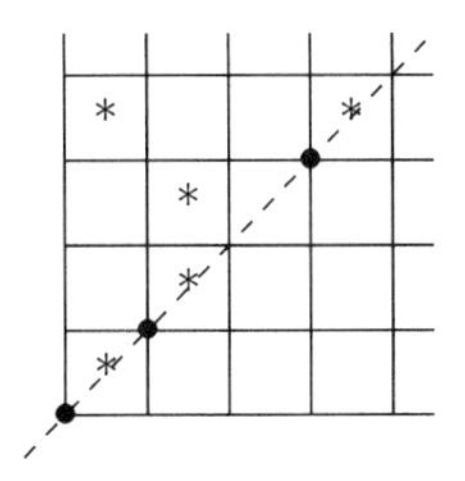

3. 定規に接している項は $z^3y^3, zy, -2$ なので、架空方程式は $z^3y^3+zy-2=0$ である。[$zy=1$ より]$y=\frac{1}{z}$ を商とする。
4. $y=\frac{1}{z}+p$ を方程式 (5.25) に代入すると、

$$z^3p^3+3z^2p^2+4zp+az^2p+az-a^3z^3=0 \quad (5.26)$$

となる。[縦軸に z, 横軸に p をとった] 図式は次のようになる。

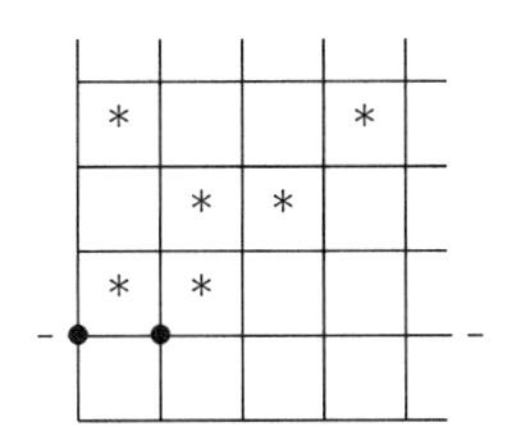

5. 以下同様であるので省略する。

5.5　複合方程式の文字解法の証明

ニュートンが『解析について』で与えた複合方程式 $f(x,y)=0$ の文字解法 (5.4.2 節の L1〜L7) は、(ニュートンが想定していると考えられる) ある種の条件をつけると $f(x,y)=0$ の陰関数 (p.81) に漸近収束する (p.137) ことが証明できる。

本節では、複合方程式の文字解法のアルゴリズムをニュートンの原文に沿って定式化し、得られる級数が陰関数に漸近収束することを証明する。

アルゴリズム **5.1** (複合方程式の文字解法)

$f(x,y)$ は

$$f(x,y)=\sum_{i=0}^{l} a_{i,0}x^i+\sum_{j=1}^{n}\left(\sum_{i=0}^{m} a_{i,j}x^i\right)y^j$$

の形の多項式とし、y に関する方程式 $f(0,y)=0$ は $\frac{\partial}{\partial y}f(0,c)\neq 0$ を満たす根 c を持つとする。

(i) $f_0(x,y)=f(x,y)$, かつ $d_0(x)=c$ とおけ。

(ii) $\nu=1,2,\ldots,N$ に対し、以下の計算を繰り返せ。

$$\begin{aligned}f_\nu(x,y)&=f_{\nu-1}(x,d_{\nu-1}(x)+y)\\&=\sum_{i=i_\nu}^{l_\nu} a_{i,0}^{(\nu)}x^i+\sum_{j=1}^{n}\left(\sum_{i=0}^{m_\nu} a_{i,j}^{(\nu)}x^i\right)y^j,\quad a_{i_\nu,0}^{(\nu)}\neq 0,\\d_\nu(x)&=-\frac{a_{i_\nu,0}^{(\nu)}}{a_{0,1}^{(\nu)}}x^{i_\nu}.\end{aligned}$$

そのとき、$y_N(x)=d_0(x)+\cdots+d_{N-1}(x)+d_N(x)$ は

$$f(x,y_N(x))=o(x^{i_N})\quad(x\to 0)$$

を満たす。

定理 5.1 $f(x,y)$ は

$$f(x,y) = \sum_{i=0}^{l} a_{i,0}x^i + \sum_{j=1}^{n}\left(\sum_{i=0}^{m} a_{i,j}x^i\right)y^j$$

の形の多項式とし、$f(0,y)=0$ は $\frac{\partial}{\partial y}f(0,c) \neq 0$ を満たす根 c を持つとする。多項式の列 $f_\nu(x,y)$ と単項式の列 $d_\nu(x)$ はアルゴリズム 5.1 の (i)(ii) と同じものとする。そのとき、$\nu = 1,2,\ldots,N$ に対し、(1),(2),(3) が成り立つ。

(1) $a_{0,1}^{(\nu)} = a_{0,1}^{(1)} = \frac{\partial}{\partial y}f(0,c) \neq 0$

(2) $1 \leqq i_1 < \cdots < i_{\nu-1} < i_\nu$

(3) $y_\nu(x) = d_0(x) + d_1(x) + \cdots + d_\nu(x)$ は

$$f(x, y_\nu(x)) = o(x^{i_\nu}) \quad (x \to 0)$$

を満たす。

定理 5.1 の証明 ν に関する数学的帰納法で示す。テイラーの定理により

$$\begin{aligned} f_1(x,y) =& f(x,c+y) \\ =& f(x,c) + \frac{\partial}{\partial y}f(x,c)y + \sum_{j=2}^{n}\frac{1}{j!}\frac{\partial^j}{\partial y^j}f(x,c)y^j \end{aligned}$$

$x=0$ とすると

$$f_1(0,y) = f(0,c) + \frac{\partial}{\partial y}f(0,c)y + \sum_{j=2}^{n}\frac{1}{j!}\frac{\partial^j}{\partial y^j}f(0,c)y^j$$

よって、$a_{0,0}^{(1)} = f(0,c) = 0$ と $a_{0,1}^{(1)} = \frac{\partial}{\partial y}f(0,c) \neq 0,$ となるので、$i_1 \geqq 1$ で

$$d_1(x) = -\frac{a_{i_1,0}^{(1)}}{a_{0,1}^{(1)}}x^{i_1}$$

となる。そこで、

$$\begin{aligned} f(x, y_1(x)) =& f(x, c + d_1(x)) = f_1(x, d_1(x)) \\ =& \sum_{i=i_1}^{l_1} a_{i,0}^{(1)} x^i + \sum_{j=1}^{n} \left(\sum_{i=0}^{m_1} a_{i,j}^{(1)} x^i \right) d_1(x)^j \\ =& \left(a_{i_1,0}^{(1)} x^{i_1} + a_{0,1}^{(1)} d_1(x) \right) + \sum_{i=i_1+1}^{l_1} a_{i,0}^{(1)} x^i \\ &+ \left(\sum_{i=1}^{m_1} a_{i,1}^{(1)} x^i \right) d_1(x) + \sum_{j=2}^{n} \left(\sum_{i=0}^{m_1} a_{i,j}^{(1)} x^i \right) d_1(x)^j \\ =& o(x^{i_1}) \quad (x \to 0) \end{aligned}$$

以上より、$\nu = 1$ について成立する。

$\nu(\nu > 1)$ のとき成立すると仮定する。

$$f_\nu(x, y) = \sum_{i=i_\nu}^{l_\nu} a_{i,0}^{(\nu)} x^i + \sum_{j=1}^{n} \left(\sum_{i=0}^{m_\nu} a_{i,j}^{(\nu)} x^i \right) y^j, \quad a_{i_\nu,0}^{(\nu)} \neq 0$$

とおく。帰納法の仮定により $a_{0,1}^{(\nu)} = a_{0,1}^{(1)} \neq 0$ である。また、$d_\nu(x)$ の定義により

$$d_\nu(x) = -\frac{a_{i_\nu,0}^{(\nu)}}{a_{0,1}^{(1)}} x^{i_\nu}$$

である。

$$\begin{aligned}
&f_{\nu+1}(x,y) = f_\nu(x, d_\nu(x)+y)\\
&=\sum_{i=i_\nu}^{l_\nu} a_{i,0}^{(\nu)} x^i + \sum_{j=1}^{n}\left(\sum_{i=0}^{m_\nu} a_{i,j}^{(\nu)} x^i\right)(d_\nu(x)+y)^j\\
&=\left(a_{i_\nu,0}^{(\nu)} x^{i_\nu} + a_{0,1}^{(1)} d_\nu(x)\right) + \sum_{i=i_\nu+1}^{l_\nu} a_{i,0}^{(\nu)} x^i + \left(\sum_{i=1}^{m_\nu} a_{i,1}^{(\nu)} x^i\right) d_\nu(x)\\
&\quad + \left(\sum_{i=0}^{m_\nu} a_{i,1}^{(\nu)} x^i\right) y + \sum_{j=2}^{n}\left(\sum_{i=0}^{m_\nu} a_{i,j}^{(\nu)} x^i\right)(d_\nu(x)+y)^j
\end{aligned}$$

と $a_{i_\nu,0}^{(\nu)} x^{i_\nu} + a_{0,1}^{(1)} d_\nu(x) = 0$ より、$i_{\nu+1} > i_\nu$ かつ $a_{0,1}^{(\nu+1)} = a_{0,1}^{(\nu)} = a_{0,1}^{(1)} \neq 0$ である。$i_{\nu+1}$ の定義により、

$$\sum_{i=1}^{i_{\nu+1}-i_\nu-1}\left(a_{i+i_\nu,0}^{(\nu)} x^{i+i_\nu} + a_{i,1}^{(\nu)} x^i d_\nu(x)\right) = 0$$

である。よって、

$$\begin{aligned}
&f_{\nu+1}(x,y)\\
&=\sum_{i=i_{\nu+1}}^{l_\nu} a_{i,0}^{(\nu)} x^i + \left(\sum_{i=i_{\nu+1}-i_\nu}^{m_\nu} a_{i,1}^{(\nu)} x^i\right) d_\nu(x)\\
&\quad + \left(\sum_{i=0}^{m_\nu} a_{i,1}^{(\nu)} x^i\right) y + \sum_{j=2}^{n}\left(\sum_{i=0}^{m_\nu} a_{i,j}^{(\nu)} x^i\right)(d_\nu(x)+y)^j\\
&=a_{i_{\nu+1},0}^{(\nu+1)} x^{i_{\nu+1}} + \sum_{i=i_{\nu+1}+1}^{l_\nu} a_{i,0}^{(\nu)} x^i + \left(\sum_{i=i_{\nu+1}-i_\nu+1}^{m_\nu} a_{i,1}^{(\nu)} x^i\right) d_\nu(x)\\
&\quad + \left(\sum_{i=0}^{m_\nu} a_{i,1}^{(\nu)} x^i\right) y + \sum_{j=2}^{n}\left(\sum_{i=0}^{m_\nu} a_{i,j}^{(\nu)} x^i\right)(d_\nu(x)+y)^j
\end{aligned}$$

となる。ここで

$$a^{(\nu+1)}_{i_{\nu+1},0} = a^{(\nu)}_{i_{\nu+1},0} + a^{(\nu)}_{i_{\nu+1}-i_\nu,1}\left(-\frac{a^{(\nu)}_{i_\nu,0}}{a^{(1)}_{0,1}}\right)$$

である。それで

$$d_{\nu+1}(x) = -\frac{a^{(\nu+1)}_{i_{\nu+1},0}}{a^{(1)}_{0,1}}x^{i_{\nu+1}}$$

となる。$f_{\nu+1}(x, d_{\nu+1}(x))$ における $x^{i_{\nu+1}}$ の係数は

$$a^{(\nu+1)}_{i_{\nu+1},0} + a^{(\nu)}_{0,1}\left(-\frac{a^{(\nu+1)}_{i_{\nu+1},0}}{a^{(1)}_{0,1}}\right) = 0$$

である。したがって、

$$\begin{aligned} f(x, y_{\nu+1}(x)) &= f_1(x, d_1(x) + \cdots + d_{\nu+1}(x)) \\ &= f_2(x, d_2(x) + \cdots + d_{\nu+1}(x)) = \cdots \\ &= f_{\nu+1}(x, d_{\nu+1}(x)) = o(x^{i_{\nu+1}}) \quad (x \to 0) \end{aligned}$$

数学的帰納法により証明された。 □

$y_\nu(0) = c$ と陰関数の一意性より、漸近式 $f(x, y_\nu(x)) = o(x^{i_\nu}) \quad (x \to 0)$ は、複合方程式の文字解法で得られる級数の部分和 $y_\nu(x)$ が $f(x, y)$ の陰関数 $g(x)$ に $\nu \to \infty$ のとき、漸近的に収束していることを意味している。

アルゴリズム 5.1 は、$f(x, y)$ が多項式で $f(0, c) = 0$, $\frac{\partial}{\partial x}f(0, c) \neq 0$ の場合に、$f(x, y) = 0$ の陰関数を構成するアルゴリズムになっている。

例 5.6　$f(x, y) = y^3 + a^2y - 2a^3 + axy - x^3 = 0$ は点 $(0, a)$ において定理 5.1 の条件を満たしているので、アルゴリズム

5.1 によって得られる無限級数

$$y = a - \frac{1}{4}x + \frac{1}{64a}x^2 + \frac{131}{512a^2}x^3 + \frac{509}{16384a^3}x^4 \cdots$$

は、$f(x, y) = 0$ の陰関数に漸近収束する。

5.6 級数展開の応用

5.6.1 円弧の長さの級数展開

除算および開平により級数に展開し、項別積分により長さを求める例として円弧の長さを取り上げている。それに先立ち、ニュートンはモーメントについて述べている。(ニュートンの記号 BD(y) など ( ) は関数ではなく BD の値が y であることを表している。また、長方形 AHKB は対角の 2 頂点を用いて AK としている。)

ABD は任意の曲線 [で囲まれる領域]、AHKB は辺 AH あるいは BK が 1 の長方形とする。直線 DBK が AH から、領域 ABD と長方形 AK を描きながら、一様に動く。BK(1) は、AK(x) がしだいに増加するモーメントであり、

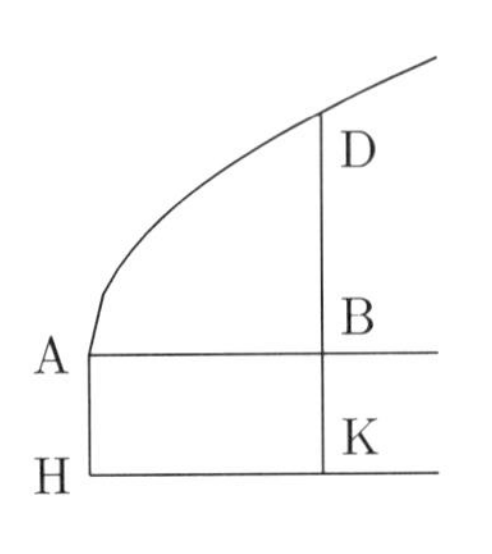

BD(y) は、ABD がしだいに増加するモーメントである。BD のモーメントが連続的に与えられたとき、前に述べた諸規則により、それによって描かれる領域 ABD[の面積] を調べることができる。あるいは、長さ 1 のモーメントが描く AK(x) と比較することができる。

MP II, pp.232-233

モーメントの定義は与えられてないが、上記の説明は「1666 年 10 月論文」問題 5 の解 (p.124) で与えられている。直線 DBK は $x = t$ で等速運動するとする。AK $=$ □ABKH $=$ $x \times$ BK と $\frac{dx}{dt} = 1$ より

$$\frac{d}{dt}(\mathrm{AK}) = \frac{d}{dx}(\mathrm{AK})\frac{dx}{dt} = \mathrm{BK}$$

また、

$$\mathrm{ABD} = \int_0^x y dx$$

より

$$\frac{d}{dt}(\mathrm{ABD}) = \frac{dx}{dt}\frac{d}{dx}\int_0^x y(x)dx = \frac{dx}{dt}y(x) = y(x) = \mathrm{BD}$$

モーメントは長さ、面積、体積などが時間によって変化するときの変化率を指していると考えられる。

次に円弧の長さの級数展開を見てゆく。

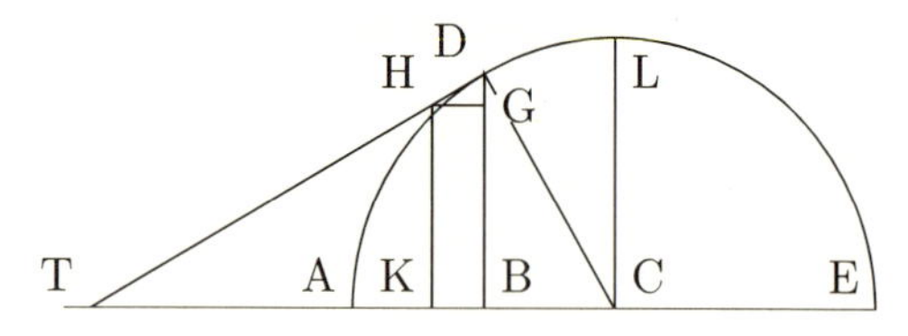

ADLE を [半] 円周とし、弧長 AD を求める。接線 DHT を引き、無限に小さい矩形 HGBK を完成させ、AE $=$ 2AC $= 1$ とする。BK あるいは GH(基線 AB $= x$ の

モーメント) と DH(弧 AD のモーメント) の比は

$$\mathrm{BK} : \mathrm{DH} = \mathrm{BT} : \mathrm{DT} = \mathrm{BD}(\sqrt{x - x^2}) : \mathrm{DC}(\tfrac{1}{2})$$
$$= 1 : \frac{1}{2\sqrt{x - x^2}}$$

それで、$\dfrac{1}{2\sqrt{x-x^2}}$ あるいは $\dfrac{\sqrt{x-x^2}}{2(x-x^2)}$ は弧 AD のモーメントである。これを級数展開すると

$$\frac{1}{2}x^{-\frac{1}{2}} + \frac{1}{4}x^{\frac{1}{2}} + \frac{3}{16}x^{\frac{3}{2}} + \frac{5}{32}x^{\frac{5}{2}} + \frac{35}{256}x^{\frac{7}{2}} + \frac{63}{512}x^{\frac{9}{2}}\&c \tag{5.27}$$

それゆえ、規則 II[項別積分] により弧 AD の長さは

$$x^{\frac{1}{2}} + \frac{1}{6}x^{\frac{3}{2}} + \frac{3}{40}x^{\frac{5}{2}} + \frac{5}{112}x^{\frac{7}{2}} + \frac{35}{1152}x^{\frac{9}{2}} + \frac{63}{2816}x^{\frac{11}{2}}\&c \tag{5.28}$$

あるいは、$x^{\frac{1}{2}}$ に

$$1 + \frac{1}{6}x + \frac{3}{40}x^2\&c$$

を掛け合わせたものになる。同様に $\mathrm{CB} = x$ と半径 $\mathrm{CA} = 1$ とおくと、弧 LD の長さは

$$x + \frac{1}{6}x^3 + \frac{3}{40}x^5 + \frac{5}{112}x^7\&c \tag{5.29}$$

となる。　MP II, pp.232-233

弧 $\overset{\frown}{\mathrm{AD}}$ の長さは

$$\overset{\frown}{\mathrm{AD}} = \frac{1}{2}\angle\mathrm{DCB} = \frac{1}{2}\cos^{-1}\frac{\mathrm{BC}}{\mathrm{DC}} = \frac{1}{2}\cos^{-1}(1-2x)$$

なので、$\overset{\frown}{\mathrm{AD}}$ のモーメントは

$$\frac{d}{dt}\overset{\frown}{\mathrm{AD}} = \frac{d}{dx}\overset{\frown}{\mathrm{AD}}\frac{dx}{dt} = -\frac{1}{2}\frac{-2}{\sqrt{1-(1-2x)^2}} = \frac{1}{2\sqrt{x-x^2}}$$

である。

(5.27) は次のように導かれる。開平による級数展開 (p.153 参照) により、

$$\sqrt{1-x} = 1 - \frac{1}{2}x - \frac{1}{8}x^2 - \frac{1}{16}x^3 - \frac{5}{128}x^4 - \frac{7}{256}x^5 - \cdots$$

となるので、$0 < x < 1$ のとき、

$$\sqrt{x-x^2} = x^{\frac{1}{2}}\left(1 - \frac{1}{2}x - \frac{1}{8}x^2 - \frac{1}{16}x^3 - \frac{5}{128}x^4 - \frac{7}{256}x^5 - \cdots\right)$$

となる。割り算を実行し、

$$\begin{aligned}&\frac{1 - \frac{1}{2}x - \frac{1}{8}x^2 - \frac{1}{16}x^3 - \frac{5}{128}x^4 - \frac{7}{256}x^5 - \cdots}{2(x-x^2)}\\ =&\frac{1}{2x} + \frac{1}{4} + \frac{3}{16}x + \frac{5}{32}x^2 + \frac{35}{256}x^3 + \frac{63}{512}x^3 + \cdots\end{aligned}$$

$x^{\frac{1}{2}}$ を掛けると得られる。

「同様に」以下は次のように確かめられる。$\mathrm{AC} = 1, \mathrm{AB} = x, \angle\mathrm{LCD} = \theta$ とすると、$\overparen{\mathrm{DL}} = \theta\mathrm{LC} = \theta$ である。一方、$\sin\theta = \frac{\mathrm{BC}}{\mathrm{DC}} = x$ より $\theta = \sin^{-1} x$ だから、$\overparen{\mathrm{DL}} = \sin^{-1} x$ であるので、(5.29) は $\sin^{-1} x$ のマクローリン展開である。したがって、(5.28) は $\sin^{-1}\sqrt{x}$ のマクローリン展開である。

5.6.2　無限級数で表される関数の逆関数の級数展開

z が x の無限級数で表されるとき、x を z の無限級数で表すことを扱っている。

> しかしながら、もし逆に任意の与えられた曲線の面積、あるいは長さなどから、基線 AB の長さを求めたいと

き、根 x は前の諸規則から見出される方程式から抽出される。

そこで、双曲線 $\left(\dfrac{1}{1+x}=y\right)$ の面積 ABDC が与えられたとき、基線 AB を求めたい。面積を z とし、方程式

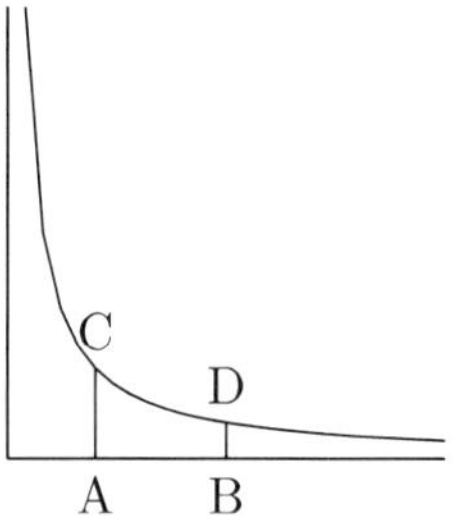

$$z=x-\frac{1}{2}x^2+\frac{1}{3}x^3-\frac{1}{4}x^4\&\mathrm{c}$$

の根を求める。ここで z が商として望まれるより大きな次元の項 [絶対値の小さな項] は無視する。そこで、

$$-\frac{1}{6}x^6+\frac{1}{7}x^7-\frac{1}{8}x^8\&\mathrm{c}$$

を無視し

$$\frac{1}{5}x^5-\frac{1}{4}x^4+\frac{1}{3}x^3-\frac{1}{2}x^2+x-z=0$$

の根を求める。

$$
\begin{array}{r|l}
 & (z+\frac{1}{2}z^2+\frac{1}{6}z^3+\frac{1}{24}z^4+\frac{1}{120}z^5 \\
\hline
z+p=x.)\quad +\frac{1}{5}x^5 & +\frac{1}{5}z^5\ \&c. \\
-\frac{1}{4}x^4 & -\frac{1}{4}z^4-z^3p\ \&c. \\
+\frac{1}{3}x^3 & +\frac{1}{3}z^3+z^2p+zpp\ \&c. \\
-\frac{1}{2}x^2 & -\frac{1}{2}z^2-zp-\frac{1}{2}pp. \\
+x & +z\quad +p. \\
-z & -z \\
\hline
\frac{1}{2}z^2+q=p.)\quad +zp^2 & +\frac{1}{4}z^5\ \&c. \\
-\frac{1}{2}p^2 & -\frac{1}{8}z^4-\frac{1}{2}z^2q\ \&c. \\
-z^3p & -\frac{1}{2}z^5\ \&c. \\
+z^2p & +\frac{1}{2}z^4\quad +z^2q. \\
-zp & -\frac{1}{2}z^3\quad -zq \\
+p & +\frac{1}{2}z^2\quad +q \\
+\frac{1}{5}z^5 & +\frac{1}{5}z^5 \\
-\frac{1}{4}z^4 & -\frac{1}{4}z^4 \\
+\frac{1}{3}z^3 & +\frac{1}{3}z^3 \\
-\frac{1}{2}z^2 & -\frac{1}{2}z^2 \\
\hline
\multicolumn{2}{c}{1-z+\frac{1}{2}z^2)\ \frac{1}{6}z^3-\frac{1}{8}z^4+\frac{1}{20}z^5\ (\frac{1}{6}z^3+\frac{1}{24}z^4+\frac{1}{120}z^5}
\end{array}
$$

MP II, pp.234-235

$y=\dfrac{1}{1+x}$ の級数展開は、(5.5) において $a=1, b=1$ とおいた

$$y=1-x+x^2-x^3+\cdots$$

であり、z の級数展開は (5.6) において $a=1, b=1$ とおいた

$$z=x-\frac{1}{2}x^2+\frac{1}{3}x^3-\frac{1}{4}x^4+\cdots$$

である。z を $O(x^5)$ 程度の誤差で求めるときには、x^5 より小さい項は無視し

$$\frac{1}{5}x^5 - \frac{1}{4}x^4 + \frac{1}{3}x^3 - \frac{1}{2}x^2 + x - z = 0 \tag{5.30}$$

の根を求める。(5.30) を z, x の複合方程式と考え x を z の級数で表す。今日では逆関数の級数展開である。

ニュートンは表により級数展開を与えているだけであるが、5.4.2 節 (p.162) の方法により、説明する。x と z が分離している最小次元の項は $x - z = 0$ である。その商は $x = z$ である。$x = z + p$ とおき (5.30) に代入する。$p = O(z^2)$ と考え $O(z^6)$ 以上の項 $z^4p, z^2p^2, p^3, \ldots$ は無視すると

$$\frac{1}{5}z^5 - \frac{1}{4}z^4 + \frac{1}{3}z^3 - \frac{1}{2}z^2 + (-z^3 + z^2 - z + 1)p$$
$$+ \left(z - \frac{1}{2}\right)p^2 = 0 \tag{5.31}$$

が得られる。分離している最小次元の項をとると

$$-\frac{1}{2}z^2 + p = 0$$

となる。$p = \frac{1}{2}z^2 + q$ を (5.31) に代入する。$q = O(z^3)$ と考え $O(z^6)$ 以上の項 $z^3q, q^2, \ldots$ は無視すると

$$-\frac{1}{6}z^3 + \frac{1}{8}z^4 - \frac{1}{20}z^5 + (1 - z + \frac{1}{2}z^2)q = 0$$

ここで計算を打ち切るため、割り算

$$q = \frac{\frac{1}{6}z^3 - \frac{1}{8}z^4 + \frac{1}{20}z^5}{1 - z + \frac{1}{2}z^2} = \frac{1}{6}z^3 + \frac{1}{24}z^4 + \frac{1}{120}z^5$$

を実行し

$$x = z + \frac{1}{2}z^2 + \frac{1}{6}z^3 + \frac{1}{24}z^4 + \frac{1}{120}z^5 \tag{5.32}$$

を得る。(5.32) は $z = \log(1+x)$ の逆関数 $x = e^z - 1$ の z^5 までのマクローリン展開である。

5.6.3　サイクロイドの面積

ページの余白に「機械的曲線への前述の応用」と見出しをつけて、サイクロイドと円積線の面積を求めている。ニュートンが機械的曲線と呼んでいるものは幾何的曲線に対するもので、いかなる多項式 $f(x,y)$ によっても $f(x,y)=0$ と表せない曲線である。

サイクロイドとは円が直線の上を滑ることなく転がるとき、円周上の 1 点 P の通る軌跡である。図 5.3 では、円 C が直線 GH を下から上に時計回りに転がるときの点 P の軌跡で、曲線 ADFG がサイクロイドの半周期である。P は最初 A の位置にあり、半回転して P は G の位置に移動する。図の破線の円は原書にはないが説明のために付けたもので、点 P が点 D にあるときの円を破線で表している。サイクロイドの性質から $\mathrm{KD} = \overset{\frown}{\mathrm{AK}}$ である。

> 頂点 A、軸 AH のサイクロイド ADFG は車輪 AKH により生成される。面積を求める領域を ABD とせよ。$\mathrm{AB} = x, \mathrm{BD} = y, \mathrm{AH} = 1$ とおく。最初に BD の長さを求める。サイクロイドの性質より KD は弧長 AK に正確に等しい。それゆえ、線分 $\mathrm{BD} = \mathrm{BK} + \overset{\frown}{\mathrm{AK}}$ であ

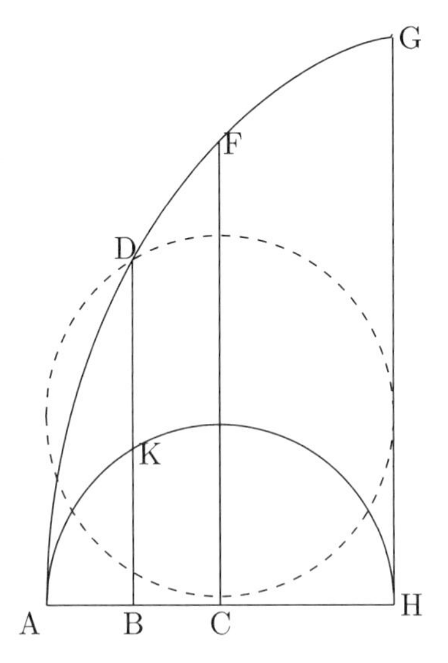

図 5.3　サイクロイド (MP II, p.238)

る。しかしながら、

$$\mathrm{BK}(=\sqrt{x-x^2})=x^{\frac{1}{2}}-\frac{1}{2}x^{\frac{3}{2}}-\frac{1}{8}x^{\frac{5}{2}}-\frac{1}{16}x^{\frac{7}{2}}\,\&\mathrm{c}$$

で、(前に述べたこと [弧長を表す式 (5.28)] から)

$$\widehat{\mathrm{AK}}=x^{\frac{1}{2}}+\frac{1}{6}x^{\frac{3}{2}}+\frac{3}{40}x^{\frac{5}{2}}+\frac{5}{112}x^{\frac{7}{2}}\,\&\mathrm{c}$$

となる。[$\mathrm{BD}=\mathrm{BK}+\widehat{\mathrm{AK}}$ より]

$$\mathrm{BD}=2x^{\frac{1}{2}}-\frac{1}{3}x^{\frac{3}{2}}-\frac{1}{20}x^{\frac{5}{2}}-\frac{1}{56}x^{\frac{7}{2}}\,\&\mathrm{c}$$

そして、(規則 II より)

$$\text{面積 ABD}=\frac{4}{3}x^{\frac{3}{2}}-\frac{2}{15}x^{\frac{5}{2}}-\frac{1}{70}x^{\frac{7}{2}}-\frac{1}{252}x^{\frac{9}{2}}\,\&\mathrm{c}$$

MP II, pp.238-239

$\mathrm{BD} = \mathrm{BK} + \widehat{\mathrm{AK}}$ より、サイクロイドの方程式は

$$y = \sqrt{x - x^2} + \sin^{-1}\sqrt{x} \quad (0 \leqq x \leqq 1) \tag{5.33}$$

である。ABD の面積は、$\sin^{-1}\sqrt{x} = \frac{1}{2}\cos^{-1}(1-2x)$ などに注意すると、

$$\begin{aligned}
&\int_0^x \left(\sqrt{t-t^2} + \frac{1}{2}\cos^{-1}(1-2t)\right) dt \\
=&\frac{1}{2}\left(\left(x - \frac{1}{2}\right)\sqrt{x-x^2} + \frac{1}{4}\sin^{-1}(2x-1) + \frac{\pi}{8}\right) \\
&- \frac{1}{4}\left((1-2x)\cos^{-1}(1-2x) - 2\sqrt{x-x^2}\right) \\
=&\left(\frac{x}{2} + \frac{1}{4}\right)\sqrt{x-x^2} + \left(x - \frac{1}{4}\right)\sin^{-1}\sqrt{x}
\end{aligned} \tag{5.34}$$

となる。ニュートンは (5.33) を級数展開し項別積分により (5.34) の級数展開を求めている。

5.6.4 円積線の面積

機械的曲線の求積の 2 例目は、「1666 年 10 月論文」で接線を考察した円積線 (p.119) である。

> 頂点 V と A を中心とする内接円 VK を持つ円積線 VDE の領域 ABDV[の面積] を求める。任意に AKD を引き、垂線 DB, DC, KG を下ろす。$\mathrm{KG} : \mathrm{AG} = \mathrm{AB}(x) : \mathrm{BD}(y)$ あるいは $\frac{x \times \mathrm{AG}}{\mathrm{KG}} = y$ となるであろう。

しかし、円積線の性質 [AE : BA $=\frac{\pi}{2}$AV : $\widehat{\mathrm{VK}}$ および AV $=\frac{2}{\pi}$AE] から BA($=$ DC) は弧長 VK に等しい、あるいは [弧長]VK $= x$ である。よって、AV $= 1$ とすると [$\angle$GAK $= x$(ラジアン) であり]、上で示したこと [ニュートンは $\log(1+x)$ の逆関数の級数展開 (p.190) に続いて $\sin^{-1} x$ の逆関数、すなわち $\sin x$ の級数展開を与えている] により

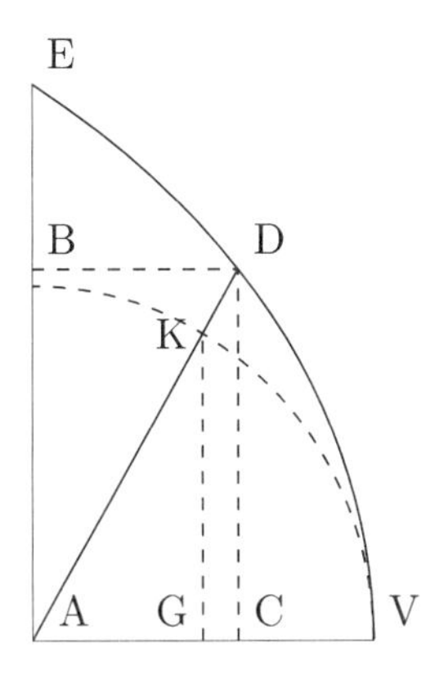

GK[$= \sin x$] $= x - \frac{1}{6}x^3 + \frac{1}{120}x^5$&c となるであろう。そして再び GA[$= \cos x$] $= 1 - \frac{1}{2}x^2 + \frac{1}{24}x^4 - \frac{1}{720}x^6$&c である。

$$y\left(= x \times \frac{\mathrm{AG}}{\mathrm{KG}}\right) = \frac{1 - \frac{1}{2}x^2 + \frac{1}{24}x^4 - \frac{1}{720}x^6}{1 - \frac{1}{6}x^2 + \frac{1}{120}x^4 - \frac{1}{5040}x^6} \tag{5.35}$$

より、割り算を実行し、$1 - \frac{1}{3}x^2 - \frac{1}{45}x^4 - \frac{2}{945}x^6$&c となり、規則 II により

$$\text{AVDB の面積} = x - \frac{1}{9}x^3 - \frac{1}{225}x^5 - \frac{2}{6615}x^7\text{\&c}$$

この様にして、円積線の弧長 VD をもっと困難な計算によってではあるが、決定することができる。

MP II, pp.240-241

円積線の方程式は、(4.9) 式 (p.120) において、x と y を入れ替え (本例では、縦軸が x で横軸が y である)、$r = \frac{\pi}{2}$ とお

いたものであるから

$$y = x\tan\left(\frac{\pi}{2} - x\right) = x\cot x = \frac{x\cos x}{\sin x} \tag{5.36}$$

である。(5.35) は (5.36) の分母と分子を 4 項まで級数展開 (マクローリン展開) したものである。

またニュートンは、円積線の弧長を「前の書簡」(1676) で

$$\overset{\frown}{\mathrm{VD}} = x + \frac{2}{27}x^3 + \frac{14}{2025}x^5 + \frac{604}{893025}x^7 + \&\mathrm{c}$$

と結果のみ示している。

なお、AK を任意に引くのであるから、今日の基準では冒頭の 2 文は次のようにすべきである。「円積線 VE は、V を頂点、A を中心とし半径 AV の円が内接するものとする。円積線 VE 上に任意に点 D をとり、線分 AD と内接円の交点を K とする。垂線 DB, DC, KG を下ろす。このとき、領域 ABDV の面積を求める。」

5.7　無限級数の方法について

ニュートンは『解析について』の終わりの方で、「私の結論：この方法は解析的と判断されるべきである」と余白に見出しをつけて無限級数の方法の意義を述べている。

> 有限個の項からなる方程式によって通常の解析で行われることであれば (それが可能なときには)、どんなことでも、この [無限級数の] 方法は無限 [個の項を持つ] 方程式によっていつでも行うことができる。結論として、私はそれにも解析という名前を与えることに躊躇(ちゅうちょ)

したことは一度もない。確かに、後者 [無限級数の方法] における推論はもう一方 [通常の解析] における推論に劣らず確かなものであるし、その方程式も正確さで劣らない。有限 [個の項を持つ] 方程式の無理数の根が数値的にもいかなる解析的技法によっても表示され得ないのと同じように、有限の知性しか持ち合わせていない我々人間は、それらの項をすべて明示するか、あるいは把握するかして、求める量を正確に確かめることなどできないのである：[中略] 最後に、その助けを借りて曲線の面積や長さなどが正確にそして幾何学的に決定されるので、解析の重要部分として考慮すべきである。

MP II, pp.240-243

ニュートンの結論を言い換えると以下のようになる。無限級数の方法 (たとえば、$y^3 + a^2y + axy - 2a^3 - x^3 = 0$ の文字解法) ですべての項を見ることはできないが、通常の解析 (たとえば、$y^3 - 2y - 5 = 0$ の数値解法) でもすべての桁を見ることはできない。通常の解析と無限級数の方法は同程度に正確であるばかりでなく、無限級数の方法はこれまで求めることができなかった曲線の面積などを正確に決定できるので、無限級数の方法を解析の重要部分として扱うべきである。

無限級数の方法を通常の解析と同様に扱うためには、今日の基準では無限級数の収束、項別積分の可能性を示す必要がある。べき級数 (非負整数冪) に対しては、オーギュスタン・ルイ・コーシー (1789-1857) が厳密に扱えるようにした。ニュートンが『解析について』および『方法について』で扱った無限級数は、べき級数ばかりでなく負数冪や有理数冪の級数を含んでいる。負数冪の無限級数は、漸近べき級数として厳密に扱うことができるが、アンリ・ポアンカレ (1854-1912) が漸近べき級数を定義し、それを微分方程式の研究に用いたのは 1886 年である。また、複合方程式の文字解法で得られる無限級数は、『方法について』で取り上げられた例

$$y^6 - 5xy^5 + \frac{x^3}{a}y^4 - 7a^2x^2y^2 + 6a^3x^3 + b^2x^4 = 0$$

が示すように、必ずしも整数冪ではない。一般に特異点では

$$\sum_{i=k}^{\infty} c_i x^{\pm \frac{i}{p}}$$

の形のピュイズー級数になる。このことは、1850 年にビクトル・ピュイズー (1820-1883) によりコーシーの積分定理などを用いて証明された。

無限級数の方法が厳密に扱われるようになったのは、19 世紀後半になってからである。また、『方法について』で与えた図式は、今日拡張されてニュートン多角形あるいはニュートン多面体などと呼ばれ、様々な分野で特異点の研究に用いられている。

第 6 章
代数学 (1)

本章では、ルーカス数学教授職の講義録「代数学講義」の概要を述べる。ついで、その中から、中学・高校の数学で扱える方程式の立て方や方程式の応用について取り上げる (一部に例外があるかもしれないが)。

6.1 「代数学講義」

「代数学講義」は冒頭

> 計算は通俗的な算術のように数を使って、または解析学者のやり方のように一般的な記号を使って、実行される。両者は、同一の基礎の上にあり、同じ目標を目指しているが、算術は限定的かつ特殊的なのに対し、代数は非限定的で普遍的であり、このスタイルでなされた計算による決定は定理と呼ばれる。
>
> MP V, pp.54-57

で始まる。重要な問題は記号を用いて公式 (定理) を導き出し、例題では、具体的な数をその公式に代入して答えを与えている。具体的な数値が与えられた問題は、公式を使わなくても個別の工夫で解けることがよくあるが、すべて、導いた公式に当てはめている。そうすることにより、公式の使い方と有用性が読者に理解されると考えたのであろう。ニュートン算 (p.206) も公式を導き、例題は公式に当てはめて解いている。

「代数学講義」は、ニュートンの後任のルーカス教授職ウイリアム・ウィストン (1667-1752) により 1707 年に『普遍算術：算術的な合成と分解に関する書、ハリーによる方程式の根を算術的に見出す方法が加わる』(以下『普遍算術』と略す) として出版された。ニュートンは出版を固辞したのであるが、出版されることになった。出版に許可は与えたが、著者名をタイトルに載せることを拒んだ。図 6.1 は『普遍算術』(1707) の扉である。扉に記された人名はエドモンド・ハリー (1656-1742) だけで、ニュートンの名前はない。ちなみに、ハリーは彼の名前のついた彗星の回帰を予測した天文学者として有名であるが、ニュートンに『プリンキピア』執筆をうながし、出版に尽力した数学者・物理学者でもある。

『普遍算術』は、1720 年にラテン語からのジョセフ・ラフソン (?-1715 より前) による英訳が出版され、1722 年にはニュートン自身の校正でラテン語第 2 版が出版された。英訳は何回も版を重ね、18 世紀に最も読まれたニュートンの著作となった。代数学の入門書として当時の要望にかなったものだったからであろう。ニュートン没後の 1728 年には、表紙に「アイザック・ニュートン卿によりラテン語で書かれる」と記載され

Arithmetica Univerſalis;

SIVE

DE COMPOSITIONE

ET

RESOLUTIONE

ARITHMETICA

LIBER.

Cui acceſſit

HALLEIANA

Æquationum Radices Arithmetice inveniendi methodus.

In Uſum Juventutis Academicæ.

CANTABRIGIÆ

TYPIS ACADEMICIS.

LONDINI, Impenſis *Benj. Tooke* Bibliopolæ juxta Medii Templi Portam in vico vulgo vocato *Fleetſtreet*. A.D. MDCCVII.

図 6.1 『普遍算術』(1707) 初版本
http://edb.math.kyoto-u.ac.jp/yosho/1021-0005
京都大学数学教室貴重書ライブラリ

た英訳第 2 版が出版された。

6.2　任意の問題はいかに方程式に帰着されるか

「代数学講義」の「任意の問題はいかに方程式に帰着されるか」と題された章では、問題から方程式をどのように立てるかが説明されている。多くの題材は、未出版の論考「キンクハイセンの『代数学』についての考察」(1669~70) から取られている。2 つの例題で、言語で表現された問題をどのように未知数を使って表すかが述べられた後、17 題の問題がていねいに解説されている。

例 6.1　3 つの数が連比例していて、和が 20、2 乗の和が 140 の数を求めよ。

x, y, z が求める 3 数とする。問題は言葉から代数表現に以下のように書き直される。

言葉で宣言された問題	同じものの代数的表現
以下の条件を満たす 3 つの数を求める	$x?$ $y?$ $z?$
3 つの数が連比例する	$x : y = y : z$ すなわち $xz = y^2$
すべての和は 20 である	$x + y + z = 20$
すべての 2 乗の和は 140 である	$x^2 + y^2 + z^2 = 140$

そして、問題は [連立] 方程式

$$\begin{cases} xz = y^2 \\ x + y + z = 20 \\ x^2 + y^2 + z^2 = 140 \end{cases}$$

で表され、x が第 1 の数、y が第 2 の数、$\frac{y^2}{x}$ が連比例する第 3 の数である。

言葉で宣言された問題	同じものの代数的表現
連比例する 3 つの数を求める	x? y? $\frac{y^2}{x}$?
すべての和は 20 である	$x + y + \frac{y^2}{x} = 20$
すべての 2 乗の和は 140 である	$x^2 + y^2 + \frac{y^4}{x^2} = 140$

したがって、連立方程式

$$\begin{cases} x + y + \frac{y^2}{x} = 20 \\ x^2 + y^2 + \frac{y^4}{x^2} = 140 \end{cases}$$

が得られ、x, y が決定される [例 7.4 で扱う]。

MP V, pp.130-133

例 6.2　ある商人は毎年彼の資産を、彼の家族が年間に消費する 100 ポンド減じた額の $\frac{1}{3}$ ずつ増加させている。3 年後には資産は 2 倍になる。彼の資産はいくらか。

言葉的	代数的
商人が資産を持つ	x
最初の年に100ポンド消費する	$x-100$
残りの $\frac{1}{3}$ 増加する	$x-100+\frac{1}{3}(x-100)$ あるいは $\frac{1}{3}(4x-400)$
2年目に100ポンド消費する	$\frac{1}{3}(4x-400)-100$ あるいは $\frac{1}{3}(4x-700)$
残りの $\frac{1}{3}$ 増加する	$\frac{1}{3}(4x-700)+\frac{1}{9}(4x-700)$ あるいは $\frac{1}{9}(16x-2800)$
同様に3年目に100ポンド消費する	$\frac{1}{9}(16x-2800)-100$ あるいは $\frac{1}{9}(16x-3700)$
同様に残りの $\frac{1}{3}$ の利益がある	$\frac{1}{9}(16x-3700)+\frac{1}{27}(16x-3700)$ あるいは $\frac{1}{27}(64x-14800)$
最初の年の2倍の資産になる	$\frac{1}{27}(64x-14800)=2x$

問題は方程式 $\frac{1}{27}(64x-14800)=2x$ に帰着される。すなわち、27を掛けて $64x-14800=54x$、$54x$ を減じて $10x=14800$、それゆえ、初期資産は1480ポンドである。

MP V, pp.132-133

つづいて問題が17題解説付きで与えられている。多くの場合、「代数学講義」の冒頭 (p.197) で書いているように、一般的な記号を使った問題と、数値を使った例題からなる。問題の解答は公式を導き、例題の解答は導いた公式に数値を代入して求めるようになっている。

17題の問題の中から、問題1, 問題4, 問題5, 問題10および問題11を取り上げる。

問題 1 は和差算の差が二乗の差になっている。

問題 1 2 数の和 a と 2 乗の差 b が与えられている。2 数を求めよ。

小さい方の数を x とすると、他の数は $a-x$ である。それぞれの 2 乗は x^2 と $a^2-2ax+x^2$ である。それらの差は $[(a-x)^2-x^2=]a^2-2ax$ なので、$a^2-2ax=b$ である。したがって、

$$a^2-b=2ax,\ \text{あるいは}\ \frac{a^2-b}{2a}=\left(\frac{1}{2}a-\frac{b}{2a}\right)=x$$

である。

たとえば、2 数の和 (すなわち、a) が 8 で、2 乗の差 (すなわち、b) が 16 なら、$\frac{1}{2}a-\frac{b}{2a}=4-1=3=x$ で $a-x=5$ である。よって、2 数は 3 と 5 である。

MP V, pp.134-135

問題 4 は過不足算である。

問題 4　ある男が乞食のグループにお金を分け与えようとしている。彼らのそれぞれに 3 ペンスを与えるためには、8 ペンス不足している。それで、2 ペンスを与えたところ 3 ペンスが残されたという。乞食の数は何人か。[ペンスは当時の英国の通貨の単位を表す。]

乞食の人数を x とする。3 ペンスを与えるためには、8 ペンス不足しているので彼は $(3x-8)$ ペンス所持している。2 ペンスずつ与えると彼の所持金は $(x-8)$ ペン

スで、それが3ペンスに等しいのだから $x-8=3$、あるいは $x=11$ 人である。

MP V, pp.136-137

問題5は旅人算 (出会い算) である。

問題5 59マイル離れた二人の書類運搬人AとBが、出会うことにする。Aは2時間7マイルの速さ、Bは3時間8マイルの速さで移動し、BはAより1時間遅く出発するすることにする。AがBに出会うまでに移動した距離はいくらか。

求める距離を x マイルとすると、$59-x$ マイルがBの移動する距離である。Aは2時間7マイルの速さなので、x マイルの所要時間は $\frac{2}{7}x$ 時間である。同様に、Bは3時間8マイルの速さなので $(59-x)$ マイルの所要時間は $\frac{1}{8}(177-3x)$ 時間である。今、これらの差は1時間なので $1+\frac{1}{8}(177-3x)=\frac{2}{7}x$ が成り立ち、$x=35$ である。というのは、8を掛けると、$185-3x=\frac{16}{7}x$ で、7を掛けると、$1295-21x=16x$、あるいは $37x=1295$ より $x=35$ となる。したがって、AはBに出会う前に35マイル移動した。

MP V, pp.136-137

問題10は理科の問題である。

問題10 混合物と混合されたもの [原料] の比重が与えられたとき、混合されたものの [体積] 比を求めよ。

[原料を A,B, それぞれの体積を A, B とし] e を混合物 A + B の比重、a を原料 A の比重、b を原料 B の比重とせよ。絶対的な重さは体積と比重の積だから、A の重さは aA, B の重さは bB で、A + B の重さは $e(A+B)$ だから、$aA+bB=e(A+B)$ となる。それで、$(a-e)A=(e-b)B$, あるいは

$$(e-b):(a-e)=A:B$$

例題 金の比重は 19, 銀のそれは $10\frac{1}{3}$, そしてヒエロン王の王冠の比重は 17 である。そのとき、

王冠の金の体積 : 銀の体積 $(=A:B=e{-}b:a{-}e)=10:3$

あるいは、

王冠の金の重さ : その銀の重さ
$(=a(e-b):b(a-e)=19\times 10:10\frac{1}{3}\times 3)=190:31$

そして、

王冠の重さ : 王冠の銀の重さ $=221:31$

である。

MP V, pp.144-147

問題 10 で導いた $e-b:a-e$ に当てはめる例題として、アルキメデスの逸話として名高いヒエロン王の王冠の問題が用いられている。最後に記されている 221 : 31 は、王冠全体の 14%(31/221 = 0.14) が銀ということを表している。

つぎの問題 11 は、中学受験を経験した人にはお馴染みのニュートン算のオリジナルである。

問題 11　もし a 頭の牛は広さ b の牧草地を時間 c で食べ尽くし、そして d 頭の牛は広さ e の同様の牧草地を時間 f で食べ尽くす。さらに牧草は一様に成長するとき、広さ g の同様の牧草地を時間 h で食べ尽くすには何頭の牛が必要か。

[$0 < c < f, c < h$ を暗黙の条件としている。]
牧草は時間 c の後で成長しないと仮定すると、a 頭の牛は広さ b の牧草地を時間 c で食べ尽くすので、比例により、広さ e の牧草地を $\frac{e}{b}a$ 頭の牛は同じ時間 c で食べ尽くし、$\frac{ec}{bf}a$ 頭の牛は時間 f で食べ尽くし、$\frac{ec}{bh}a$ 頭の牛は時間 h で食べ尽くす。しかし、牧草の成長により、d 頭の牛は時間 f で広さ e の牧草を食べ尽くすだけで、時間 $f-c$ の間に広さ e の牧草地の牧草は、$d - \frac{eca}{bf}$ 頭の牛が時間 f の間に食べ尽くせる分だけ成長する。すなわち、時間 h の間に $\frac{df}{h} - \frac{eca}{bf}$ 頭の牛が食べ尽くす分に相当する。さらに比例の関係で、時間 $h-c$ の間に牛

$$\left(\frac{df}{h} - \frac{eca}{bh}\right)\frac{h-c}{f-c} \quad \text{すなわち}$$
$$\frac{bdfh - ecah - bdcf + aec^2}{bfh - bch}$$

頭が十分に食べ尽くすだけ成長する。この増加分に [成長しない場合に食べ尽くす] $\frac{aec}{bh}$ 頭を加えた

$$\frac{bdfh - ecah - bdcf + ecfa}{bfh - bch}$$

頭は広さ e の牧草地を時間 h で食べ尽くす。比例によ

り広さ g の牧草地を時間 h で食べ尽くすには

$$\left[\frac{g}{e}\frac{bdfh - ecah - bdcf + ecfa}{bfh - bch} =\right]$$
$$\frac{bdfgh - ecagh - bgcgf + ecfga}{befh - bceh}$$

頭の牛が必要である。

もし 12 頭の牛は $3\frac{1}{3}$ エーカーの牧草地を 4 週間で食べ尽くし、そして 21 頭の牛は 10 エーカーのちょうど同様の牧草地を 9 週間で食べ尽くす。36 エーカーの牧草地を 18 週間で食べ尽くすには何頭の牛が必要か。
答え、36 頭。

$$\frac{bdfgh - ecagh - bgcgf + ecfga}{befh - bceh}$$

の a, b, c, d, e, f, g, h に順に数値 $12, 3\frac{1}{3}, 4, 21, 10, 9, 36, 18$ を代入する。以下略。

MP V, pp.146-147

具体的な数値が与えられている例題でも、牧草地が 3 つあり標準的な中学入試のレベルを超えていると思われる。問題 11 は一般化されており、難問である。表とグラフを使って補ってみる。

牛 1 頭が時間 1 で食べる牧草の量を 1 とする。
まず牧草が時間 c の後で成長しないときを考える。牧草地の広さまたは食べ尽くす時間の一方を固定し、他方のみ変化させたときの牛の頭数は次表のようになる。頭数は広さを固定すると時間に反比例し、時間を固定すると広さに比例する。

牛の頭数	牧草地の広さ	食べ尽くす時間
a	b	c
$\dfrac{ae}{b}$	e	c
$\dfrac{ace}{bf}$	e	f
$\dfrac{ace}{bh}$	e	h

つぎに牧草が時間 c の後も成長するとき、広さ e の牧草地の牧草の量を縦軸に取り、横軸に時間を取ったグラフは図 6.2 のようになる。グラフの PQ は時間 $f-c$ で伸びる牧草の量である。

$$\mathrm{PQ}=\mathrm{PR}-\mathrm{QR}=df-\frac{ace}{b}$$

この量は

$$\left(df-\frac{ace}{b}\right)\frac{1}{f}=d-\frac{ace}{bf}$$

頭の牛が時間 f で食べ尽くす量、したがって、時間 h で

$$\frac{df}{h}-\frac{ace}{bh}$$

頭の牛が食べ尽くす量である。

$$\frac{\mathrm{PQ}}{\mathrm{ST}}=\frac{f-c}{h-c}$$

より ST は時間 h で

$$\left(\frac{df}{h}-\frac{ace}{bf}\right)\frac{h-c}{f-c}=\frac{bdfh-aceh-bcdf+ac^2e}{bfh-bch}$$

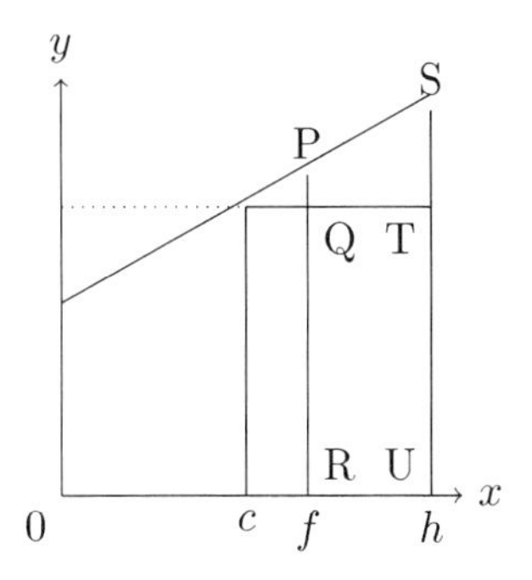

図 6.2　牧草が時間 c の後も成長するときの広さ e の牧草地の牧草の量

頭の牛が食べ尽くす量である。SU を時間 h で食べ尽くすには

$$\frac{bdfh - aceh - bcdf + ac^2e}{bfh - bch} + \frac{ace}{bh}$$
$$= \frac{bdfgh - ecagh - bgcgf + ecfga}{befh - bceh}$$

頭の牛が必要である。

6.3　幾何学の問題をいかに方程式に帰着させるか

「代数学講義」では「幾何学の問題をいかに方程式に帰着させるか」と題されている章に最もページ数が割かれている。「キンクハイセンの『代数学』についての考察」では、幾何学の問題が 8 題与えられているが、「代数学講義」では 61 題である。高校生レベルの問題から、円錐曲線、力学などの高度な問題まで含まれている。本節では比較的容易に理解できると

思われる問題を2題取り上げる。2題とも「キンクハイセンの『代数学』についての考察」からの流用である。

問題3　直角三角形 ABC の周囲と面積が与えられたとき、その斜辺 BC を求めること。

周囲の長さを a、面積を b^2、BC $= x$、そして AC $= y$ とする。AB $= \sqrt{x^2 - y^2}$ である。これより、周囲 BC + CA + AB は $x + y + \sqrt{x^2 - y^2}$ である。そして、面積 $\frac{1}{2}$AC × AB は $\frac{1}{2}y\sqrt{x^2 - y^2}$ で、$x + y + \sqrt{x^2 - y^2} = a$ かつ $\frac{1}{2}y\sqrt{x^2 - y^2} = b^2$ である。後者の方程式は $\sqrt{x^2 - y^2} = \dfrac{2b^2}{y}$ となるので、$\sqrt{x^2 - y^2}$ の代わりに $\dfrac{2b^2}{y}$ とおくと、前者の方程式から根号がなくなり、$x + y + \dfrac{2b^2}{y} = a$ となり、y を掛けて整理すると、$y^2 = ay - xy - 2b^2$ となる。さらに、最初の方程式の両辺から $x + y$ を引き去ると、$\sqrt{x^2 - y^2} = a - x - y$ が残るので、両辺を平方すると

$$x^2 - y^2 = a^2 - 2ax - 2ay + x^2 + 2xy + y^2$$

となる。整理して2で割ると、

$$y^2 = ay - xy + ax - \tfrac{1}{2}a^2$$

となる。[左辺に $y^2 = ay - xy - 2b^2$ を代入すると]

$$ay - xy - 2b^2 = ay - xy + ax - \tfrac{1}{2}a^2$$

これを整理すると $x = \frac{1}{2}a - 2\dfrac{b^2}{a}$ が得られる。

MP V, pp.186-189

無理方程式を代数方程式に帰着させる方法を説明している。

問題 14　長さが与えられた直線 DC が、与えられた位置の点 G を通り、与えられた円錐曲線 DAC に内接させること。

AF を曲線の軸にとり、点 D, G, C から軸に下ろした垂線を DH, GE, CB とせよ。今直線 DC の位置を決定するため、D あるいは C を見出す。しかし、これらは密接な関係にあるので、CG, CB, または AB あるいはそれらによって DG, DH, あるいは AH が決まるので、D と C と同様の関係にある第 3 の点を探す。そして、このような点として [軸と直線 DC の交点]F を考える。

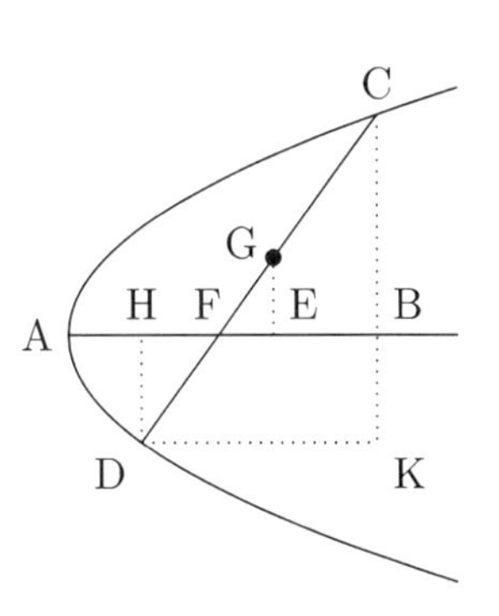

いま、AE $= a$, EG $= b$, DC $= c$, EF $= z$ とせよ。さらに、AB と BC の関係が方程式として得られたら円錐断面を決定できる。AB $= x$, BC $= y$ とせよ。そうすれば、FB $= x - a + z$ となるであろう。ふたたび、GE : EF = CB : FB だから FB $= \frac{yz}{b}$、それゆえ、

$$x - a + z = \frac{yz}{b}$$

このようにして準備した後、曲線を表す方程式を用

いて x を消去せよ。たとえば、曲線が方程式 $rx = y^2$ で表される放物線とすると、x の代わりに $\frac{y^2}{r}$ を書け、すると $\frac{y^2}{r} - a + z = \frac{yz}{b}$ が生じ、根を開くと $y = \frac{rz}{2b} \pm \sqrt{\frac{r^2z^2}{4b^2} + ar - rz}$ である。したがって、$\sqrt{\frac{r^2z^2}{b^2} + 4(ar - rz)}$ は y の 2 つの値すなわち、二直線 +BC と −DH(の長さ)、の差である。それゆえ、CK の値である。しかしながら、FG : GE = DC : CK、すなわち、$\sqrt{b^2 + z^2} : b = c : \sqrt{\frac{r^2z^2}{b^2} + 4(ar - rz)}$ 外項の積と内項の積をそれぞれ平方すると

$$z^4 = \frac{4b^2rz^3 - (4ab^2r + b^2r^2)z^2 + 4b^2rz - 4ab^4r + b^4c^2}{r^2}$$

ただの 4 次の方程式である。求める CG,CB と AB については 8 次方程式になる。

MP V, pp.206-209

この問題では、未知数の取り方の重要性について教えていると考えられる。EF $= z$ を未知数に取ると 4 次方程式が得られるが、BC $= y$ を未知数に取ると、$\frac{y^2}{r} - a + z = \frac{yz}{b}$ より 8 次方程式となる。ニュートンにとって、4 次方程式が 8 次方程式より好都合なのは、代数的に解けるからではなく、ニュートン法 (複合方程式の数値解法) などで数値的に根を求めるとき計算が大幅に簡単になるからであると思われる。

第 7 章

代数学 (2) — 方程式論

本章では、「代数学講義」から代数方程式の一般的理論、すなわち、

1. 整数係数多項式の因数発見法
2. 連立代数方程式から未知数を消去して 1 変数の代数方程式に帰着させる方法
3. 方程式の根の同次冪(べき)の和の公式
4. 実数係数の代数方程式が正根、負根、虚根をそれぞれ何個ずつ持つか

を取り上げる。これらのうち 2,3,4 は、旧制大学初年級の代表的な代数学の教科書であり今日でも新版が販売されている、高木貞治『代数学講義』あるいは藤原松三郎『代数学』で扱われている。2 は終結式、3 はニュートンの公式、4 はニュートンの符号法則である。

2 は、「キンクハイセンの『代数学』についての考察」(1669-70) を発展させたものもので、3 と 4 は、雑記帳 (MS-ADD-04004)

に書かれた 1665 年 ∼66 年の研究を発展させたものである。

7.1　多項式の因数発見法

最高次の係数が 1 (モニックという) の整数係数代数方程式の整数根の発見方法として、定数項の因数を順に代入してみるという方法はよく知られている。たとえば、

$$x^3 - x^2 - 10x + 6 = 0$$

の整数根は、定数項 6 の約数 $\pm 1, \pm 2, \pm 3, \pm 6$ を代入し値が 0 になるか否かを調べる。$x = -3$ を代入すると 0 になるので、因数定理により $x + 3$ で割切れることが分かり、除算により

$$x^3 - x^2 - 10x + 6 = (x+3)(x^2 - 4x + 2)$$

と因数分解し、根 $x = -3, 2 \pm \sqrt{2}$ を得る。

ニュートンは「代数学講義」において、整数係数多項式の 1 次および 2 次の因数を発見する有力な方法を与えている。まず、最初の例を見てみる。

> たとえば、方程式が $x^3-x^2-10x+6=0$ のとき、x に数列 $1, 0, -1$ の項を代入すると、それぞれ数 $-4, +6, +14$ が続く。それらすべての [正の] 約数を数列 $1, 0, -1$ の項の行にこのように配置する。
>
> | | | | |
> |---|---|---|---|
> | 1 | −4 | 1, 2, 4 | 4 |
> | 0 | 6 | 1, 2, 3, 6 | 3 |
> | −1 | 14 | 1, 2, 7, 14 | 2 |
>
> つぎに、最高次の項 x^3 の [係数の正の] 約数は 1 だけな

ので、差が 1 の算術数列 [等差数列] を因数から見つけ、その数列を端の数列 $1, 0, -1$ と同じように、上から下に減少するように配置する。このようにして 1 つの数列、すなわち $4, 3, 2$ を見つける。したがって、最初の数列 $1, 0, -1$ の項 0 の行にある $+3$ を選び、$x+3$ で割ると成功し [割り切れ] x^2-4x+2 を生じる。よって、方程式 $x^3-x^2-10x+6=0$ の 3 つの根の 1 つは負数 -3 で他の 2 つは後者の方程式 $x^2-4x+2=0$ の根、すなわち $2+\sqrt{2}, 2-\sqrt{2}$ である。

MP V, pp.370-371

整数の範囲で因数分解できるとすると、モニックなので、

$$f(x) = x^3 - x^2 - 10x + 6 = (x+a)(x^2+bx+c)$$

となる整数 a, b, c が存在する。

$$\begin{aligned} -4 &= f(1) = (1+a)(1+b+c) \\ 6 &= f(0) = ac \\ 14 &= f(-1) = (-1+a)(1-b+c) \end{aligned}$$

$1+a, a, -1+a$ はそれぞれ $f(1), f(0), f(-1)$ の因数で差 $1[=(1+a)-a=a-(-1+a)$, 公差は $-1]$ の等差数列であるので、表の第 4 列に現れる。$1+a, a, -1+a$ として $+4, +3, +2$ を取ると、$a=3$ となり、因数は $x+3$ である。

ニュートンの方法は、1 次式の因数を求める場合と、整数の範囲で因数分解できない 2 次式 (現代的には、$\mathbb{Z}[x]$ 上既約な 2 次式) の因数を求める場合で異なる。以下では、1 次式の因数を求める例題と既約 2 次式の因数を求める例題を 1 題ずつ取り上げる。

例 7.1　方程式 $f(y)=6y^4-y^3-21y^2+3y+20=0$ を考える。y に $2,1,0,-1,-2$ を代入し、結果の数 $30,7,20,3,34$ のすべての正の約数を取る。第 4 列には最高次の係数 6 の正の約数である $1,2,3,6$ を差とする等差数列を取り出す。

2	30	$1,2,3,5,6,10,15,30$	$+10$
1	7	$1,7$	$+7$
0	20	$1,2,4,5,10,20$	$+4$
-1	3	$1,3$	$+1$
-2	34	$1,2,17,34$	-2

約数の唯一の減少する等差数列 $10,7,4,1,-2$ に着目すると差 3 は最高次の係数 6 の正の約数である。$3y+4$ で $f(y)$ は割り切れて $f(y)=(3y+4)(2y^3-3y^2-3y+5)$ となり、3 次方程式 $2y^3-3y^2-3y+5=0$ に帰着される。[「代数学講義」では $f(-1)=3$ を $f(-1)=1$ と計算間違えをしているが、$y=1,0,-1$ だけから等差数列を求めたため正しい因数を得ている。ニュートン自身の校訂の入った『普遍算術』ラテン語第 2 版 (1722) では、上記の表に訂正されている。]

MP V, pp.372-375

例 7.1 は以下のように説明できる。$f(y)$ が整数係数の多項式として

$$f(y)=6y^4-y^3-21y^2+3y+20=(ay+b)(cy^3+dy^2+ey+g)$$

と因数分解できるとする。a は $f(y)$ の最高次の係数 6 の約数であり、$2a+b,a+b,b,-a+b,-2a+b$ はそれぞれ $f(2),f(1),f(0),f(-1),f(-2)$ の因数で差 a の等差数列である。これが $10,7,4,1,1$ であるので、$a=3,b=4$ となる。

つぎの例は、既約 2 次式を求める方法である。

例 7.2　方程式 $f(x) = 3x^5 - 6x^4 + x^3 - 8x^2 - 14x + 14 = 0$ に対しては、まず、何らかの方法 (たとえば、例 7.1 と同様の方法) で、1 次式を持たないことを確認する。A として $f(x)$ の最高次の係数の正の約数をとり、以下の操作を行う。1,2,3 列目まではこれまでと同じ。4 列目は 1 列目の平方の A 倍、5 列目は 4 列目と 3 列目の和および差、6 列目は 5 列目から抜き出して作った等差数列とする。たとえば、$A = 3$ を取ったときは次表のようになる。

2	-38	$1, 2, 19, 38$	12	$-26, -7, 10, 11, 13, 14, \ldots$	$-7, 11$
1	-10	$1, 2, 5, 10$	3	$-7, -2, 1, 2, 4, 5, 8, 13$	$-7, 5$
0	14	$1, 2, 7, 14$	0	$-14, -7, -2, -1, 1, 2, 7, 14$	$-7, -1$
-1	10	$1, 2, 5, 10$	3	$-7, -2, 1, 2, 4, 5, 8, 13$	$-7, -7$

$Ax^2 + Bx + C$ を因数とすると、$-Bl - C$ は第 5 列に現れる。したがって、第 6 列に現れる数列

$$-2B - C, -B - C, -C, B - C$$

は差 $-B$ の等差数列である。$-7, -7, -7, -7$ に対しては $B = 0, C = 7$ である。$11, 5, -1, -7$ に対しては $B = -6, C = 1$ である。$f(x)$ は $3x^2 + 7$ で割りきれ

$$3x^5 - 6x^4 + x^3 - 8x^2 - 14x + 14 = (3x^2 + 7)(y^3 - 2y^2 - 2y + 2)$$

であるが、$f(x)$ は $3x^2 - 6x + 1$ では割り切れない。よって、2 次の因数は $3x^2 + 7$ である。

MP V, pp.376-377

ニュートンの方法を現代的に定式化する。整数 n に対し、

n の正の約数全体の集合を $\mathrm{Div}(n)$ と表す。整数係数多項式 $f(x)$ に対し、$f(x)$ の最高次の係数の正の約数 A を取り、6 列の表

l	$f(l)$	$\mathrm{Div}(f(l))$	Al^2	$Al^2 \pm \mathrm{Div}(f(l))$	等差数列

を作る。$l = 3, 2, 1, 0, -1, -2$ などとし、第 5 列の各行から 1 つずつ取って作った数列が等差数列 (公差は何であっても良い) をなすとき、第 6 列に書き出す。等差数列を $-2B - C, -B - C, -C, B - C, 2B - C$ に対応させて、B, C が決まると、$Ax^2 + Bx + C$ が 2 次の因数の候補となるので、除算により確認する。

ニュートンの整数係数多項式の因数発見法、とくに既約 2 次式を見出す方法は、因数定理が適用できない場合に有力と思われるが、高木、藤原のテキストを始めとする現行の代数のテキストでは取り上げられていないようである。

7.2　未知数の消去

未知数の消去とは、連立代数方程式

$$\begin{cases} a_0(y)x^n + a_1(y)x^{n-1} + \cdots + a_n(y) = 0 \\ b_0(y)x^m + b_1(y)x^{m-1} + \cdots + b_m(y) = 0 \end{cases}$$

から x を消去して y についての代数方程式

$$c_0 y^l + c_1 y^{l-1} + \cdots + c_l = 0$$

を導く方法である。

例 7.3　連立代数方程式

$$\begin{cases} x^2 + 5x = 3y^2 \\ 2xy - 3x^2 = 4 \end{cases}$$

から x を消去する。両式はそれぞれ、

$$x^2 = -5x + 3y^2, x^2 = \frac{1}{3}(2xy - 4)$$

だから $-5x + 3y^2 = \frac{1}{3}(2xy - 4)$ より

$$9y^2 - 15x = 2xy - 4$$

すなわち、

$$x = \frac{9y^2 + 4}{2y + 15}$$

となる。これを与えられた一方の式、たとえば第 1 式に代入し

$$\frac{81y^4 + 72y^2 + 16}{4y^2 + 60y + 225} + \frac{45y^2 + 20}{2y + 15} = 3y^2$$

両辺に $4y^2 + 60y + 225$ を掛けると

$$\begin{aligned} &81y^4 + 72y^2 + 16 + 90y^3 + 675y^2 + 40y + 300 \\ =&12y^4 + 180y^3 + 675y^2 \end{aligned}$$

すなわち

$$69y^4 - 90y^3 + 72y^2 + 40y + 316 = 0$$

が求める y に関する方程式である。　　MP V, pp.123-125

例 7.4　連立方程式

$$\begin{cases} x + y + \frac{y^2}{x} = 20 \\ x^2 + y^2 + \frac{y^4}{x^2} = 140 \end{cases}$$

から x を消去する。第 1 式の両辺から y を取り除き、

$$x + \frac{y^2}{x} = 20 - y$$

両辺二乗すると

$$x^2 + 2y^2 + \frac{y^4}{x^2} = 400 - 40y + y^2$$

両辺から y^2 を取り除くと

$$x^2 + y^2 + \frac{y^4}{x^2} = 400 - 40y$$

第 2 式より

$$400 - 40y = 140$$

したがって、$y = 6\frac{1}{2}$　　MP V, pp.124-125

ここまでは問題ごとに工夫して消去する問題であるが、この後ニュートンは汎用の消去法を与えている。

> しかしながら、消去される量が多次元 [変数が高次元] であることが判明した場合、それを式から消去することは多くの場合非常に面倒な計算を必要とする。しかし、以下の例を規則として適用することによって、その努力は非常に減少する。
>
> MP V, pp.124-125

規則 1 $ax^2 + bx + c = 0$ と $fx^2 + gx + h = 0$ から x を消去すると

$$(ah - bg - 2cf)ah + (bh - cg)bf + (ag^2 + cf^2)c = 0 \quad (7.1)$$

である。

証明　ニュートンは証明を付けてないが、例 7.3 に類似の方法を以下に示す。

$$ax^2 + bx + c = 0 \tag{7.2}$$

$$fx^2 + gx + h = 0 \tag{7.3}$$

$h \times (7.2) - c \times (7.3)$ より

$$(ah - cf)x^2 + (bh - cg)x = 0$$

だから

$$x = \frac{-bh + cg}{ah - cf} \tag{7.4}$$

(7.4) を (7.2) に代入し分母を払うと

$$a(bh - cg)^2 - b(bh - cg)(ah - cf) + c(ah - cf)^2 = 0$$

整理して共通因数 c で割ると (7.1) が得られる。　□

2 つの多項式 $f(x)$ と $g(x)$ を m 次と n 次の多項式とし、それらの根を $\alpha_1, \ldots, \alpha_m$ および $\beta_1, \ldots, \beta_n$ として

$$f(x) = a_0x^m + a_1x^{m-1} + \cdots + a_{m-1}x + a_m = a_0\prod_{i=1}^{m}(x - \alpha_i)$$

$$g(x) = b_0x^n + b_1x^{n-1} + \cdots + b_{n-1}x + b_n = b_0\prod_{j=1}^{n}(x - \beta_j)$$

とおく。$f(x)$ と $g(x)$ の終結式 を

$$R(f, g) = a_0^n b_0^m \prod_{i=1}^{m}\prod_{j=1}^{n}(\alpha_i - \beta_j) \tag{7.5}$$

により定義する。定義から明らかなように、$f(x) = 0$ と $g(x) = 0$ が共通根を持つための必要十分条件は $R(f, g) = 0$ である。

規則 1 は 2 つの多項式 $F(x) = ax^2 + bx + c$ と $G(x) = fx^2 + gx + h$ の終結式 $R(F, G)$ が (7.1) であることを述べている。正しいことは以下のように証明できる。

$F(x) = 0, G(x) = 0$ の根を α, β と γ, δ とする。すなわち

$$F(x) = a(x-\alpha)(x-\beta), \quad G(x) = f(x-\gamma)(x-\delta)$$

とすると根と係数の関係より、

$$\alpha+\beta = -\frac{b}{a}, \quad \alpha\beta = \frac{c}{a}, \quad \gamma+\delta = -\frac{g}{f}, \quad \gamma\delta = \frac{h}{f}$$

である。これらを用いて終結式を F, G の係数で表す。

$$\begin{aligned}
&R(F,G)\\
=&a^2f^2(\alpha-\gamma)(\alpha-\delta)(\beta-\gamma)(\beta-\delta)\\
=&a^2f^2(\alpha^2-(\gamma+\delta)\alpha+\gamma\delta)(\beta^2-(\gamma+\delta)\beta+\gamma\delta)\\
=&a^2(f\alpha^2+g\alpha+h)(f\beta^2+g\beta+h)\\
=&a^2(f^2\alpha^2\beta^2+fg\alpha\beta(\alpha+\beta)+fh((\alpha+\beta)^2-2\alpha\beta)\\
&\quad+g^2\alpha\beta+gh(\alpha+\beta)+h^2)\\
=&(ah-bg-2cf)ah+(bh-cg)bf+(ag^2+cf^2)c
\end{aligned}$$

したがって、規則 1 は 2 つの 2 次式の終結式を表している。

(7.2) と (7.3) が共通根 x を持つとき、

$$\begin{aligned}
ax^3+bx^2+cx\quad &= 0\\
ax^2+bx+c &= 0\\
fx^3+gx^2+hx\quad &= 0\\
fx^2+gx+h &= 0
\end{aligned}$$

となる。したがって、x_1, x_2, x_3, x_4 を未知数とする連立１次方程式

$$
\begin{aligned}
ax_1 + bx_2 + cx_3 \qquad &= 0 \\
ax_2 + bx_3 + cx_4 &= 0 \\
fx_1 + gx_2 + hx_3 \qquad &= 0 \\
fx_2 + gx_3 + hx_4 &= 0
\end{aligned}
$$

は $(x_1, x_2, x_3, x_4) = (0, 0, 0, 0)$ 以外の根 (非自明解) $(x_1, x_2, x_3, x_4) = (x^3, x^2, x, 1)$ を持つので、

$$
\begin{vmatrix} a & b & c & 0 \\ 0 & a & b & c \\ f & g & h & 0 \\ 0 & f & g & h \end{vmatrix} = 0 \tag{7.6}
$$

が成り立つ。(7.6) の左辺の行列式は (7.2) と (7.3) のシルヴェスターの終結式と呼ばれている。(7.1) は (7.6) に一致する。実際、

$$
\begin{aligned}
&\begin{vmatrix} a & b & c & 0 \\ 0 & a & b & c \\ f & g & h & 0 \\ 0 & f & g & h \end{vmatrix} = a \begin{vmatrix} a & b & c \\ g & h & 0 \\ f & g & h \end{vmatrix} + f \begin{vmatrix} b & c & 0 \\ a & b & c \\ f & g & h \end{vmatrix} \\
=&a(cg^2 - cfh + hah - hgb) + f(-cbg + c^2 f + hb^2 - hac) \\
=&(ah - bg - 2cf)ah + (bh - cg)bf + (ag^2 + cf^2)c
\end{aligned}
$$

である。

規則 2 $ax^3+bx^2+cx+d=0$ と $fx^2+gx+h=0$ から x を消去すると

$$\begin{aligned}&(ah-bg-2cf)ah^2+(bh-cg-2df)bfh\\+&(ch-dg)(ag^2+cf^2)+(3agh+bg^2+df^2)df=0\end{aligned} \tag{7.7}$$

である。

証明　これにも証明はないが、係数の記号の付け方より規則 1 に帰着させたものと思われる。

$$ax^3+bx^2+cx+d=0 \tag{7.8}$$

$$fx^2+gx+h=0 \tag{7.9}$$

$h\times(7.8)-d\times(7.9)$ より

$$ahx^3+(bh-df)x^2+(ch-dg)x=0$$

x で割ると

$$ahx^2+(bh-df)x+(ch-dg)=0 \tag{7.10}$$

(7.10) と (7.9) に規則 1 を適用して x を消去すると

$$\begin{aligned}&(ah^2-(bh-df)g-2(ch-dg)f)ah^2\\+&((bh-df)h-(ch-dg)g)(bh-df)f\\+&(ahg^2+(ch-dg)f^2)(ch-dg)=0\end{aligned}$$

整理して共通因数 h で割ると (7.7) が得られる。　□

規則 3 $ax^4+bx^3+cx^2+dx+e=0$ と $fx^2+gx+h=0$ から x を消去すると

$$
\begin{aligned}
&(ah-bg-2cf)ah^3+(bh-cg-2df)bfh^2\\
&+(ag^2+cf^2)(ch^2-dgh+eg^2-2efh)\\
&+(3agh+bg^2+df^2)dfh+(2ah^2+3bgh-dfg+ef^2)ef^2\\
&-(bg+2ah)efg^2=0 \qquad (7.11)
\end{aligned}
$$

である。

規則 4 $ax^3+bx^2+cx+d=0$ と $fx^3+gx^2+hx+k=0$ から x を消去すると

$$
\begin{aligned}
&(ah-bg-2cf)(adh^2-achk)+(ak+bh-cg-2df)bdfh\\
&+(-ak+bh+2cg+3df)a^2k^2\\
&+(cdh-d^2g-c^2k+2bdk)(ag^2+cf^2)\\
&+(3agh+bg^2+df^2-3afk)d^2f\\
&+(-3ak-bh-cg+df)bcfk\\
&+(bk-2dg)b^2fk-(b^2k+3adh+cdf)agk=0 \quad (7.12)
\end{aligned}
$$

である。

規則 3 および規則 4 の導出は、ともに規則 2 に帰着させたものと思われる。(計算は大変である。)

例 7.5　連立代数方程式

$$
\begin{cases}
x^2+5x-3y^2=0\\
3x^2-2xy+4=0
\end{cases}
$$

から x を消去する。例 7.3 を移項した問題である。規則 1 に

$$a=1, b=5, c=-3y^2, f=3, g=-2y, h=4$$

を代入する。

$$(4-5(-2y)-2(-3y^2)\cdot 3)\cdot 4+(5\cdot 4-(-3y^2)(-2y))\cdot 5\cdot 3$$
$$+(1\cdot(-2y)^2+(-3y^2)\cdot 3^2)(-3y^2)=0$$

すなわち

$$316+40y+72y^2-90y^3+69y^4=0$$

ニュートンと関孝和 4

関孝和は『解伏題之法』(かいふくだいのほう)(1683 年重訂) において、規則 I の終結式を次のように導いている。関は昇冪で表しているが、降冪に書き換える。

$$ax^2+bx+c=0 \tag{7.2}$$
$$fx^2+gx+h=0 \tag{7.3}$$

$a\times(7.3)-f\times(7.2)$ より

$$(ag-bf)x+(ah-cf)=0 \tag{7.13}$$

$x\times(7.13)+b\times(7.3)-g\times(7.2)$ より

$$(ah-cf)x+(bh-cg)=0 \tag{7.14}$$

$(ah-cf)\times(7.13)-(ag-bf)\times(7.14)$ より

$$(ah-cf)^2-(ag-bf)(bh-cg)=0 \tag{7.15}$$

(続く)

(続き)

さらに規則 4 を次のように導いている。

$$ax^3 + bx^2 + cx + d = 0 \tag{7.16}$$

$$fx^3 + gx^2 + hx + k = 0 \tag{7.17}$$

$a \times (7.17) - f \times (7.16)$ より

$$(ag - bf)x^2 + (ah - cf)x + (ak - fd) = 0 \tag{7.18}$$

$x \times (7.18) + b \times (7.17) - g \times (7.16)$ より

$$(ah-cf)x^2+(ak-fd+bh-cg)x+(bk-cg) = 0 \tag{7.19}$$

$x \times (7.19) + c \times (7.17) - h \times (7.16)$ より

$$(ak - fd)x^2 + (bk - cg)x + (ck - dh) = 0 \tag{7.20}$$

関は (7.18)(7.19)(7.20) の係数の作る行列式を 0 と置いた代数方程式を解けばよいとした。得られる行列式は符号の違いを除いてシルヴェスターの終結式である。
関は $n = 2, 3, 4$ に対し n 次方程式を 2 個連立させた方程式から $n-1$ 次方程式を n 個連立させた方程式を導き、後者の方程式の係数行列の行列式を与えている。$n = 2$ は規則 1 に相当し、$n = 3$ は規則 4 に相当する。

7.3　方程式の根の同次冪の和

根の同次冪(べき)の和とは、モニック n 次方程式

$$x^n + a_1 x^{n-1} + \cdots + a_n = (x - x_1) \cdots (x - x_n) = 0$$

に対して

$$S_k = x_1^k + \cdots + x_n^k, \quad k = 1, 2, \ldots$$

を方程式の係数 $a_1, \ldots, a_n$ で表すことである。S_k は根の対称式だから、根の基本対称式すなわち係数で表すことができるのである。

ニュートンは「代数学講義」において、根の同次冪の和に関するニュートンの公式を次のように与えている。

> 方程式の項の係数の符号を変えたものを $p, q, r, s, t, v, \ldots$ とする。第 2 のそれを p、第 3 のそれを q、第 4 のそれを r、第 5 のそれを s などである。そのとき、項の符号の観察により、$p = a, pa + 2q = b, pb + qa + 3r = c, pc + qb + ra + 4s = d, pd + qc + rb + sa + 5t = e, pe + qd + rc + sb + ta + 6v = f,$ などと無限に続く。数列を観察すると、a は根の総和、b は異なる根の 2 乗の総和、c はそれらの 3 乗の総和、d はそれらの 4 乗の総和、e はそれらの 5 乗の総和、f はそれらの 6 乗の総和、以下同様である。たとえば、方程式、$x^4 - x^3 - 19x^2 + 49x - 30 = 0$ は、第 2 項の係数は -1、第 3 項の係数は -19、第 4 項の係数は $+49$、第 5

項の係数は -30 より、$p=1, q=19, r=-49, s=30$ なので、

$$
\begin{aligned}
&a=(p=)1,\\
&b=(pa+2q=1+38=)39,\\
&c=(pb+qa+3r=39+19-147=)-89,\\
&d=(pc+qb+ra+4s=-89+741-49+120=)723\\
&\vdots
\end{aligned}
$$

したがって、根の総和は 1、根の 2 乗の総和は 39、根の 3 乗の総和は -89、根の 4 乗の総和は 723 である。念のため、その方程式の根は $1,2,3,-5$ でこれらの総和 $(1+2+3-5)$ は確かに 1 であり、これらの 2 乗の総和 $(1+4+9+25)$ は 39、これらの 3 乗の総和 $(1+8+27-125)$ は -89、これらの 4 乗の総和 $(1+16+81+625)$ は 723 である。　MP V, p.361

ニュートンは証明を付けておらず、「項の符号の観察により」と書いている。具体的な導出方法は不明である。$n=4$ の場合に素朴な方法で導いておく。考える方程式は

$$x^4-px^3-qx^2-rx-s=0$$

である。4 根を x_1, x_2, x_3, x_4 とし、

$$
\begin{aligned}
a&=x_1+x_2+x_3+x_4\\
b&=x_1^2+x_2^2+x_3^2+x_4^2\\
c&=x_1^3+x_2^3+x_3^3+x_4^3\\
d&=x_1^4+x_2^4+x_3^4+x_4^4
\end{aligned}
$$

とおく。根と係数の関係より、

$$
\begin{aligned}
p &= x_1 + x_2 + x_3 + x_4 \\
q &= -(x_1x_2 + x_1x_3 + x_1x_4 + x_2x_3 + x_2x_4 + x_3x_4) \\
r &= x_1x_2x_3 + x_1x_2x_4 + x_1x_3x_4 + x_2x_3x_4 \\
s &= -x_1x_2x_3x_4
\end{aligned}
$$

が成り立つ。以下では総和記号 $\sum$ の添字を

$$
\begin{aligned}
&\sum_i x_i = x_1 + x_2 + x_3 + x_4 \\
&\sum_{i<j} x_ix_j = x_1x_2 + x_1x_3 + x_1x_4 + x_2x_3 + x_2x_4 + x_3x_4 \\
&\sum_{i\neq j} x_i^2x_j = x_1^2x_2 + x_1x_2^2 + x_1^2x_3 + x_1x_3^2 + x_1^2x_4 + x_1x_4^2 \\
&\qquad\qquad + x_2^2x_3 + x_2x_3^2 + x_2^2x_4 + x_2x_4^2 + x_3^2x_4 + x_3x_4^2 \\
&\sum_{i<j<k} x_ix_jx_k = x_1x_2x_3 + x_1x_2x_4 + x_1x_3x_4 + x_2x_3x_4
\end{aligned}
$$

のように表す。

$$
pa = \left(\sum_i x_i\right)^2 = \sum_i x_i^2 + 2\sum_{i<j} x_ix_j = b - 2q
$$

よって、$b = pa + 2q$ となる。

$$
\begin{aligned}
pb &= \left(\sum_i x_i\right)\left(\sum_j x_j^2\right) = c + \sum_{i\neq j} x_i^2x_j \\
-qa &= \left(\sum_{i<j} x_ix_j\right)\left(\sum_k x_k\right) = \sum_{i\neq j} x_i^2x_j + 3r
\end{aligned}
$$

$\sum_{i\neq j} x_i^2 x_j$ を消去すると、$pb+qa=c-3r$、すなわち、$c=pb+qa+3r$ が成り立つ。同様に、

$$pc=\left(\sum_i x_i\right)\left(\sum_j x_j^3\right)=d+\sum_{i\neq j} x_i^3 x_j$$

$$-qb=\left(\sum_{i\neq j} x_i x_j\right)\left(\sum_k x_k^2\right)=\sum_{i\neq j} x_i^3 x_j+\sum_{i,j,k} x_i^2 x_j x_k$$

$$ra=\left(\sum_{i<j<k} x_i x_j x_k\right)\left(\sum_l x_k\right)=\sum_{i,j,k} x_i^2 x_j x_k-4s$$

$\sum_{i\neq j} x_i^3 x_j$ と $\sum_{i,j,k} x_i^2 x_j x_k$ を消去すると、$pc+qb+ra=d-4s$、すなわち、$d=pc+qb+ra+4s$ が成り立つ。

素朴な方法によって一般の k 次の和について証明することは大変である。そこでニュートンの公式を現代的に証明することにする。以下の証明は高木貞治『代数学講義』に基づく。

(ニュートンの公式) モニック n 次方程式

$$x^n+a_1x^{n-1}+\cdots+a_n=0$$

の根の同次幂の和 $S_k=x_1^k+x_2^k+\cdots+x_n^k$ と方程式の係数の間には次の関係が成り立つ。

$$S_1+a_1=0$$
$$S_2+a_1S_1+2a_2=0$$
$$S_3+a_1S_2+a_2S_1+3a_3=0$$
$$\cdots$$
$$S_n+a_1S_{n-1}+\cdots+a_{n-1}S_1+na_n=0$$
$$S_{n+k-1}+a_1S_{n+k-2}+\cdots+a_{n-1}S_k+a_nS_{k-1}=0,$$
$$(k=1,2,\dots)$$

補助定理 7.1

$$\frac{f'(x)}{f(x)} = \frac{S_0}{x} + \frac{S_1}{x^2} + \cdots + \frac{S_k}{x^{k+1}} + \cdots \tag{7.21}$$

ただし、$S_0 = n$ とする。

証明 $f(x) = (x - x_1)(x - x_2)\cdots(x - x_n)$ と書ける。

$$f'(x) = \sum_{i=1}^{n} \frac{(x - x_1)(x - x_2)\cdots(x - x_n)}{x - x_i}$$

より、

$$\frac{f'(x)}{f(x)} = \sum_{i=1}^{n} \frac{1}{x - x_i}$$

無限等比級数の和の公式により

$$\frac{1}{x - x_i} = \frac{1}{x}\frac{1}{1 - \frac{x_i}{x}} = \frac{1}{x}\left(1 + \frac{x_i}{x} + \frac{x_i^2}{x^2} + \cdots\right)$$

が成り立つ。右辺の無限級数は $|x_i| < |x|$ のとき絶対収束するので、和の順序を交換できて

$$\frac{f'(x)}{f(x)} = \sum_{i=1}^{n}\sum_{k=0}^{\infty} \frac{x_i^k}{x^{k+1}} = \sum_{k=0}^{\infty} \frac{\sum_{i=1}^{n} x_i^k}{x^{k+1}} = \sum_{k=0}^{\infty} \frac{S_k}{x^{k+1}}$$

□

ニュートンの公式の証明　(7.21) の両辺に $f(x)$ を掛けて $f(x)=x^n+a_1x^{n-1}+\cdots+a_n$ および $S_0=n$ を代入すると

$$\begin{aligned}
f'(x) =& \left(x^n+a_1x^{n-1}+\cdots+a_n\right)\left(\frac{n}{x}+\frac{S_1}{x^2}+\frac{S_2}{x^3}+\cdots\right)\\
=&nx^{n-1}+(na_1+S_1)x^{n-2}+(na_2+a_1S_1+S_2)x^{n-3}\\
&+\cdots+(na_{n-1}+a_{n-2}S_1+\cdots+a_1S_{n-2}+S_{n-1})\\
&+\sum_{k=1}^{\infty}(a_nS_{k-1}+a_{n-1}S_k+\cdots+a_1S_{n+k-2}+S_{n+k-1})x^{-k}
\end{aligned} \tag{7.22}$$

係数を比較して

$$\begin{aligned}
&(n-1)a_1=na_1+S_1\\
&(n-2)a_2=na_2+a_1S_1+S_2\\
&\cdots\\
&a_{n-1}=na_{n-1}+a_{n-2}S_1+\cdots+a_1S_{n-2}+S_{n-1}\\
&0=a_nS_{k-1}+a_{n-1}S_k+\cdots+a_1S_{n+k-2}+S_{n+k-1},\quad k=1,2,\ldots
\end{aligned}$$

したがって、

$$\begin{aligned}
&S_1+a_1=0\\
&S_2+a_1S_1+2a_2=0\\
&\cdots\\
&S_{n-1}+a_1S_{n-2}+\cdots+a_{n-2}S_1+(n-1)a_{n-1}=0\\
&S_{n+k-1}+a_1S_{n+k-2}+\cdots+a_{n-1}S_k+a_nS_{k-1}=0,\quad k=1,2,\ldots
\end{aligned}$$

以上よりニュートンの公式は成立する。　□

7.4　デカルトの符号法則とニュートンによる拡張

デカルトの『幾何学』(1637) 第 3 巻で発表されたデカルトの符号法則をニュートンは次のように紹介している。ニュートンが不可能な根と呼んでいるものは虚根のことである。

> 方程式のどの根も不可能でなければ、正根と負根の数は方程式の項の符号から確かめることができる。というのは、符号の列が $+$ から $-$、および $-$ から $+$ の変化の数だけ正根がある。そして、残りが負根である。それで、方程式
>
> $$x^4 - x^3 - 19x^2 + 49x - 30 = 0$$
>
> の符号は $+ - - + -$ なので、1 番目の $+$ から 2 番目の $-$、3 番目の $-$ から 4 番目の $+$、4 番目の $+$ から 5 番目の $-$ と変化するので、正根が 3 つと 4 番目の根は負である。　　MP V, p.347

$x^4 - x^3 - 19x^2 + 49x - 30 = 0$ は根が $1, 2, 3, -5$ すなわち正根が 3 つと負根が 1 つとなり、デカルトの符号法則が有効な例である。つづけて、ニュートンはデカルトの符号法則が有効でない例 (反例) を与えている。ここで、$p > 0, q > 0$ である。

> しかし、ある根が不可能のときは、それらの不可能な根が正でも負でもなく曖昧なものと成り得る限りは、こ

> の規則は有効ではない。方程式
>
> $$x^3 + px^2 + 3p^2x - q = 0$$
>
> の符号は [+ + + − なので]1 つの根が正で 2 つは負であることを示している。$x = 2p$、すなわち $x - 2p = 0$ を考え、前の方程式にかけると、方程式の正の根が 1 つ増え、方程式
>
> $$x^4 - px^3 + p^2x^2 - (6p^3 + q)x + 2pq = 0$$
>
> が得られる。この方程式は 2 根が正で 2 根が負でなければならないが、符号法則からは 4 つ正根を持つことになる。符号が曖昧な 2 つの根があり、初めの [3 次] 方程式においては負であり、後の [4 次] 方程式においては正であることは不可能である。

現代では、デカルトの符号法則に「またはそれよりも偶数個少ない」を追加することで虚根の問題を回避している。

デカルトの符号法則 実数係数代数方程式 $f(x) = a_0x^n + a_1x^{n-1} + \cdots + a_n = 0$ の係数列 $a_0, a_1, \cdots, a_n$ の符号の変化する数 (0 になるものは飛ばして数える) を W とすれば、$f(x) = 0$ の正根の数は W またはそれよりも偶数個少ない。

証明 高木貞治『代数学講義』[49] 、pp.99-101、あるいは藤原松三郎『代数学』[52] 第 1 巻、pp.451-452 を見よ。 □

つぎにニュートンは、虚根の個数について述べている。

> 今、不可能な根の数をほとんどの場合、この法則によって見いだすことができる。分母が数列 $1, 2, 3, 4, 5, \ldots$

であるような分数の列を方程式の次数まで作れ。一方、分子は同じ数列の逆順とせよ。前の分数で後の分数を割り、結果の分数を方程式の中間の項の上におけ。そして、もし方程式の任意の中間の項の [係数の]2 乗とその分数の積が、方程式の両側にある項の係数の積より大きいときは下に符号 $+$ を、小さいときは下に符号 $-$ をおけ。最初と最後の項の下側には符号 $+$ をおけ。下側に書いた符号の $+$ から $-$ と $-$ から $+$ への変化の数だけ不可能な根が存在する。

MP V, pp.346-347

ニュートンは、

$$x^3 + px^2 + 3p^2x - q = 0$$

を例にとり説明している。3 次方程式だから、分数の列 $\frac{3}{1}, \frac{2}{2}, \frac{1}{3}$ をとる。2 番目の分数 $\frac{2}{2}$ を 1 番目の分数 $\frac{3}{1}$ で割り、3 番目の分数 $\frac{1}{3}$ を 2 番目の分数 $\frac{2}{2}$ で割り、得られた分数 $\frac{1}{3}$ と $\frac{1}{3}$ を方程式の中間の項 (最高次の項と定数項を除いた項) の上におく。

$$\begin{array}{ccccccc} & & \frac{1}{3} & & \frac{1}{3} & & \\ x^3 & + & px^2 & + & 3p^2x & - & q = 0 \end{array}$$

項の下につける符号は次のようにする。$+px^2$ の下は $p^2 \times \frac{1}{3} < 1 \times 3p^2$ より $-$、$+3p^2x$ の下は $(3p^2)^2 \times \frac{1}{3} > p(-q)$ より $+$、x^3 と $-q$ の下は $+$ とする。

$$\begin{array}{ccccccc} & & \frac{1}{3} & & \frac{1}{3} & & \\ x^3 & + & px^2 & + & 3p^2x & - & q = 0 \\ + & & - & & + & & + \end{array}$$

各項の下につけた符号の列は $+-++$ であり、符号の変化が2回なので2つの虚根を持つ。

例 7.6　$x^4-6x^2-3x-2=0$ に適用する。$x^4+0x^3-6x^2-3x-2=0$ と考える。分数列は $\frac{4}{1},\frac{3}{2},\frac{2}{3},\frac{1}{4}$ である。前の分数で後の分数を割った列は $\frac{3}{8},\frac{4}{9},\frac{3}{8}$ である。$0^2\times\frac{3}{8}>1\times(-6)$ より $0x^3$ の下の符号 $+$、$(-6)^2\times\frac{4}{9}>1\times(-3)$ より $-6x^2$ の下の符号 $+$、$(-3)^2\times\frac{1}{4}<(-6)\times(-2)$ より $-3x$ の下の符号 $-$ とおき、x^4 と -2 の下に符号 $+$ をつける。

$$\begin{array}{ccccc} & \frac{3}{8} & \frac{4}{9} & \frac{3}{8} & \\ x^4 & +0x^3 & -6x^2 & -3x & -2=0 \\ + & + & + & - & + \end{array}$$

各項の下につけた符号の列は $+++-+$ であり、符号の変化が2回なので2つの虚根を持つ。

ニュートンによる符号法則の複素数根への拡張は、以下のように定式化される。

> ニュートンの符号法則　実数係数代数方程式 $f(x)=a_0x^n+a_1x^{n-1}+\cdots+a_n=0$ は、
>
> $$a_0^2, a_1^2l_1-a_0a_2, a_2^2l_2-a_1a_3, \ldots, a_{n-1}^2l_{n-1}-a_{n-2}a_n, a_n^2$$
>
> の符号の変化の数またはそれに偶数個加えた数だけ虚根を持つ。ここで、
>
> $$l_1=\frac{n-1}{2n}, l_2=\frac{2(n-2)}{3(n-1)}, \ldots, l_{n-1}=\frac{n-1}{2n}$$
>
> である。

少なくとも 1 つの

$$a_1^2 l_1 - a_0 a_2, a_2^2 l_2 - a_1 a_3, \ldots, a_{n-1}^2 l_{n-1} - a_{n-2} a_n$$

が負であれば、ニュートンの符号法則により、2 個以上の虚根を持つことがいえる。たとえば、2 次方程式 $ax^2 + bx + c = 0$ の場合 $a_1^2 l_1 - a_0 a_2 = \frac{1}{4} b^2 - ac$ なので、判別式 $b^2 - 4ac < 0$ ならば 2 虚根を持つというよく知られた結果が導かれる。

ニュートンによる符号法則の複素数根への拡張は、1865 年にジェームス・ジョセフ・シルヴェスターにより証明された。

第8章

数値計算 (1) — 補間法

ニュートンは、数学の研究を始めて間もなくの 1665 年初めにウォリスの『無限算術』(2.2 節 (p.13)) から補間の考え方を学んだ。ウォリスの補間は、いくつかの整数における値から半整数における値を推定するというものである。ニュートンはウォリスの補間を拡張し、いくつかの整数における式の形から半整数における式の形 (ベキ級数展開の各係数) を推定するという方法を使って、$\int_0^x (1-x^2)^{n/2}dx$ $(n=-3,-1,1,3)$ を求めた (2.3 節 (p.25))。

数値計算において補間は、いくつかの与えられた点における値 (実数値あるいは複素数値) から与えられた点以外における値を推定するという意味で用いられる。ニュートンが数値計算としての補間に興味を抱いたきっかけは、1675 年にジョン・スミスから、1 から 10000 までのすべての数の平方根、立方根、四乗根の表を作成するための助言を求められたことであると考えられている。ニュートンは 100 ごとの累乗根を 10~11 桁計算し、残りは補間法で求めることを助言した (1675 年 5

月8日付けスミス宛書簡)。それを契機にニュートンは差分および差分商を用いた補間法の研究を行い、1676年『差分の規則』を執筆したが、公表されなかった。

ちょうどその頃ニュートンは、ライプニッツに宛てた「後の書簡」(1676年10月)で、補間を「任意個数の与えられた点を通過する幾何学的曲線を描くこと」と定義し、「その方法はまだ公表しておりませんが、(中略)私がこれまで解きたいと思った問題の中でも、最も美しいものの一つといえるでしょう」と書いている。

『差分の規則』に書いた補間法は、『プリンキピア』(1687)第III巻で公表し、彗星の軌道計算に応用した。ニュートンの『差分の規則』に手を加えたものが、1711年にウイリアム・ジョーンズにより『差分法』として出版された。

8.1　ラグランジュ補間多項式

関数 $f(x)$ の値が、異なる $n+1$ 個の点 $x_0, x_1, \ldots, x_n$ において

$$y_i = f(x_i) \quad (i = 0, 1, \ldots, n)$$

と与えられているとき、x_i 以外の $\bar{x}$ における関数値 $f(\bar{x})$ を推定することを補間という。

$$\min\{x_0, \ldots, x_n\} < \bar{x} < \max\{x_0, \ldots, x_n\}$$

のとき補間 (内挿(ないそう))、そうでないときは補外 (外挿) と区別することもある。$x_0, x_1, \ldots, x_n$ を補間点 (実験データなどでは標本点) という。補間のアルゴリズムが補間法である。

標本点で $f(x)$ と一致する連続な式 $g(x)$ を補間式という。補間式としては多項式、有理式、区分多項式 (いくつかの多項式を連続につないだ式) などが用いられる。最もよく用いられるのは補間式が多項式の場合で、$n+1$ 個の補間点を通るたかだか n 次 (n 次以下) の多項式 $p_n(x)$ を n 次補間多項式という。

命題 8.1　(補間多項式の存在と一意性) $n+1$ 個の異なる点 $x_0, x_1, \cdots, x_n$ における値 $y_0, y_1, \cdots, y_n$ が与えられているとき、$n+1$ 個の点 (x_i, y_i) を通るたかだか n 次多項式 $p_n(x)$ はただ一つ存在する。

証明　$p_n(x) = a_0x^n + a_1x^{n-1} + \cdots + a_{n-1}x + a_n$ とおく。$p_n(x)$ が補間多項式となるのは、$a_0, \cdots, a_n$ がそれ自身を未知数と考えた連立1次方程式

$$\left\{\begin{array}{c} a_0x_0^n + a_1x_0^{n-1} + \cdots + a_{n-1}x_0 + a_n = y_0 \\ a_0x_1^n + a_1x_1^{n-1} + \cdots + a_{n-1}x_1 + a_n = y_1 \\ \cdots \\ a_0x_n^n + a_1x_n^{n-1} + \cdots + a_{n-1}x_n + a_n = y_n \end{array}\right. \tag{8.1}$$

の解となるときである。(8.1) の係数の作る行列式は、ファンデルモンドの行列式

$$\begin{vmatrix} x_0^n & x_0^{n-1} & \cdots & x_0 & 1 \\ x_1^n & x_1^{n-1} & \cdots & x_1 & 1 \\ & & & & \cdots \\ x_n^n & x_n^{n-1} & \cdots & x_n & 1 \end{vmatrix}$$
$$=(x_0 - x_1)(x_0 - x_2)\cdots(x_{n-1} - x_n) \neq 0$$

で0ではないので、(8.1) は唯一の解を持つ。　□

命題 8.1 により、$n+1$ 個の異なる点 $x_0, x_1, \cdots, x_n$ におけるたかだか n 次の補間多項式は一意的に定まるが、補間多項式の見かけ上の形や導出のアルゴリズムは種々のものがある。見かけ上の形あるいは導出のアルゴリズムにより、発見者あるいは再発見者の名前がつけられている。

$i = 0, \cdots, n$ に対し、n 次多項式 $l_i(x)$ を

$$l_i(x) = \frac{(x-x_0)\cdots(x-x_{i-1})(x-x_{i+1})\cdots(x-x_n)}{(x_i-x_0)\cdots(x_i-x_{i-1})(x_i-x_{i+1})\cdots(x_i-x_n)}$$

とおくと

$$l_i(x_j) = \delta_{i,j} = \begin{cases} 1 & i = j \text{ のとき}, \\ 0 & i \neq j \text{ のとき} \end{cases}$$

となる。ここで、$\delta_{i,j}$ はクロネッカーのデルタとよばれる。

$$p_n(x) = l_0(x)f(x_0) + \cdots + l_n(x)f(x_n) \qquad (8.2)$$

とすると、$p_n(x)$ はたかだか n 次で、$i = 0, \cdots, n$ に対し、$p_n(x_i) = l_i(x_i)f(x_i) = f(x_i)$ である。すなわち、$p_n(x)$ は $f(x)$ の $x_0, x_1, \cdots, x_n$ に関する n 次補間多項式である。(8.2) で与えられる n 次補間多項式 $p_n(x)$ を n 次ラグランジュ補間多項式という。

例 8.1　1 次補間多項式のグラフは 2 つの点 $(x_0, y_0), (x_1, y_1)$ を結ぶ直線

$$\begin{aligned} p_1(x) &= \frac{y_1 - y_0}{x_1 - x_0}(x - x_0) + y_0 \\ &= \frac{y_0(x - x_1)}{x_0 - x_1} + \frac{y_1(x - x_0)}{x_1 - x_0} \qquad (8.3) \end{aligned}$$

である。(8.3) は 1 次ラグランジュ補間多項式である。

例 8.2　補間点 x_0, x_1, x_2 に関する 2 次ラグランジュ補間多項式は、

$$\begin{aligned} p_2(x) =& \frac{y_0(x-x_1)(x-x_2)}{(x_0-x_1)(x_0-x_2)} + \frac{y_1(x-x_0)(x-x_2)}{(x_1-x_0)(x_1-x_2)} \\ &+ \frac{y_2(x-x_0)(x-x_1)}{(x_2-x_0)(x_2-x_1)} \end{aligned} \tag{8.4}$$

である。3 つの点 $(x_0, y_0), (x_1, y_1), (x_2, y_2)$ が同一直線上になければ、(8.4) のグラフは 3 つの点を通る放物線である。

8.2　差分と差分商

ニュートンは、『差分の規則』(1676) および『差分法』(1711) において、差分と差分商を与えている。本節ではそれら差分と差分商を現代の記法を用いて説明する。

$n+1$ 個の補間点 $x_0, \ldots, x_n$ おける関数値 $f(x_0), \ldots, f(x_n)$ が与えられているとき、差分商 $f[x_0, \ldots, x_n]$ は補間点の個数に関し帰納的 (再帰的ともいう) に定義される。

$$f[x_i] = f(x_i), \quad i = 0, \ldots, n$$

$$f[x_i, x_j] = \frac{f[x_j] - f[x_i]}{x_j - x_i}, \quad i \neq j$$

$$f[x_i, x_j, x_k] = \frac{f[x_j, x_k] - f[x_i, x_j]}{x_k - x_i}, \quad (i-j)(j-k)(k-i) \neq 0$$

$\cdots$

$$f[x_0, \ldots, x_n] = \frac{f[x_1, \ldots, x_n] - f[x_0, \ldots, x_{n-1}]}{x_n - x_0}$$

$f[x_{i_0}, \ldots, x_{i_k}]$ は k 階差分商という。

補助定理 8.1　n 階差分商は

$$f[x_0,\ldots,x_n]=\sum_{k=0}^{n}\frac{f(x_k)}{\displaystyle\prod_{\substack{j=0\\ j\neq k}}^{n}(x_k-x_j)}$$

$$=\frac{f(x_0)}{(x_0-x_1)\cdots(x_0-x_n)}+\cdots+\frac{f(x_n)}{(x_n-x_0)\cdots(x_n-x_{n-1})}$$

と表される。

証明　補間点の個数 l に関する数学的帰納法で示す。$l=2$ のとき

$$f[x_0,x_1]=\frac{f(x_1)-f(x_0)}{x_1-x_0}=\frac{f(x_0)}{x_0-x_1}+\frac{f(x_1)}{x_1-x_0}$$

$l=n(n>2)$ のとき成立すると仮定する。

$$f[x_0,\ldots,x_n]=\frac{f[x_1,\ldots,x_n]-f[x_0,\ldots,x_{n-1}]}{x_n-x_0}$$

$$=\frac{1}{x_n-x_0}\left(\sum_{k=1}^{n}\frac{f(x_k)}{\displaystyle\prod_{\substack{j=1\\ j\neq k}}^{n}(x_k-x_j)}-\sum_{k=0}^{n-1}\frac{f(x_k)}{\displaystyle\prod_{\substack{j=0\\ j\neq k}}^{n-1}(x_k-x_j)}\right)$$

$$=\sum_{k=0}^{n}\frac{f(x_k)}{\displaystyle\prod_{\substack{j=0\\ j\neq k}}^{n}(x_k-x_j)}$$ □

系 8.1　$f[x_0,\ldots,x_n]$ は $x_0,\ldots,x_n$ に関する対称式である。したがって、$x_0,\ldots,x_n$ の順序によらない。

$f(x)$ を関数とし、分点の間隔 (増分)$h > 0$ を固定しておく。前進差分演算子 Δ (デルタ) を

$$\Delta^0 f(x) = f(x)$$
$$\Delta^1 f(x) = \Delta f(x) = f(x+h) - f(x)$$
$$\Delta^m f(x) = \Delta^{m-1} f(x+h) - \Delta^{m-1} f(x), \quad m = 2, 3, \ldots$$

により定義する。$\Delta^m f(x)$ は m 階差分 (あるいは m 階前進差分) という。

$x_0, \ldots, x_n$ が等間隔のとき、差分商は差分を用いて表せる。

補助定理 8.2　$x_i = x_0 + ih, (i = 0, \ldots, n)$ とすると

$$f[x_0, \cdots, x_n] = \frac{\Delta^n f(x_0)}{n! h^n}$$

証明　補間点の個数 l に関する数学的帰納法で示す。

$l = 2$ のとき

$$f[x_0, x_1] = \frac{f(x_1) - f(x_0)}{x_1 - x_0} = \frac{f(x_0 + h) - f(x_0)}{h} = \frac{\Delta f(x_0)}{1! h}$$

より成立している。

$l = n (n > 2)$ のとき成立すると仮定する。

$$f[x_0, \cdots, x_n] = \frac{f[x_1, \cdots, x_n] - f[x_0, \cdots, x_{n-1}]}{x_n - x_0}$$
$$= \frac{\dfrac{\Delta^{n-1} f(x_1)}{(n-1)! h^{n-1}} - \dfrac{\Delta^{n-1} f(x_0)}{(n-1)! h^{n-1}}}{nh} = \frac{\Delta^n f(x_0)}{n! h^n}$$

以上より示せた。　□

8.3　ニュートン補間多項式

つぎの定理は、ニュートンが『差分の規則』『プリンキピア』『差分法』などで与えた補間多項式の現代的表現である。

定理 8.1　(ニュートン補間多項式) 相異なる $n+1$ 個の点 $x_0, \ldots, x_n$ に対する $f(x)$ の n 次補間多項式 $p_n(x)$ は

$$\begin{aligned} p_n(x) =& f[x_0] + f[x_0, x_1](x - x_0) + \cdots \\ &+ f[x_0, \ldots, x_n](x - x_0) \cdots (x - x_{n-1}) \end{aligned} \tag{8.5}$$

と表せる。

証明　n に関する数学的帰納法で (8.5) を示す。

$n = 0$ のとき、$p_0(x) = f(x_0) = f[x_0]$ となり成立している。

$n = 1$ のとき、例 8.1 より、1 次補間多項式は

$$\begin{aligned} p_1(x) =& f(x_0) + \frac{f(x_1) - f(x_0)}{x_1 - x_0}(x - x_0) \\ =& f[x_0] + f[x_0, x_1](x - x_0) \end{aligned}$$

となるので成立している。

$n = m$ $(m > 1)$ のとき (8.5) が成り立つと仮定する。

$$\begin{aligned} c_{m+1} &= \frac{f(x_{m+1}) - p_m(x_{m+1})}{(x_{m+1} - x_0) \cdots (x_{m+1} - x_m)} \\ p(x) &= p_m(x) + c_{m+1}(x - x_0) \cdots (x - x_m) \end{aligned}$$

とおくと、$p(x)$ はたかだか $m+1$ 次多項式で

$$p(x_i) = f(x_i), \quad i = 0, \ldots, m+1$$

を満たすので、$m+1$ 次補間多項式になる。c_{m+1} は $m+1$ 次ラグランジュ補間多項式の最高次の係数に一致するので (8.2) より

$$\begin{aligned}&c_{m+1}\\&=\sum_{i=0}^{m+1}\frac{f(x_i)}{(x_i-x_0)\cdots(x_i-x_{i-1})(x_i-x_{i+1})\cdots(x_i-x_m)}\end{aligned}$$

一方、補助定理 8.1 より

$$c_{m+1}=f[x_0,\ldots,x_{m+1}]$$

数学的帰納法により証明が完了した。　□

例 8.3　$(-3,-6),(-1,9),(0,6),(1,-4),(2,-6)$ に対するニュートン補間多項式を求める。

$f_{i,i+k}=f[x_i,\ldots,x_{i+k}]$ とおくと、求める多項式は

$$\begin{aligned}p_4(x)=&f_{0,0}+f_{0,1}(x+3)+f_{0,2}(x+3)(x+1)\\&+f_{0,3}(x+3)(x+1)x+f_{0,4}(x+3)(x+1)x(x-1)\end{aligned}$$

と書ける。$f_{i,i+k}$ は漸化式

$$\begin{aligned}f_{i,i}&=y_i\\f_{i,i+k}&=\frac{f_{i+1,i+k}-f_{i,i+k-1}}{x_{i+k}-x_i}\end{aligned}$$

を用いて下記の表 (差分表) により求める。

i	x_i	$f_{i,i}$	$f_{i,i+1}$	$f_{i,i+2}$	$f_{i,i+3}$	$f_{i,i+4}$
0	-3	-6	$\frac{15}{2}$	$-\frac{7}{2}$	0	$\frac{1}{2}$
1	-1	9	-3	$-\frac{7}{2}$	$\frac{5}{2}$	
2	0	6	-10	4		
3	1	-4	-2			
4	2	-6				

よって、ニュートン補間多項式は

$$p_4(x) = -6 + \frac{15}{2}(x+3) - \frac{7}{2}(x+3)(x+1) + \frac{1}{2}(x+3)(x+1)x(x-1)$$

8.4　ニュートン前進補間多項式

ニュートン補間多項式の特別な場合で補間点が等間隔の補間多項式は、ニュートン前進補間多項式と呼ばれている。

定理 8.2　(ニュートン前進補間多項式) 等間隔の $n+1$ 個の点 $x_i = x_0 + ih, (i = 0, \ldots, n)$ に対する $f(x)$ の n 次補間多項式 $p_n(x)$ は

$$\begin{aligned} &p_n(x) \\ =&f(x_0) + \frac{x-x_0}{h}\Delta f(x_0) + \frac{(x-x_0)(x-x_1)}{2!h^2}\Delta^2 f(x_0) + \cdots \\ &+ \frac{(x-x_0)(x-x_1)\cdots(x-x_{n-1})}{n!h^n}\Delta^n f(x_0) \end{aligned} \tag{8.6}$$

である。

証明　定理 8.1 と補助定理 8.2 より

$$
\begin{aligned}
& p_n(x) \\
=& f(x_0) + \sum_{k=1}^{n} f[x_0, \ldots, x_k](x - x_0)\ldots(x - x_{k-1}) \\
=& f(x_0) + \sum_{k=1}^{n} \frac{(x - x_0)(x - x_1)\cdots(x - x_{k-1})}{k!h^k} \Delta^k f(x_0)
\end{aligned}
$$

□

系 8.2　(ニュートン前進補間多項式) $x = x_0 + sh$ のとき、ニュートンの前進補間多項式は次のように表せる。

$$
\begin{aligned}
p_n(x_0 + sh) =& f(x_0) + s\Delta f(x_0) + \frac{s(s-1)}{2!}\Delta^2 f(x_0) + \cdots \\
& + \frac{s(s-1)\cdots(s-n+1)}{n!}\Delta^n f(x_0)
\end{aligned}
\tag{8.7}
$$

証明　$x = x_0 + sh$ のとき $x - x_i = (s - i)h$ より、

$$
\frac{(x - x_0)(x - x_1)\cdots(x - x_{k-1})}{h^k} = s(s-1)\cdots(s-k+1)
$$

となる。これを (8.6) に代入すれば得られる。　□

例 8.4　$(-3, -16), (-1, 2), (1, -4), (3, 62)$ に対するニュートン前進補間多項式を求める。

求める多項式は

$$
\begin{aligned}
p_3(x) =& f(x_0) + \frac{1}{2}\Delta f(x_0)(x+3) \\
&+ \frac{1}{2!2^2}\Delta^2 f(x_0)(x+3)(x+1) \\
&+ \frac{1}{3!2^3}\Delta^3 f(x_0)(x+3)(x+1)(x-1)
\end{aligned}
$$

と書ける。$\Delta^k f(x_i)$ は漸化式

$$
\begin{aligned}
&\Delta^0 f(x_i) = y_i \\
&\Delta^k f(x_i) = \Delta^{k-1} f(x_{i+1}) - \Delta^{k-1} f(x_i)
\end{aligned}
$$

を用いて下記の表 (差分表) により求める。

i	x_i	$\Delta^0 f(x_i)$	$\Delta^1 f(x_i)$	$\Delta^2 f(x_i)$	$\Delta^3 f(x_i)$
0	−3	−16	18	−24	96
1	−1	2	−6	72	
2	1	−4	66		
3	3	62			

よって、ニュートン前進補間多項式は

$$
\begin{aligned}
p_4(x) = &-16 + 9(x+3) - 3(x+3)(x+1) \\
&+ 2(x+3)(x+1)x(x-1)
\end{aligned}
$$

8.5　『プリンキピア』第 III 巻補助定理 V

ニュートンは『プリンキピア』第 III 巻補助定理 V(図 8.1 は初版本第 III 巻, p.482) で等間隔および不等間隔の補間法を与えている。

[482]

2 c, 3 c, 4 c, &c. tertias d, 2 d, 3 d, &c. id est, ita ut sit $HA - BI = b$, $BI - CK = 2b$, $CK - DL = 3b$, $DL + EM = 4b$, $-EM + FN = 5b$, &c. dein $b - 2b = c$ &c. Deinde erecta quacunque perpendiculari RS, quæ fuerit ordinatim applicata ad curvam quæsitam: ut inveniatur hujus longitudo, pone intervalla HI, IK, KL, LM, &c. unitates esse, & dic $AH = a$, $-HS = p$, $\frac{1}{2}p$ in $-IS = q$, $\frac{1}{3}q$ in $+SK = r$, $\frac{1}{4}r$ in $+SL = s$, $\frac{1}{5}s$ in $+SM = t$; pergendo videlicet ad usque penultimum perpendiculum ME, & præponendo signa negativa terminis HS, IS, &c. qui jacent ad partes puncti S versus A, & signa affirmativa terminis SK, SL, &c. qui jacent ad alteras partes puncti S. Et signis probe observatis erit $RS = a + bp + cq + dr + es + ft$ &c.

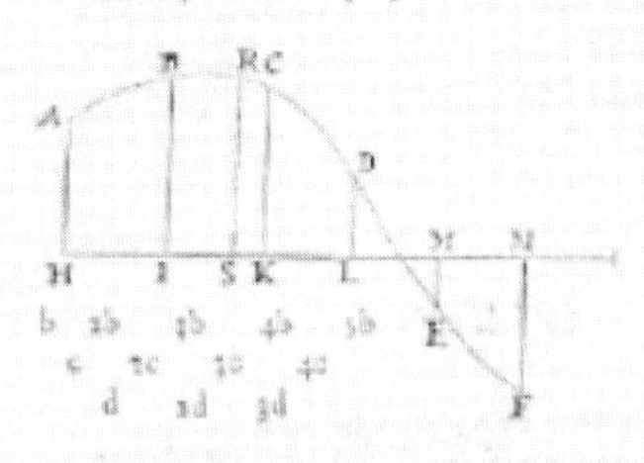

Cas. 2. Quod si punctorum H, I, K, L, &c. inæqualia sint intervalla HI, IK, &c. collige perpendiculorum AH, BI, CK, &c. differentias primas per intervalla perpendiculorum divisas b, 2 b, 3 b, 4 b, 5 b; secundas per intervalla bina divisas c, 2 c, 3 c, 4 c, &c. tertias per intervalla terna divisas d, 2 d, 3 d, &c. quartas per intervalla quaterna divisas e, 2 e, &c. & sic deinceps; id est ita ut sit $b = \frac{AH - BI}{HI}$, $2b = \frac{BI - CK}{IK}$, $3b = \frac{CK - DL}{KL}$ &c. dein $c = \frac{b - 2b}{HK}$, $2c = \frac{2b - 3b}{IL}$, $3c = \frac{3b - 4b}{KM}$ &c. Postea $d = \frac{c - 2c}{HL}$ $2d = \frac{2c - 3c}{IM}$ &c. Inventis differentiis, dic $AH = a$, $-HS = p$, p in $-IS = q$, q in $+SK = r$, r in $+SL = s$, s in $+SM = t$; pergendo scilicet ad usque perpendiculum penultimum ME, & erit ordinatim applicata $RS = a + bp + cq + dr + es + ft$, &c.

Corol. Hinc areæ curvarum omnium inveniri possunt quamproximè. Nam si curvæ cujusvis quadrandæ inveniantur puncta aliquot,

図 8.1　『プリンキピア』(初版本) 第 III 巻補助定理 V
https://cudl.lib.cam.ac.uk/view/PR-ADV-B-00039-00001/948
ケンブリッジ大学デジタルライブラリ

補助定理 V

与えられた任意個数の点を通る放物線様の曲線を求めること。

それらの点を A, B, C, D, E, F などとし、それらの点から、位置の与えられた任意の直線 HN にそれだけの数の垂線 AH, BI, CK,DL, EM, FN などを下す。

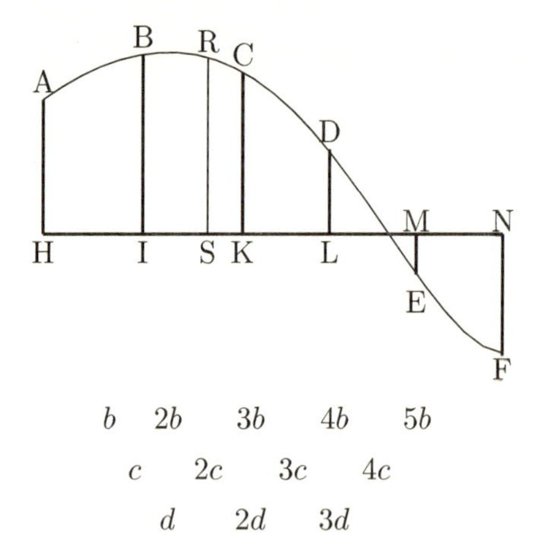

図 8.2　『プリンキピア』第 III 巻補助定理 V の図

場合 1 もし点 H, I, K, L, M, N などの間隔 HI, IK, KL などが相等しいならば、垂線 AH, BI, CK などの第 1 差 $b, 2b, 3b, 4b, 5b$ などを、そしてそれらの第 2 差 $c, 2c, 3c, 4c$ などを、またそれらの第 3 差 $d, 2d, 3d$ などをとる。すなわち、$\mathrm{HA} - \mathrm{BI} = b, \mathrm{BI} - \mathrm{CK} = 2b, \mathrm{CK} - \mathrm{DL} = 3b, \mathrm{DL} + \mathrm{EM} = 4b, -\mathrm{EM} + \mathrm{FN} = 5b$ などとなるようにし、次に $b - 2b = c$ などとなるように、以下

同様にしてここでは f という最後の差まで続ける。そうすれば、求める曲線の縦座標と考えられる任意の垂線 RS を立てたとして、この縦座標の長さを求めるには、間隔 HI, IK, KL, LM などを単位の長さと考えて、$\mathrm{AH}=a, -\mathrm{HS}=p, \frac{1}{2}p\times(-\mathrm{IS})=q, \frac{1}{3}q\times(+\mathrm{SK})=r, \frac{1}{4}r\times(+\mathrm{SL})=s, \frac{1}{5}s\times(+\mathrm{SM})=t$ とし、最後から 1 つ手前の垂線 ME までこのようにして続け、S から H に向かう側にある HS, IS などの項には負号を、また点 S の他の側にある SK, SL などの項には正号をつけ、そして符号によく注意すれば

$$\mathrm{RS}=a+bp+cq+dr+es+ft+\cdots \tag{8.8}$$

であろう。

場合 2 しかし、もし点 H, I, K, L などの間隔 HI, IK などが不等であるならば、垂線 AH, BI, CK などの第 1 差をそれら垂線間の間隔で割ったものを $b, 2b, 3b, 4b, 5b$ などにとり、第 2 差を各 2 個の間の間隔で割ったものを $c, 2c, 3c, 4c$ などに、第 3 差を各 3 個の間の間隔で割ったものを $d, 2d, 3d$ などに、第 4 差を各 4 個の間の間隔で割ったものを $e, 2e$ などにとる。以下同様である。すなわち、$b=\dfrac{\mathrm{AH}-\mathrm{BI}}{\mathrm{HI}}, 2b=\dfrac{\mathrm{BI}-\mathrm{CK}}{\mathrm{IK}}, 3b=\dfrac{\mathrm{CK}-\mathrm{DL}}{\mathrm{KL}}$ など；つぎに $c=\dfrac{b-2b}{\mathrm{HK}}, 2c=\dfrac{2b-3b}{\mathrm{IL}}, 3c=\dfrac{3b-4b}{\mathrm{KM}}$ など；つぎに $d=\dfrac{c-2c}{\mathrm{HL}}, 2d=\dfrac{2c-3c}{\mathrm{IM}}$ などというようにする。そしてそれらの差が見いだされたならば、

$$\mathrm{AH}=a, -\mathrm{HS}=p, p\times(-\mathrm{IS})=q, q\times(+\mathrm{SK})=r,$$
$$r\times(+\mathrm{SL})=s, s\times(+\mathrm{SM})=t$$

とし、最後から 1 つ手前の垂線 ME までこのようにして進む。そうすれば、縦座標

$$\mathrm{RS} = a + bp + cq + dr + es + ft + \cdots \qquad (8.9)$$

であろう。

[15, pp.596-597]

原文の「放物線様の曲線」とは、多項式で表される曲線のことである。$2b, 3b, \ldots$ は、今日では $b_2, b_3, \ldots$ と表す。差分 $\mathrm{HA} - \mathrm{BI} = b, \mathrm{BI} - \mathrm{CK} = 2b, b - 2b = c$ は今日では $b = \mathrm{BI} - \mathrm{AH}, b_2 = \mathrm{CK} - \mathrm{BI}, c = b_2 - b$ のように用いるので、ニュートンとは引く数と引かれる数が入れ替わっている。また線分の長さは正と考えているので、縦座標が負の場合はマイナス符号を付けている。S より左側の点の横座標は負、右側は正としているので $-\mathrm{HS} = p$ である。

補助定理 V の (8.8) と (8.9) は、それぞれ定理 8.2 と定理 8.1 で与えたニュートン補間多項式とニュートン前進補間多項式に一致することを示す。それにより、補助定理 V は現代的に証明されたことになる。

補助定理 V の証明

図 8.2 で $x_0 = \mathrm{H}, x_1 = \mathrm{I}, x_2 = \mathrm{K}, x_3 = \mathrm{L}, x_4 = \mathrm{M}, x_5 = \mathrm{N}, x = \mathrm{S}$ とし、

$$\begin{aligned}
&y_0 = \mathrm{AH}, y_1 = \mathrm{BI}, y_2 = \mathrm{CK}, y_3 = \mathrm{DL},\\
&y_4 = -\mathrm{EM}, y_5 = -\mathrm{FN},\\
&x_0 - x = -\mathrm{HS}, x_1 - x = -\mathrm{IS}, x_2 - x = \mathrm{SK},\\
&x_3 - x = \mathrm{SL}, x_4 - x = \mathrm{SM}, x_5 - x = \mathrm{SN}
\end{aligned}$$

とおく。

場合 **1**：H, I, K, L, M, N の間隔がすべて等しいとき
HI = IK = KL = LM = MN = 1 として一般性を失わない。
差分は

$$
\begin{aligned}
&\Delta y_0 = \mathrm{BI} - \mathrm{AH} = -b, \Delta y_1 = \mathrm{CK} - \mathrm{BI} = -b_2,\\
&\Delta y_2 = \mathrm{DL} - \mathrm{CK} = -b_3\\
&\Delta^2 y_0 = \Delta y_1 - \Delta y_0 = -b_2 + b = c\\
&\Delta^2 y_1 = \Delta y_2 - \Delta y_1 = -b_3 + b_2 = c_2\\
&\Delta^3 y_0 = \Delta^2 y_1 - \Delta^2 y_0 = c_2 - c = -d\\
&\Delta^4 y_0 = \Delta^3 y_1 - \Delta^3 y_0 = -d_2 + d = e\\
&\Delta^5 y_0 = \Delta^4 y_1 - \Delta^4 y_0 = e_2 - e = -f
\end{aligned}
$$

である。(8.6) で $h = 1$ とおくと

$$
\begin{aligned}
\mathrm{RS} =& y_0 + (x - x_0)\Delta y_0 + \frac{1}{2!}(x - x_0)(x - x_1)\Delta^2 y_0\\
&+ \frac{1}{3!}(x - x_0)(x - x_1)(x - x_2)\Delta^3 y_0\\
&+ \frac{1}{4!}(x - x_0)(x - x_1)(x - x_2)(x - x_3)\Delta^4 y_0\\
&+ \frac{1}{5!}(x - x_0)(x - x_1)(x - x_2)(x - x_3)(x - x_4)\Delta^5 y_0\\
=& y_0 + (x_0 - x)(-\Delta y_0) + \frac{1}{2!}(x_0 - x)(x_1 - x)\Delta^2 y_0\\
&+ \frac{1}{3!}(x_0 - x)(x_1 - x)(x_2 - x)(-\Delta^3 y_0)\\
&+ \frac{1}{4!}(x_0 - x)(x_1 - x)(x_2 - x)(x_3 - x)\Delta^4 y_0\\
&+ \frac{1}{5!}(x_0 - x)(x_1 - x)(x_2 - x)(x_3 - x)(x_4 - x)(-\Delta^5 y_0)
\end{aligned}
\tag{8.10}
$$

となる。

$$x_0 - x = -\mathrm{HS} = p$$
$$\frac{1}{2!}(x_0 - x)(x_1 - x) = \frac{1}{2!}p(-\mathrm{IS}) = q$$
$$\frac{1}{3!}(x_0 - x)(x_1 - x)(x_2 - x) = \frac{1}{3}q(+\mathrm{SK}) = r$$
$$\frac{1}{4!}(x_0 - x)(x_1 - x)(x_2 - x)(x_3 - x) = \frac{1}{4}r(+\mathrm{SL}) = s$$
$$\frac{1}{5!}(x_0 - x)(x_1 - x)(x_2 - x)(x_3 - x)(x_4 - x) = \frac{1}{5}s(+\mathrm{SM}) = t$$

これらを (8.10) に代入すると、

$$\mathrm{RS} = a + pb + qc + rd + se + tf$$

が得られる。

場合 2：H, I, K, L, M, N の間隔が異なるとき

差分商は

$$f[x_0, x_1] = \frac{\mathrm{BI} - \mathrm{AH}}{\mathrm{HI}} = -b, f[x_1, x_2] = \frac{\mathrm{CK} - \mathrm{BI}}{\mathrm{IK}} = -b_2,$$
$$f[x_2, x_3] = \frac{\mathrm{DL} - \mathrm{CK}}{\mathrm{KL}} = -b_3$$
$$f[x_0, x_1.x_2] = \frac{f[x_1, x_2] - f[x_0, x_1]}{\mathrm{HK}} = \frac{-b_2 + b}{\mathrm{HK}} = c$$
$$f[x_0, x_1.x_2, x_3] = \frac{f[x_1, x_2, x_3] - f[x_0, x_1, x_2]}{\mathrm{HL}}$$
$$= \frac{c_2 - c}{\mathrm{HL}} = -d$$
$$f[x_0, x_1.x_2, x_3, x_4] = \frac{f[x_1, x_2, x_3, x_4] - f[x_0, x_1, x_2, x_3]}{\mathrm{HM}}$$

$$= \frac{-d_2 + d}{\mathrm{HM}} = e$$

$$f[x_0, x_1.x_2, x_3, x_4, x_5]$$

$$= \frac{f[x_1, x_2, x_3, x_4, x_5] - f[x_0, x_1, x_2, x_3, x_4]}{\mathrm{HN}} = \frac{e_2 - e}{\mathrm{HN}} = -f$$

である。(8.5) は

$$\begin{aligned}
\mathrm{RS} =& f[x_0] + f[x_0, x_1](x - x_0) + f[x_0, x_1, x_2](x - x_0)(x - x_1) \\
&+ f[x_0, x_1, x_2, x_3](x - x_0)(x - x_1)(x - x_2) \\
&+ f[x_0, x_1, x_2, x_3, x_4](x - x_0)(x - x_1)(x - x_2)(x - x_3) \\
&+ f[x_0, x_1, x_2, x_3, x_4, x_5] \\
&\quad \times (x - x_0)(x - x_1)(x - x_2)(x - x_3)(x - x_4) \\
=& f[x_0] + (-f[x_0, x_1])(x_0 - x) + f[x_0, x_1, x_2](x_0 - x)(x_1 - x) \\
&+ (-f[x_0, x_1, x_2, x_3])(x_0 - x)(x_1 - x)(x_2 - x) \\
&+ f[x_0, x_1, x_2, x_3, x_4](x_0 - x)(x_1 - x)(x_2 - x)(x_3 - x) \\
&+ (-f[x_0, x_1, x_2, x_3, x_4, x_5]) \\
&\quad \times (x_0 - x)(x_1 - x)(x_2 - x)(x_3 - x)(x_4 - x)
\end{aligned} \tag{8.11}$$

である。

$$\begin{aligned}
&x_0 - x = -\mathrm{HS} = p \\
&(x_0 - x)(x_1 - x) = p(-\mathrm{IS}) = q \\
&(x_0 - x)(x_1 - x)(x_2 - x) = q(+\mathrm{SK}) = r \\
&(x_0 - x)(x_1 - x)(x_2 - x)(x_3 - x) = r(+\mathrm{SL}) = s \\
&(x_0 - x)(x_1 - x)(x_2 - x)(x_3 - x)(x_4 - x) = s(+\mathrm{SM}) = t
\end{aligned}$$

これらと差分商を (8.11) に代入すると

$$\mathrm{RS} = a + bp + cq + dr + es + ft$$

が得られる。 □

ニュートンと関孝和 5

関孝和が 1683 年に編集したか重訂したと考えられるいくつかの稿本が、関の没後 1712 年に『括要算法(かつようさんぽう)』として出版された。『括要算法』は元(げん)、亨(こう)、利(り)、貞(てい)の四巻から成り、元巻では「累裁招差法(るいさいしょうさほう)」と名付けられた不等間隔の任意次数の補間多項式が扱われている。また、貞巻では円弧の長さを求めるのに有理式補間が使われている。

累裁招差法は、実数の組 $(x_1, y_1), \ldots, (x_m, y_m)$ が与えられたとき

$$y_i = a_1 x_i + a_2 x_i^2 + \cdots + a_n x_i^n, \quad i = 1, \ldots, m \quad (8.12)$$

を満たす最小の自然数 n と $a_1, \ldots, a_n$ を求める。

中国で作られた太陰太陽暦では、太陽、月、五星 (木、金、土、火、水星) の見かけの運動に 2 次の補間法が用いられていた。そこでは、$(x_0, y_0) = (0, 0)$ の場合のみを扱うので定数項は 0 になっている。関の累裁招差法は中国で使われた補間法を任意次数に拡張させたため定数項は 0 である。

$z_i = y_i/x_i, i = 1, \ldots, m$ とおき、(8.12) を x_i で割ると

$$z_i = a_1 + a_2 x_i + \cdots + a_n x_i^{n-1}$$

となるので、$f(z) = a_1 + a_2 x + \cdots + a_n x^{n-1}$ とおく。

関は $(x_i, z_i), i = 1, \ldots, m$ の差分商を 1 階から順に計算し $n-1$ 階差分商がすべて等しくなったとき補間多項式 $f(z)$

(続く)

(続き)

の次数を $n-1$ とし、最高次の係数を $a_n = f[x_1, \ldots, x_n]$ とする。次数 $n-1$ を決定し、a_n を求める算法を関は $n-1$ 次相乗之法(そうじょうのほう)と呼んでいる。次数 $n-1$ が定まれば、$(x_i, z_i - a_n x_i^{n-1})$ に対し、$n-2$ 次相乗之法を適用するという再帰的アルゴリズムである。

ニュートンと関の補間法の相違点

補間点を $x_1, \ldots, x_m$ とする。

1. ニュートンは補間点が m 個のとき、$m-1$ 次補間多項式を求めるのに対し、関は補間多項式として表せる最小次数のものを求めている。(両者の得られる多項式は数学的に同じものである。)
2. ニュートン補間多項式は、

$$p(x) = f[x_1] + f[x_1, x_2](x - x_1) + \cdots + f[x_1, \ldots, x_m](x - x_1) \cdots (x - x_{m-1}) \tag{8.13}$$

になるのに対し、関の累裁招差法は、(8.13) を x に関し展開し昇冪で表した多項式になる。

3. 補間点 x_{m+1} を追加したとき、ニュートン補間多項式は

$$f[x_1, \ldots, x_m, x_{m+1}](x - x_1) \cdots (x - x_m)(x - x_{m+1})$$

を加えるだけでよいが、累裁招差法は最初から計算する必要がある。

8.6　ニュートンの補間による数値積分

ニュートンは『プリンキピア』第III部補助定理Vで補間法について述べた後、系において多項式補間 (ニュートンは多項式で表される曲線をすべて放物線あるいは放物線様の曲線と呼んでいる) による数値積分の可能性に言及している。ニュートンが「曲線の面積を近似的に見いだすこと」と述べていることが数値積分であるが、現代的表現をすれば、定積分の値 (数値) の近似値を求めるアルゴリズムが数値積分である。

> 系　ゆえに、すべての曲線の面積はだいたい見いだすことができる。なぜならば、もし、求積しようとする曲線のいくつかの点が見出され、それらの点を通るある放物線が描かれたと考えるならば、この放物線の面積は、求積しようとする曲線図形の面積とだいたい同じであろうが、放物線は周知の方法で常に幾何学的に求積されうるからである。　[15, p.597]

ニュートンは『差分法』の命題V(これまで記述された方法が、中間の点における補間された曲線の値を決定するために利用できる),VI(任意の曲線の近似的な面積が、補間された多項式を単純に積分することによって求められる) に対し、

> 注釈 これらの命題は、数列の補間による表の作成、曲線の求積に従属する問題の解法、とくにもし縦座標の間隔が小さくかつ等しいとき任意に与えられた数の縦座標を計算し保存する場合に有益である。もし、4つの

縦座標が等間隔で、A を最初と 4 つ目の和、B を 2 つ目と 3 つ目の和とし、R を最初と 4 つ目の間隔とせよ。そのとき、すべての中点は $\frac{1}{16}(9B-A)$ で、最初と 4 つ目の間の面積は $\frac{1}{8}(A+3B)R$ となるであろう。

MP VIII, pp.252-253

と注を付けている。後段を現代の記号で表すと次のようになる。等間隔の 4 点を $x_i = x_0 + ih, (i = 0, \ldots, 3)$ とする。曲線上の 4 つの点 $(x_0, y_0), (x_1, y_1), (x_2, y_2), (x_3, y_3)$ を通る 3 次補間多項式は、系 8.2 (p.249(8.7) 式) より、$x = x_0 + sh$ とおくと

$$
\begin{aligned}
p(x) =& p(x_0 + sh) \\
=& y_0 + \Delta y_0 s + \Delta^2 y_0 \frac{s(s-1)}{2!} + \Delta^3 y_0 \frac{s(s-1)(s-2)}{3!} \\
=& y_0 + (y_1 - y_0)s + \frac{1}{2}(y_2 - 2y_1 + y_0)s(s-1) \\
& + \frac{1}{6}(y_3 - 3y_2 + 3y_1 - y_0)s(s-1)(s-2)
\end{aligned}
$$

である。したがって、中点 $x_0 + \frac{3}{2}h$ における値は

$$
p\left(x_0 + \frac{3}{2}h\right) = \frac{1}{16}(9y_1 + 9y_2 - y_0 - y_3) = \frac{1}{16}(9B - A)
$$

また、面積は

$$
\begin{aligned}
\int_{x_0}^{x_3} p(x)dx =& h\int_0^3 p(x_0 + sh)ds \\
=& \frac{3h}{8}(y_0 + 3y_1 + 3y_2 + y_3) \qquad (8.14) \\
=& \frac{R}{8}(A + 3B)
\end{aligned}
$$

である。ここで、

$$R = 3h = x_3 - x_0, \quad A = y_0 + y_3, \quad B = y_1 + y_2$$

である。数値積分 (8.14) はシンプソン 3/8 則と呼ばれている。

8.7　ニュートン・コーツ公式

ニュートンが『差分法』において与えた等間隔の補間点に基づく数値積分公式は、今日ニュートン・コーツ公式と呼ばれている。n 個の補間点によるニュートン・コーツ公式はニュートン・コーツ n 点則 (あるいは n 点ニュートン・コーツ公式) と呼ばれる。たとえば、2 点則は台形則 (台形公式ともいう)、3 点則はシンプソン則 (シンプソンの公式ともいう) である。3 点則から 11 点則までのニュートン・コーツ公式の係数は、『プリンキピア』第 2 版の校正にあたったことで知られているロジャー・コーツ (1682-1716) が遺作『様々な計量の諸調和』(1722) において公表した。そのため、ニュートン・コーツ公式と呼ばれている。ニュートン・コーツ公式の 2 点則から 7 点則までを表 8.1 に示す。

ニュートン・コーツ公式のうちシンプソン則、シンプソン 3/8 則、ブール則をニュートン自身が、未完の草稿『縦座標による求積』(1695) において補外により導いている。詳細は 9.5 節 (p.285) で述べる。

実際に数値積分を行う際は、積分区間を m 等分し、各小区間にニュートン・コーツ公式を適用することが多い。このような数値積分法を複合ニュートン・コーツ公式という。分割する小区間の数をパネル数という。

表 8.1　ニュートン・コーツ公式

n	N	$(A_0, \ldots, A_{n-1})$	名称
2	2	$(1,1)$	台形則
3	6	$(1,4,1)$	シンプソン則
4	8	$(1,3,3,1)$	シンプソン 3/8 則
5	90	$(7,32,12,32,7)$	ブール則
6	288	$(19,75,50,50,75,19)$	6 点則
7	840	$(41,216,27,272,27,216,41)$	7 点則

$$h = (b-a)/(n-1), \quad x_i = a + hi$$

$$\int_a^b f(x)dx \approx \frac{b-a}{N}(A_0 f(x_0) + \cdots + A_{n-1} f(x_{n-1}))$$

$\int_a^b f(x)dx$ の積分区間 $[a,b]$ を等間隔の m 個の小区間に分割し、各小区間に台形則を適用したものを複合台形則 (分割数を明示するときは m パネル複合台形則) といい T_m と書く。

$h = (b-a)/m, x_i = a + ih, (i = 0, 1, \ldots, m)$ とおくと

$$T_m = \frac{h}{2}\left(f(x_0) + 2\sum_{i=1}^{m-1} f(x_i) + f(x_m)\right)$$

と表せる．被積分関数 $f(x)$ を補間点を通る折れ線で近似している。複合台形則について次の命題が知られている。

命題 8.2　$f(x)$ が区間 $[a,b]$ で C^2 級 ($f''(x)$ が存在し連続) のとき、T_m の誤差は

$$T_m - I \fallingdotseq \frac{h^2}{12}(f'(b) - f'(a))$$

となる。

証明　一松信『解析学序説』上巻 (新版)[51, pp.232-233] を参照のこと。 □

命題 8.2 より T_m の誤差は $1/m^2$ に比例する。

$\int_a^b f(x)dx$ の積分区間 $[a,b]$ を等間隔の m 個の小区間に分割し、各小区間にシンプソン則を適用したものを複合シンプソン則といい S_m と書く。

$h = (b-a)/2m, x_i = a + ih, (i = 0, 1, \ldots, 2m)$ とおくと

$$S_m = \frac{h}{3}\left(f(x_0) + 4\sum_{i=1}^{m} f(x_{2i-1}) + 2\sum_{i=1}^{m-1} f(x_{2i}) + f(x_{2m})\right)$$

と表せる。被積分関数 $f(x)$ を補間点を通る区分的放物線で近似したものである。複合シンプソン則については次の命題が知られている。

命題 8.3　$f(x)$ が区間 $[a,b]$ で C^4 級のとき、S_m の誤差は

$$S_m - I \fallingdotseq \frac{h^4}{180}(f'''(b) - f'''(a))$$

となる。

証明　一松信『解析学序説』上巻 (新版)[51, pp.234-235] を参照のこと。 □

命題 8.3 より S_m の誤差は $1/m^4$ に比例する。

第9章

数値計算 (2) — 加速法

本章では、ホイヘンスの定理について述べた後、ニュートンによる無限級数を用いたホイヘンスの定理の下限の導出、およびホイヘンスの定理の改良および一般化について述べる。

ホイヘンスは、『円の大きさの発見』(1654) において、円弧の長さを a, 正弦の長さを s, 弦の長さを s' としたとき

$$s' + \frac{1}{3}(s' - s) < a < s' + \frac{1}{3}(s' - s)\frac{4s' + s}{2s' + 3s}$$

となること (定理 XVI) をユークリッド幾何学の方法で証明した。ニュートンは、円弧の下限 $s' + \frac{1}{3}(s' - s)$ をホイヘンスの定理と呼んでおり、ホイヘンスの定理に関し少なくとも二度言及している。

最初の言及は、マイケル・ダリーに宛てた書簡 (1675 年 1 月 22 日) で、楕円の周長の計算にホイヘンスの定理を適用しホイヘンスの『円の大きさの発見』を挙げている。二度目は、ライプニッツに出した「前の書簡」(1676 年 6 月 13 日) でホイヘンスの定理を無限級数を用いて証明し、その改良につい

て述べている。さらにニュートンは、未刊の草稿『縦座標による求積』(1695) において、数値積分にホイヘンスの定理およびその一般化を繰り返し適用している。

9.1　ホイヘンスの『円の大きさの発見』

クリスチアーン・ホイヘンス (1629-1695) は、1654 年に『円の大きさの発見』を出版し、円とその内接正多角形あるいは外接正多角形に関する性質、円弧と弦に関するいくつかの性質などを証明した。次の定理は、その中の 1 つ円弧の下限を表す定理 (定理 XVI の前半) である。

定理 9.1　(ホイヘンスの定理)　半円より小さな任意の弧 $\overset{\frown}{\mathrm{AB}}$ の長さを a、正弦 AM の長さを s、弦 AB の長さを s' とすると

$$s' + \frac{1}{3}(s' - s) < a \qquad (9.1)$$

が成り立つ。

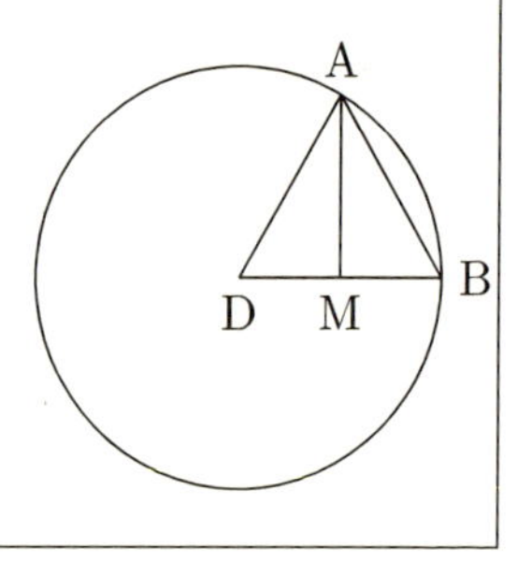

定理 9.1 の証明　ホイヘンスはユークリッド幾何学により証明を与えているが、ここでは微積分学を用いて証明しておく。

円の半径を r, $\angle \mathrm{BDA} = \theta (0 < \theta < \pi)$ とすると、

$$a = r\theta, \quad s = r\sin\theta, \quad s' = 2r\sin\frac{\theta}{2}$$

である。$\sin\theta$ にマクローリンの定理を適用すると、

$$\sin\theta = \theta - \frac{1}{3!}\theta^3 + \frac{1}{5!}\theta^5 - \frac{1}{7!}\theta^7 \cos\tau\theta, \quad (0 < \tau < 1)$$

と表せる (τ は θ により変化することに注意)。したがって、

$$s = r\theta\left(1 - \frac{1}{6}\theta^2 + \frac{1}{120}\theta^4 - \frac{1}{5040}\cos(\tau_1\theta)\theta^6\right) \tag{9.2}$$

$$s' = r\theta\left(1 - \frac{1}{6\cdot 4}\theta^2 + \frac{1}{120\cdot 16}\theta^4 - \frac{1}{5040\cdot 64}\cos(\tau_2\theta)\theta^6\right) \tag{9.3}$$

と書ける ($0 < \tau_1, \tau_2 < 1$)。(9.2)(9.3) より

$$\begin{aligned} &s' - s \\ =&r\theta\left(\frac{3}{6\cdot 4}\theta^2 - \frac{15}{120\cdot 16}\theta^4\right. \\ &\left.+\left(-\frac{1}{5040\cdot 64}\cos(\tau_2\theta) + \frac{1}{5040}\cos(\tau_1\theta)\right)\theta^6\right) \end{aligned}$$

したがって、

$$\begin{aligned} &s' + \frac{1}{3}(s' - s) \\ =&r\theta\left(1 - \frac{1}{30\cdot 16}\theta^4\right. \\ &\left.+\left(-\frac{4}{5040\cdot 64\cdot 3}\cos(\tau_2\theta) + \frac{1}{5040\cdot 3}\cos(\tau_1\theta)\right)\theta^6\right) \end{aligned}$$

$0 < \theta < \pi$ より

$$\frac{\theta^6}{5040}\left|-\frac{1}{48}\cos(\tau_2\theta) + \frac{1}{3}\cos(\tau_1\theta)\right| < \frac{17\pi^2}{5040\cdot 48}\theta^4 < \frac{1}{480}\theta^4$$

となるので

$$s' + \frac{1}{3}(s' - s) < a$$

が成り立つ。 □

ホイヘンスの定理は以下のように一般化される。未知の極限値 s に収束する数列 $\{s_n\}$ が未知の定数 c_1, c_2 により

$$s_n = s + \frac{c_1}{n^2} + \frac{c_2}{n^4} + o\left(\frac{1}{n^4}\right) \tag{9.4}$$

と表されているとき、

$$t_n = s_{2n} + \frac{1}{3}(s_{2n} - s_n) = s - \frac{c_2}{4n^4} + o\left(\frac{1}{n^4}\right) \tag{9.5}$$

により n^{-2} の項を消去できる。$\{s_n\}$ の誤差は n^{-2} のオーダーであるが、$\{t_n\}$ は n^{-4} のオーダーになり、収束が速くなる。

収束する数列 $\{s_n\}$ を同じ極限値により速く収束する数列 $\{t_n\}$ に変換することを加速あるいは収束の加速という。有限個の関数値 $f(1), f(2), f(3), \ldots, f(n)$ が与えられたとき、$f(\infty)$ を推定するという意味で、加速のことを補外ともいう。

ニュートンは、ホイヘンスの諸定理の本質は不等式ではなく誤差が n^{-2} のオーダーから n^{-4} のオーダーと小さくなることと考えていた。このことは「前の書簡」(詳細は 9.4 節で述べる) から見て取れる。(9.4) の漸近展開を持つ数列 $\{s_n\}$ から (9.5) の中辺により n^{-2} の項を消去する加速法を、ニュートンはホイヘンスの定理と呼んでいる。本書でもホイヘンスの定理と呼ぶことにする。

例 9.1　円周率を半径 1 の円に内接する正 2^k 角形の面積 S_{2^k} で近似する。

$$S_{2^{11}} = S_{2048} = \underline{3.14158}772528$$
$$S_{2^{12}} = S_{4096} = \underline{3.141159}142151$$

にホイヘンスの定理 ((9.5) の左辺) を適用すると、

$$S_{4096} + \frac{1}{3}(S_{4096} - S_{2048}) = \underline{3.14159265358}6$$

となる。下線部分が円周率に一致する数字である。有効桁数 6 桁が 12 桁になっている。一方、ホイヘンスの定理を用いないで同じ精度を得るためには、正 2097152 角形の面積

$$S_{2^{21}} = S_{2097152} = \underline{3.14159265358}5$$

を計算する必要がある。

9.2　リチャードソン補外とホイヘンスの定理

s に収束する数列 $\{s_n\}$ が、未知の定数列 $c_1, c_2, c_3, \ldots$ と既知の定数列 $\lambda_1, \lambda_2, \lambda_3, \ldots, (1 > |\lambda_1| > |\lambda_2| > |\lambda_3| > \cdots > 0)$ により

$$s_n = s + c_1\lambda_1^n + c_2\lambda_2^n + c_3\lambda_3^n + \cdots \tag{9.6}$$

と表されているとする。$\{s_n\}$ に対するリチャードソン補外を

$$\begin{aligned} T_n^{(0)} &= s_n \\ T_n^{(k+1)} &= T_{n+1}^{(k)} + \frac{\lambda_{k+1}}{1-\lambda_{k+1}}(T_{n+1}^{(k)} - T_n^{(k)}) \quad k = 0, 1, 2, \ldots \end{aligned} \tag{9.7}$$

により定義する。このとき、$T_n^{(k)}$ は

$$T_n^{(k)} = s + o(\lambda_k^n) \quad n \to \infty$$

を満たす。より詳しくいうと次の命題が成り立つ。

命題 9.1　(9.6) を満たす数列 $\{s_n\}$ にリチャードソン補外を適用すると

$$T_n^{(k)} = s + \sum_{j=k+1}^{\infty} c_j \left(\prod_{i=1}^{k} \frac{\lambda_j - \lambda_i}{1 - \lambda_i} \right) \lambda_j^n$$

と漸近展開される。

証明 k に関する数学的帰納法による。

$$s_n = s + c_1\lambda_1^n + c_2\lambda_2^n + c_3\lambda_3^n + \cdots$$
$$s_{n+1} = s + c_1\lambda_1^{n+1} + c_2\lambda_2^{n+1} + c_3\lambda_3^{n+1} + \cdots$$

から λ_1^n の項を消去する。

$$s_{n+1} - \lambda_1 s_n = (1-\lambda_1)s + c_2(\lambda_2 - \lambda_1)\lambda_2^n + c_3(\lambda_3 - \lambda_1)\lambda_3^n + \cdots$$

よって、

$$\begin{aligned} T_n^{(1)} =& s_{n+1} + \frac{\lambda_1}{1-\lambda_1}(s_{n+1} - s_n) \\ =& \frac{s_{n+1} - \lambda_1 s_n}{1 - \lambda_1} = s + c_2\frac{\lambda_2 - \lambda_1}{1-\lambda_1}\lambda_2^n + c_3\frac{\lambda_3 - \lambda_1}{1-\lambda_1}\lambda_3^n + \cdots \end{aligned}$$

$k = 1$ について成り立つ。

$$\begin{aligned} T_n^{(k)} = s + & c_{k+1}\left(\prod_{i=1}^{k} \frac{\lambda_{k+1} - \lambda_i}{1 - \lambda_i} \right) \lambda_{k+1}^n \\ & + c_{k+2}\left(\prod_{i=1}^{k} \frac{\lambda_{k+2} - \lambda_i}{1 - \lambda_i} \right) \lambda_{k+2}^n + \cdots \end{aligned}$$

が成り立つと仮定する。

$$\begin{aligned} & T_{n+1}^{(k)} - \lambda_{k+1} T_n^{(k)} \\ =& (1 - \lambda_{k+1})s + c_{k+2}(\lambda_{k+2} - \lambda_{k+1}) \left(\prod_{i=1}^{k} \frac{\lambda_{k+2} - \lambda_i}{1 - \lambda_i} \right) \lambda_{k+2}^n + \cdots \end{aligned}$$

より

$$\begin{aligned} T_n^{(k+1)} =& \frac{T_{n+1}^{(k)} - \lambda_{k+1} T_n^{(k)}}{1 - \lambda_{k+1}} \\ =& s + c_{k+2} \left(\prod_{i=1}^{k+1} \frac{\lambda_{k+2} - \lambda_i}{1 - \lambda_i} \right) \lambda_{k+2}^n + \cdots \end{aligned}$$

数学的帰納法により証明ができた。 □

s に収束する数列 $\{s_n\}$ が未知の定数列 $c_1, c_2, c_3, \ldots$ により

$$s_n = s + \frac{c_1}{n^2} + \frac{c_2}{n^4} + \frac{c_3}{n^6} + \cdots \tag{9.8}$$

と表されているとき、2 べきの部分列 $\{s'_n\} = \{s_{2^n}\}$ は

$$s'_n = s_{2^n} = s + c_1(4^{-1})^n + c_2(4^{-2})^n + c_3(4^{-3})^n + \cdots \tag{9.9}$$

を満たす。$\lambda_j = 4^{-j}, (j = 0, 1, 2, \ldots)$ とおくと $\{s'_n\}$ は (9.6) を満たしている。(9.9) に対するリチャードソン補外は

$$\begin{aligned} T_n^{(0)} =& s'_n = s_{2^n} \\ T_n^{(k+1)} =& T_{n+1}^{(k)} + \frac{1}{4^{k+1} - 1}(T_{n+1}^{(k)} - T_n^{(k)}), \quad k = 0, 1, 2, \ldots \end{aligned} \tag{9.10}$$

となる。(9.10) で $k = 0$ のときは

$$T_n^{(1)} = s_{2^{n+1}} + \frac{1}{3}(s_{2^{n+1}} - s_{2^n}) \tag{9.11}$$

である。したがって、ホイヘンスの定理はリチャードソン補外の第 1 ステップに一致する。

ニュートンと関孝和 6

(9.8) を満たす数列に対し、

$$t_n = s_{2n} + \frac{(s_{4n} - s_{2n})(s_{2n} - s_n)}{(s_{2n} - s_n) - (s_{4n} - s_{2n})}$$

を対応させる加速法をエイトケン Δ^2（デルタじじょう）法という。ホイヘンスの定理に類似の

$$t_n = s + \frac{c_2}{16n^4} + o\left(\frac{1}{n^4}\right)$$

が成り立つ。

関は、エイトケン Δ^2 法を発見し、

1. 円周率の計算
2. 扇形の弧長の計算
3. 球の体積

に適用している。いずれも没後 1712 年に出版された『括要算法』に現れる。1680 年執筆の稿本『立円率解（りゅうえんりつかい）』において球の体積の導出に用いているので、エイトケン Δ^2 法の発見は 1680 年以前である。

9.3　ニュートンからダリー宛て書簡

ニュートンは、コリンズの子分（プロテジェ）の数学者マイケル・ダリー (1613-79) に宛てた 1675 年 1 月 22 日付け書簡で、楕円の弧長の近似値の計算にホイヘンスの定理の適用を勧めている。

AB, AD を楕円の 2 つの半径とし、$\overset{\frown}{BCD}$ を四分楕円、BHD をその弦で H で二等分されるとしなさい。AH を引き、C で楕円と交わるとし、B と C、C と D を線分 BC と CD で結び、$BE = BC + CD$ かつ $EF = \frac{1}{3}DE$ となる点 E と F を取りなさい。そうすれば、BF が四分楕円の可能な限り近い長さになります。これはホイヘンスの『円の測定』[『円の大きさの発見』の誤記] から導かれ、私が楕円について行ったことは、彼が円について行ったことに限りなく近づくと信じています。

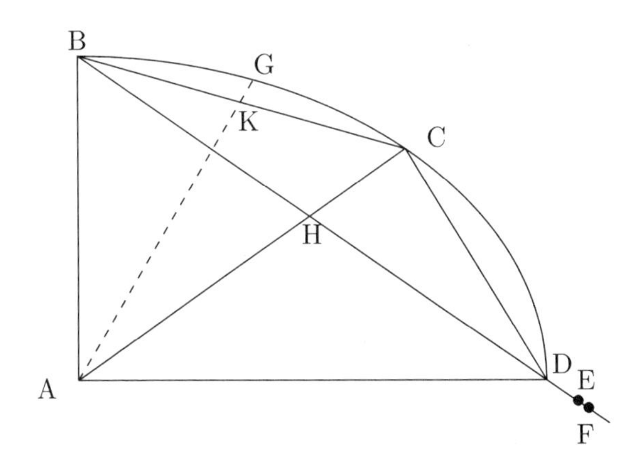

図 9.1　ニュートンからダリー宛て書簡

もしあなたが任意の弧の長さ、たとえば $\overset{\frown}{BGC}$, を知りたいときは、K でその弦を二等分し、AKG と弦 BG & GC を描きなさい。そうすれば

$$\frac{4BG + 4GC - BC}{3}$$

は弧 $\overset{\frown}{\mathrm{BGC}}$ の長さになります。 [9, I, p.333]

第二段落を確認する。ダリーへの書簡の中でニュートンは、導き方の説明も証明も付けてないが、「前の書簡」(第 9.4 節参照) での説明と証明を参考にして、ニュートンが行なったと考えられるものを微積分学の表記法を用いて復元する。

楕円の方程式を

$$\frac{x^2}{a^2}+\frac{y^2}{b^2}=1, \quad (a>0, b>0)$$

とし、$\mathrm{B}(0,b), \mathrm{C}(s,t), \mathrm{G}(u,v)$ とおく。なお、第一段落では BD の中点を H としたとき、半直線 AH と楕円の交点が C であるが、第二段落では C は楕円弧 $\overset{\frown}{\mathrm{BD}}$ の任意の点である。曲線の長さの公式より

$$\overset{\frown}{\mathrm{BC}}=\int_0^s \sqrt{1+\left(\frac{dy}{dx}\right)^2}dx=\int_0^s \sqrt{1+\frac{b^2x^2}{a^2(a^2-x^2)}}dx \tag{9.12}$$

である。(9.12) は s の初等関数で表すことはできないが、ニュートンが『解析について』で与えたように、被積分関数を無限級数に展開し項別積分して近似値が求められる。

ここからの計算には、除算と開平による級数展開

$$\frac{1}{1\pm x}=1\mp x+x^2\mp x^3+x^4\mp\cdots \quad \text{(複合同順)}$$

$$\sqrt{1\pm x}=1\pm\frac{1}{2}x-\frac{1}{8}x^2\pm\frac{1}{16}x^3-\frac{5}{128}x^4\pm\cdots \quad \text{(複合同順)}$$

の最初の数項を繰り返し用いる。

$$\sqrt{1+\frac{b^2x^2}{a^2(a^2-x^2)}} = \sqrt{1+\frac{b^2}{a^4}x^2+\frac{b^2}{a^6}x^4+\cdots}$$
$$=1+\frac{b^2}{2a^4}x^2+\left(\frac{b^2}{2a^6}-\frac{b^2}{8a^8}\right)x^4+\cdots$$

命題 5.1(漸近級数の項別積分、p.139) より

$$\widehat{\mathrm{BC}} = \int_0^s \left(1+\frac{b^2}{2a^4}x^2+\left(\frac{b^2}{2a^6}-\frac{b^2}{8a^8}\right)x^4+\cdots\right)dx$$
$$\sim s+\frac{b^2}{6a^4}s^3+\frac{1}{5}\left(\frac{b^2}{2a^6}-\frac{b^2}{8a^8}\right)s^5+\cdots$$

すなわち

$$\widehat{\mathrm{BC}} = s+\frac{b^2}{6a^4}s^3+O(s^5) \tag{9.13}$$

となる。$t=b\sqrt{1-\dfrac{s^2}{a^2}}$ より

$$t=b\left(1-\frac{s^2}{2a^2}-\frac{s^4}{8a^4}+O(s^6)\right)$$

なので

$$\mathrm{BC} = \sqrt{s^2+(t-b)^2} = \sqrt{s^2+\frac{b^2}{4a^4}s^4+O(s^6)}$$
$$= s\left(1+\frac{b^2}{8a^4}s^2+O(s^4)\right)$$

となる。K は B と C の中点だから $\mathrm{K}(s/2,(b+t)/2)$ となり、$v/u=(b+t)/s$ である。

$$u^2=a^2\left(1-\frac{v^2}{b^2}\right)=a^2\left(1-\frac{(b+t)^2u^2}{b^2s^2}\right)$$

より

$$
\begin{aligned}
u^2 =& \frac{a^2b^2s^2}{b^2s^2 + a^2(b+t)^2} = \frac{s^2}{\frac{s^2}{a^2} + \frac{(b+t)^2}{b^2}} = \frac{s^2}{2 + \frac{2t}{b}} \\
=& \frac{s^2}{2} \frac{1}{1 + 1 - \frac{s^2}{2a^2} + O(s^4)} = \frac{s^2}{4} \frac{1}{1 - \frac{s^2}{4a^2} + O(s^4)} \\
=& \frac{s^2}{4} \left(1 + \frac{s^2}{4a^2} + O(s^4)\right)
\end{aligned}
$$

がいえる。よって

$$
u = \frac{s}{2} \left(1 + \frac{s^2}{8a^2} + O(s^4)\right)
$$

となる。また

$$
b + t = b \left(2 - \frac{s^2}{2a^2} + O(s^4)\right)
$$

より

$$
\begin{aligned}
v =& \frac{u}{s}(b+t) = b \left(1 + \frac{s^2}{8a^2} + O(s^4)\right) \left(1 - \frac{s^2}{4a^2} + O(s^4)\right) \\
=& b \left(1 - \frac{s^2}{8a^2} + O(s^4)\right)
\end{aligned}
$$

を得る。これらより、

$$
\begin{aligned}
\mathrm{BG} &= \sqrt{u^2 + (v-b)^2} = \frac{s}{2} \left(1 + \frac{4a^2 + b^2}{32a^4} s^2 + O(s^4)\right) \\
\mathrm{GC} &= \sqrt{(s-u)^2 + (t-v)^2} \\
&= \frac{s}{2} \left(1 + \frac{-4a^2 + 9b^2}{32a^4} s^2 + O(s^4)\right) \\
\mathrm{BG} + \mathrm{GC} &= s \left(1 + \frac{5b^2}{32a^4} s^2 + O(s^4)\right)
\end{aligned}
$$

以上の準備のもとで

$$\alpha(\mathrm{BG}+\mathrm{GC})+(1-\alpha)\mathrm{BC}-\widehat{\mathrm{BC}}=O(s^5)$$

となるような α を求める.

$$\alpha(\mathrm{BG}+\mathrm{GC})+(1-\alpha)\mathrm{BC}-\widehat{\mathrm{BC}}=\frac{(3\alpha-4)b^2}{96a^4}s^3+O(s^5)$$

より $\alpha=\frac{4}{3}$ のとき

$$\frac{4\mathrm{BG}+4\mathrm{GC}-\mathrm{BC}}{3}-\widehat{\mathrm{BC}}=O(s^5)$$

となり、誤差は $O(s^5)$ である。

ニュートンは楕円の弧を、中心 A を始点とし弦の中点 K を通る半直線により分割し、得られる弦の長さの和で楕円の弧長を近似している。

$$C_1=\mathrm{BC},\quad C_2=\mathrm{BG}+\mathrm{GC}$$

とすると

$$C_2+\frac{1}{3}(C_2-C_1)=\frac{4\mathrm{BG}+4\mathrm{GC}-\mathrm{BC}}{3} \tag{9.14}$$

となる。(9.14) の左辺はホイヘンスの定理である。ジェームス・グレゴリーは『円と放物線の面積の真理』(1667) において、ニュートンと同様のことを放物線に対し行っている。

9.4 ニュートン「前の書簡」

1676 年 5 月にライプニッツは、かねてから文通していた王立協会書記のオルデンバーグに、ニュートンが与えた弧

($\sin^{-1} x$) の級数や正弦 ($\sin x$) の級数がどのように証明されたのかを知りたいと書き送った。このことをオルデンバーグから伝え聞いたニュートンは、オルデンバーグを介してライプニッツに「前の書簡」(1676 年 6 月 13 日) 送った。それに対しライプニッツはオルデンバーグ宛ての書簡で、一般二項定理発見の経緯、複合方程式の文字解法 (陰関数の級数展開)、逆関数の級数展開の方法について知りたいと書いた。これらの質問にニュートンが再び応えたものが「後の書簡」(1676 年 10 月 24 日) である。

「前の書簡」では、一般二項定理、数値方程式の解法 (代数方程式に対するニュートン法)、複合方程式の文字解法、弧や正弦の級数、無限級数を使った定理 9.1 (ホイヘンスの定理 XVI, p.266) の証明、ホイヘンスの定理の拡張などを記している。

弧の級数展開から見てみる。

> 正弦 [図 9.2 の BD$(= r\sin\theta)$] あるいは正矢(せいし)[図 9.2 の AD $= r(1-\cos\theta)$] から弧長 [図 9.2 の $\overset{\frown}{\mathrm{AB}}$] を求めるとき、$r$ を半径とし、x を正弦とすると弧は
>
> $$x + \frac{x^3}{6rr} + \frac{3x^5}{40r^4} + \frac{5x^7}{112r^6} + \&c.$$
>
> となるでしょう。これは
>
> $$x + \frac{1\times1\times xx}{2\times3\times rr}A + \frac{3\times3xx}{4\times5rr}B + \frac{5\times5xx}{6\times7rr}C + \frac{7\times7xx}{8\times9rr}D + \&c.$$
>
> に等しいです。あるいは、もし d を直径とし、x を正矢

とすると、弧は

$$d^{\frac{1}{2}}x^{\frac{1}{2}}+\frac{x^{\frac{3}{2}}}{6d^{\frac{1}{2}}}+\frac{3x^{\frac{5}{2}}}{40d^{\frac{3}{2}}}+\frac{5x^{\frac{7}{2}}}{112d^{\frac{5}{2}}}+\&\text{c.},$$

$$\sqrt{dx}\left(1+\frac{x}{6d}+\frac{3xx}{40dd}+\frac{5x^3}{112ddd}+\&\text{c.}\right)$$

に等しくなるでしょう。 [9, II, p.25,p.35]

と書いている。ニュートンは『解析について』で求めた円弧の長さの級数展開 (5.6.1 節 (p.183)) を用いている。

6 行目の A, B, C, D は 1 項前の式で

$$A=x,\quad B=\frac{x^3}{6r^2},\quad C=\frac{3x^5}{40r^4},\quad D=\frac{5x^7}{112r^6}$$

である。この表記法はニュートンが一般二項定理で用いたもの (2.9 節 (p.51) 参照) で、「前の書簡」の冒頭 (第 2 段落) で一般二項定理を取り上げた際に多くの例を用いて説明している。

直径 d と正矢 x を用いた円弧の級数展開を微積分学を用いて確認する。図 9.2(p.281) において $\angle\mathrm{ACB}=\theta$ とおく。$\triangle\mathrm{ABD}$ と $\triangle\mathrm{AKB}$ は相似なので、

$$\frac{\mathrm{AB}}{\mathrm{AD}}=\frac{\mathrm{AK}}{\mathrm{AB}}$$

より、$\mathrm{AB}^2=\mathrm{AD}\cdot\mathrm{AK}=xd$ が成り立つ。$\sin^{-1}x$ のマクローリン展開により、

$$\begin{aligned}
\overset{\frown}{\mathrm{AB}}&=\frac{d}{2}\theta=d\sin^{-1}\frac{\mathrm{AB}}{d}=d\sin^{-1}\sqrt{\frac{x}{d}}\\
&=d\left(\sqrt{\frac{x}{d}}+\frac{1}{6}\left(\sqrt{\frac{x}{d}}\right)^3+\frac{3}{40}\left(\sqrt{\frac{x}{d}}\right)^5+\frac{5}{112}\left(\sqrt{\frac{x}{d}}\right)^7+O(x^{9/2})\right)\\
&=\sqrt{dx}\left(1+\frac{1}{6}\left(\frac{x}{d}\right)+\frac{3}{40}\left(\frac{x}{d}\right)^2+\frac{5}{112}\left(\frac{x}{d}\right)^3+O(x^4)\right)
\end{aligned}$$

である。これらの級数展開をニュートンは、『解析について』(1669) において円弧の級数展開 (p.185) として与えている。

さて、「前の書簡」でのホイヘンスの定理を見ていこう。

> 1 つの円弧の弦 A とその半分の弧の弦 B が与えられたとき、弧長 z に最も近いものを見出します。円の半径を r とすると、A は
>
> $$z - \frac{z^3}{4 \times 6r^2} + \frac{z^5}{4 \times 4 \times 120r^4} - \&\mathrm{c},$$
>
> で、B は
>
> $$\frac{z}{2} - \frac{z^3}{2 \times 16 \times 6r^2} + \frac{z^5}{2 \times 16 \times 16 \times 120r^4} - \&\mathrm{c}.$$
>
> となります。
>
> 今、B に任意の数 n を掛けたものから A を引き去った残りの第 2 項
>
> $$-\frac{nz^3}{2 \times 16 \times 6r^2} + \frac{z^3}{4 \times 6r^2}$$
>
> を 0 にします。すると、結果は $n = 8$ で
>
> $$8B - A = 3z - \frac{3z^5}{64 \times 120r^4} + \&\mathrm{c}.$$
>
> となります。すなわち、$\frac{1}{3}(8B - A) = z$、誤差は $\frac{z^5}{7680r^4} - \&\mathrm{c}$ を超えるだけとなります。これはホイヘンスの定理です。 [9, II, pp.29-30,p.39-40]

図 9.2 において $\angle \mathrm{BCb} = \theta$ としたとき、$r\theta = z$ となるので、ニュートンは

$$\mathrm{AB} + \mathrm{Ab} + \frac{1}{3}(\mathrm{AB} + \mathrm{Ab} - \mathrm{Bb}) - \widehat{\mathrm{BAb}} = -\frac{r}{7680}\theta^5 + \cdots$$

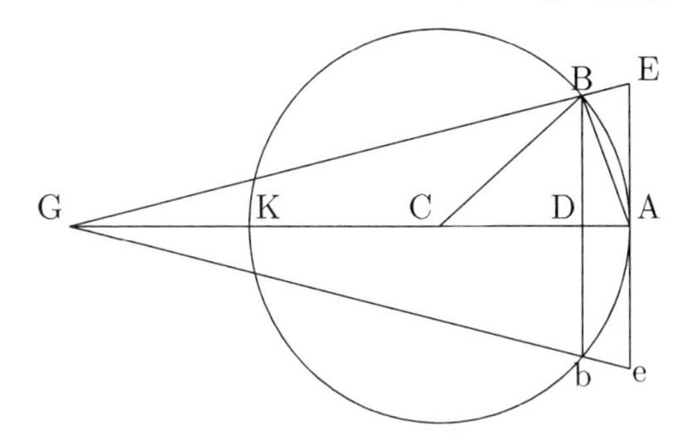

図 9.2 「前の書簡」円弧の長さ

を示した。ホイヘンスは定理 9.1(p.266) の不等式をユークリッド幾何学で証明したが、ニュートンは下限の誤差の位数を無限級数を用いて与えたことになる。

微積分学を用いて解説する。円の中心を C、半径 AC 上に点 D を任意に取る。D における AC の垂線と円との交点を B,b とする。$z = \overset{\frown}{\mathrm{BAb}}$ とし、$r = \mathrm{AC} = \mathrm{BC}, \theta = \angle\mathrm{BCb}$ とおくと $z = r\theta$ より $\theta = \frac{z}{r}$ となる (図 9.2 参照)。$A = 2\mathrm{BD}, B = \mathrm{AB}$

を z, r を用いて表示し、マクローリン展開すると

$$\begin{aligned}
A =& 2r\sin\frac{\theta}{2} = 2r\sin\frac{z}{2r} \\
=& 2r\frac{z}{2r}\left(1 - \frac{1}{3!}\left(\frac{z}{2r}\right)^2 + \frac{1}{5!}\left(\frac{z}{2r}\right)^4 + O(z^6)\right) \\
=& z - \frac{z^3}{4\times 6r^2} + \frac{z^5}{4\times 4\times 120r^4} + O(z^7) \qquad (9.15) \\
B =& 2r\sin\frac{\theta}{4} = 2r\sin\frac{z}{4r} \\
=& 2r\frac{z}{4r}\left(1 - \frac{1}{3!}\left(\frac{z}{4r}\right)^2 + \frac{1}{5!}\left(\frac{z}{4r}\right)^4 + O(z^6)\right) \\
=& \frac{z}{2} - \frac{z^3}{2\times 16\times 6r^2} + \frac{z^5}{2\times 16\times 16\times 120r^4} + O(z^7) \\
=& \frac{1}{2}z - \frac{z^3}{4\times 6r^2} + \frac{z^5}{4\times 4\times 120r^4} + O(z^7) \qquad (9.16)
\end{aligned}$$

となる。z にできるだけ近い数を A, B により表すことを考える。(9.15)(9.16) より

$$\begin{aligned}
nB - A = \left(\frac{n}{2} - 1\right)z + \left(\frac{-n}{2\times 16\times 6} + \frac{1}{4\times 6}\right)\frac{z^3}{r^2} \\
+ \left(\frac{n}{2\times 16\times 16\times 120} - \frac{1}{4\times 4\times 120}\right)\frac{z^5}{r^4}
\end{aligned}$$

となるので、z^3 の項を 0 にするには $n = 8$ である。このとき、

$$\frac{8B - A}{3} = z - \frac{z^5}{7680r^4} + O\left(\left(\frac{z}{r}\right)^7\right)$$

となる。

$$\frac{8B - A}{3} = 2B + \frac{1}{3}(2B - A)$$

より、ホイヘンスの定理である。

つづけてニュートンは、無限級数を用いてホイヘンスが証明した弧の長さの下限 ((9.1) の左辺) をさらに精密にしている。図 9.2 において、円の直径を d、矢 (正矢)AD を x とし、G を AK の延長線上にとり、直線 GB, Gb と円の A における接線との交点をそれぞれ E, e とする。Ee が $z(=\widehat{\mathrm{BAb}})$ にできるだけ近くなるような G を求める。

△DBK と △DAB は相似なので、

$$\frac{\mathrm{DB}}{\mathrm{KD}}=\frac{\mathrm{AD}}{\mathrm{DB}}$$

より、$\mathrm{DB}^2=\mathrm{KD}\cdot\mathrm{AD}=(d-x)x$ が成り立つので、

$$\begin{aligned}\mathrm{DB}&=\sqrt{dx-x^2}=\sqrt{dx}\left(1-\frac{x}{d}\right)^{1/2}\\&=\sqrt{dx}\left(1-\frac{1}{2}\left(\frac{x}{d}\right)-\frac{1}{8}\left(\frac{x}{d}\right)^2-\frac{1}{16}\left(\frac{x}{d}\right)^3+O(x^4)\right)\end{aligned}$$

いま

$$\frac{\mathrm{AE}}{\mathrm{AG}}=\frac{\mathrm{DB}}{\mathrm{GD}}=k$$

とおくと

$$\frac{\mathrm{AE}-\mathrm{DB}}{\mathrm{AD}}=k=\frac{\mathrm{AE}}{\mathrm{AG}} \tag{9.17}$$

$\mathrm{AE}\fallingdotseq\widehat{\mathrm{AB}}$ とすると

$$\mathrm{AG}=\frac{\mathrm{AD}\cdot\mathrm{AE}}{\mathrm{AE}-\mathrm{DB}}\fallingdotseq\frac{x\widehat{\mathrm{AB}}}{\widehat{\mathrm{AB}}-\mathrm{DB}}$$

となる。

$$
\begin{aligned}
&\widehat{\mathrm{AB}}-\mathrm{DB}\\
=&d^{1/2}x^{1/2}\left(\frac{2}{3}\frac{x}{d}+\frac{1}{5}\left(\frac{x}{d}\right)^2+\frac{3}{28}\left(\frac{x}{d}\right)^3+O(x^4)\right)\\
=&\frac{2}{3}\frac{x^{3/2}}{d^{1/2}}\left(1+\frac{3}{10}\left(\frac{x}{d}\right)+\frac{9}{56}\left(\frac{x}{d}\right)^2+O(x^3)\right)
\end{aligned}
$$

よって

$$
\begin{aligned}
\mathrm{AG}\fallingdotseq&\frac{x\widehat{\mathrm{AB}}}{\widehat{\mathrm{AB}}-\mathrm{DB}}\\
=&\frac{3}{2}d\left(1-\frac{3}{10}\left(\frac{x}{d}\right)-\frac{99}{1400}\left(\frac{x}{d}\right)^2+O(x^3)\right)\\
&\times\left(1+\frac{1}{6}\left(\frac{x}{d}\right)+\frac{3}{40}\left(\frac{x}{d}\right)^2+O(x^3)\right)\\
=&\frac{3}{2}d-\frac{1}{5}x-\frac{12}{175}\frac{x^2}{d}+O(x^3)
\end{aligned}
$$

以上より

$$
\mathrm{AG}=\frac{3}{2}d-\frac{1}{5}x
$$

と取ると

$$
\begin{aligned}
\frac{\mathrm{AG}}{\mathrm{AG}-\mathrm{AD}}=&\frac{\frac{3}{2}d-\frac{1}{5}x}{\frac{3}{2}d-\frac{6}{5}x}\\
=&1+\frac{2}{3}\frac{x}{d}+\frac{8}{15}\frac{x^2}{d^2}+\frac{32}{75}\frac{x^3}{d^3}+O(x^4)
\end{aligned}
$$

となる。

$$
\frac{\mathrm{AE}}{\mathrm{AG}}=\frac{\mathrm{DB}}{\mathrm{DG}}=\frac{\mathrm{DB}}{\mathrm{AG}-\mathrm{DG}}
$$

より

$$
\begin{aligned}
\mathrm{AE} &= \frac{\mathrm{AG}\cdot\mathrm{DB}}{\mathrm{AG}-\mathrm{AD}} \\
&= \left(1+\frac{2}{3}\frac{x}{d}+\frac{8}{15}\frac{x^2}{d^2}+\frac{32}{75}\frac{x^3}{d^3}+O(x^4)\right) \\
&\quad \times \sqrt{dx}\left(1-\frac{1}{2}\left(\frac{x}{d}\right)-\frac{1}{8}\left(\frac{x}{d}\right)^2-\frac{1}{16}\left(\frac{x}{d}\right)^3+O(x^4)\right) \\
&= \sqrt{dx}\left(1+\frac{1}{6}\frac{x}{d}+\frac{3}{40}\frac{x^2}{d^2}+\frac{17}{1200}\frac{x^3}{d^3}+O(x^4)\right)
\end{aligned}
$$

よって、

$$
\widehat{\mathrm{AB}}-\mathrm{AE}=\frac{16}{525}\frac{x^{\frac{7}{2}}}{d^{\frac{5}{2}}}+O(x^{\frac{9}{2}})
$$

がいえる。そこで、ニュートンは

> 誤差はただの
>
> $$\frac{16x^3}{525d^3}\sqrt{dx}\pm\&c$$
>
> で、ホイヘンスの定理より確かに小さいです。
>
> [9, II, p.30,p.40]

とのべている。

9.5　ニュートンの補外による数値積分

ニュートンが 1695 年に執筆した未完の草稿『縦座標による求積』は、これまで注目されてこなかった数値積分に関する論文である。本節ではニュートンがホイヘンスの定理およびその一般化により低次のニュートン・コーツ公式および、多項式補間では表せない公式を導びいたことを述べる。ニュートン・コーツ公式の重みの係数は表 8.1(p.263) に示してある。

もし任意の曲線に A を起点とする等間隔の縦座標 AK, BL, CM&c[が与えられていれば、] その曲線はその縦座標により以下のように求積される。

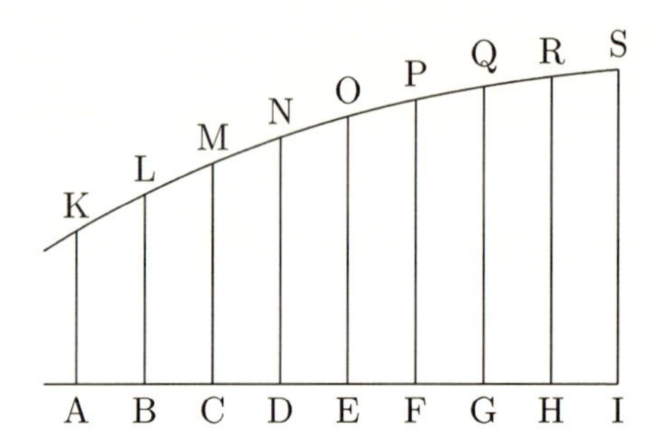

場合 1 もし、2 つの縦座標 AK と BL が与えられたときは、面積

$$\mathrm{AKLB} = \frac{\mathrm{AK} + \mathrm{BL}}{2}\mathrm{AB}$$

とせよ。

MP VII, pp.690-691

曲線 KS を表す関数を $f(x)$ とし、A, B, C, D, ... の x 座標を $x_0, x_1, x_2, x_3, \ldots$ とし、$x_1 - x_0 = x_2 - x_1 = x_3 - x_2 = \cdots = h$ とする。$f(x_0), \ldots, f(x_k)$ が与えられたとき

$$I = \int_{x_0}^{x_k} f(x)dx$$

の近似値を与える数値積分公式が場合 $k (k = 1, 2, 3, 4)$ で扱われている。場合 1 では台形則

$$T_1 = \frac{1}{2}\left(f(x_0) + f(x_1)\right)(x_1 - x_0)$$

を与えている。

場合 **2** もし、3 つ [の縦座標]AK, BL と CM が与えられると

$$\frac{\mathrm{AK}+\mathrm{CM}}{2}\mathrm{AC}=\square\mathrm{AM} \tag{9.18}$$

そして再び場合 1 より [$\mathrm{AB}=\mathrm{BC}=\frac{1}{2}\mathrm{AC}$ だから]

$$\left(\frac{\mathrm{AK}+\mathrm{BL}}{4}+\frac{\mathrm{BL}+\mathrm{CM}}{4}\right)\mathrm{AC}$$
$$=(\mathrm{AK}+2\mathrm{BL}+\mathrm{CM})\times\frac{1}{4}\mathrm{AC}=\square\mathrm{AM} \tag{9.19}$$

そして前者 [(9.18)] の解の誤差と後者 [(9.19)] の解の誤差 [の比] は $\mathrm{AC}^2:\mathrm{AB}^2=4:1$ である。それ故、[前者と後者の] 解の差

$$\frac{\mathrm{AK}-2\mathrm{BL}+\mathrm{CM}}{4}\mathrm{AC}$$

と後者の誤差 [の比] は 3 : 1 である。そして、後者の誤差は

$$\frac{\mathrm{AK}-2\mathrm{BL}+\mathrm{CM}}{12}\mathrm{AC}$$

となるであろう。[後者から] この誤差を引き去ると

$$\frac{\mathrm{AK}+4\mathrm{BL}+\mathrm{CM}}{6}\mathrm{AC}=\square\mathrm{AM} \tag{9.20}$$

となり、要求される解である。

MP VII, pp.690-693

記号 □AM は面積 AKMC を表している。場合 2 では 3 つの縦座標 AK, BL, CM が与えられたとき、面積 AKMC を 3

通りの方法 (9.18) (9.19)(9.20) で求めている。場合 2 のなかに場合 6 までの方法がすべて含まれているので、現代の記号に置き換えて説明する。

(9.18) は場合 1 の台形則

$$T_1 = \frac{1}{2}\left(f(x_0) + f(x_2)\right)(x_2 - x_0)$$

を適用している。(9.19) では 2 つの領域 AKLB, BLMC のそれぞれに場合 1 の台形則を適用して加えた 2 パネル複合台形則

$$T_2 = \frac{1}{4}\left(f(x_0) + 2f(x_1) + f(x_2)\right)(x_2 - x_0)$$

を与えている。命題 8.2(p.264) より、

$$T_2 - I \fallingdotseq \frac{1}{4}(T_1 - I)$$

が成り立つので、

$$T_1 - T_2 = (T_1 - I) - (T_2 - I) \fallingdotseq 3(T_2 - I)$$

となることが 3 : 1 である。「後者の誤差」は

$$\begin{aligned} T_2 - I \fallingdotseq& \frac{1}{3}(T_1 - T_2) \\ =& \frac{1}{3}\left(\frac{1}{2}(f(x_0) + f(x_2))(x_2 - x_0)\right. \\ & \left. - \frac{1}{4}(f(x_0) + 2f(x_1) + f(x_2))(x_2 - x_0)\right) \\ =& \frac{1}{12}(f(x_0) - 2f(x_1) + f(x_2))(x_2 - x_0) \end{aligned}$$

である。T_2 から $T_2 - I$ を引き去る、すなわち I の近似値は

$$\begin{aligned}T_2 - (T_2 - I) &\fallingdotseq T_2 - \frac{1}{3}(T_1 - T_2)\\ &= \frac{1}{4}(f(x_0) + 2f(x_1) + f(x_2))(x_2 - x_0)\\ &\quad - \frac{1}{12}(f(x_0) - 2f(x_1) + f(x_2))(x_2 - x_0)\\ &= \frac{1}{6}(f(x_0) + 4f(x_1) + f(x_2))(x_2 - x_0)\end{aligned}$$

となる。これはシンプソン則 S_1 である。ニュートンはシンプソン則

$$S_1 = \frac{1}{6}\left(f(x_0) + 4f(x_1) + f(x_2)\right)(x_2 - x_0)$$

をホイヘンスの定理

$$S_1 = T_2 - \frac{1}{3}(T_1 - T_2)$$

により与えている。

ニュートンは続けて

> **場合 3** もし、4 つの縦座標 AK, BL, CM と DN が与えられると
>
> $$\frac{\mathrm{AK} + \mathrm{DN}}{2}\mathrm{AD} = \square\mathrm{AN}$$
>
> となる。同様に
>
> $$\left(\frac{\mathrm{AK} + \mathrm{BL}}{6} + \frac{\mathrm{BL} + \mathrm{CM}}{6} + \frac{\mathrm{CM} + \mathrm{DN}}{6}\right)\mathrm{AD}$$
>
> すなわち
>
> $$\frac{\mathrm{AK} + 2\mathrm{BL} + 2\mathrm{CM} + \mathrm{DN}}{6}\mathrm{AD} = \square\mathrm{AN}$$

解の誤差の比は $\mathrm{AD}^2 : \mathrm{AB}^2 = 9 : 1$ である。そして [前者と後者の] 差

$$\frac{2\mathrm{AK} - 2\mathrm{BL} - 2\mathrm{CM} + 2\mathrm{DN}}{6}\mathrm{AD}$$

と後者の誤差 [の比] は $8 : 1$ である。後者から後者の誤差 [の $\frac{1}{8}$] を引き去れば

$$\frac{\mathrm{AK} + 3\mathrm{BL} + 3\mathrm{CM} + \mathrm{DN}}{8}\mathrm{AD} = \square\mathrm{AN}$$

が残る。

ニュートンはホイヘンスの定理を以下のように一般化している。2 つの数列 $\{s_n\}$ と $\{t_n\}$ が同じ極限値 s に収束し

$$(s_n - s) : (t_n - s) \fallingdotseq m^2 : 1$$

を満たしているとする。

$$s_n - t_n = (s_n - s) - (t_n - s) \fallingdotseq (m^2 - 1)(t_n - s)$$

より

$$s \fallingdotseq t_n - \frac{1}{m^2 - 1}(s_n - t_n)$$

となるので、$\{t_n - \frac{1}{m^2-1}(s_n - t_n)\}$ は $\{s_n\}$ および $\{t_n\}$ よりも s のよい近似値になっている。$\{s_n\}$ と $\{t_n\}$ から $\{t_n - \frac{1}{m^2-1}(s_n - t_n)\}$ を計算する方法を一般化ホイヘンスの定理と呼ぶことにする。$\{s_n\}$ が (9.4) を満たすとき、ホイヘンスの定理は $t_n = s_{2n}, m = 2$ のときである。

場合 3 では 4 つの縦座標 AK, BL, CM, DN が与えられたとき、面積 AKND を 3 通りの方法で求めている。考え方は

場合 2 と同じである。$T_1 = \frac{1}{2}(\mathrm{AK} + \mathrm{DN})\mathrm{AD}, T_3 = \frac{1}{6}(\mathrm{AK} + 2\mathrm{BL} + 2\mathrm{CM} + \mathrm{DN}))\mathrm{AD}$ とおくと $T_1 - T_3 = \frac{1}{6}(2\mathrm{AK} - 2\mathrm{BL} - 2\mathrm{CM} + 2\mathrm{DN})\mathrm{AD}$ である。$(T_1 - I) : (T_3 - I) \fallingdotseq 9 : 1$ より一般化ホイヘンスの定理を適用し

$$\begin{aligned} N_1 =& T_3 - \frac{1}{8}(T_1 - T_3) \\ =& \frac{1}{8}(\mathrm{AK} + 3\mathrm{BL} + 3\mathrm{CM} + \mathrm{DN})\mathrm{AD} \end{aligned}$$

により、シンプソン 3/8 則 N_1 を導いている。シンプソン 3/8 則はニュートンが『差分法』(1711)(p.261 参照) で補間多項式を用いて与えている。

場合 4 もし、5 つの縦座標が与えられると、すなわち (場合 2 より)

$$\frac{\mathrm{AK} + 4\mathrm{CM} + \mathrm{EO}}{6}\mathrm{AE} = \Box\mathrm{AO}.$$

同様に

$$\left(\frac{\mathrm{AK} + 4\mathrm{BL} + \mathrm{CM}}{12} + \frac{\mathrm{CM} + 4\mathrm{DN} + \mathrm{EO}}{12}\right)\mathrm{AE} = \Box\mathrm{AO} \tag{9.21}$$

そして誤差 [の比] は $\mathrm{AE}^2 : \mathrm{AB}^2 = 16 : 1$ である。そして差は

$$\frac{\mathrm{AK} - 4\mathrm{BL} + 6\mathrm{CM} - 4\mathrm{DN} + \mathrm{EO}}{12}\mathrm{AE}$$

である。[その $\frac{1}{15}$ は] $\dfrac{\mathrm{AK} - 4\mathrm{BL} + 6\mathrm{CM} - 4\mathrm{DN} + \mathrm{EO}}{180}\mathrm{AE}$ である。[(9.21) から] これを引き去れば

$$\frac{7\mathrm{AK} + 32\mathrm{BL} + 12\mathrm{CM} + 32\mathrm{DN} + 7\mathrm{EO}}{90}\mathrm{AE} = \Box\mathrm{AO}.$$

　　が残る。

ニュートンはさらに場合 4 で 5 つの縦座標が与えられたときのブール則

$$B_1 = \frac{1}{90}(7\mathrm{AK} + 32\mathrm{BL} + 12\mathrm{CM} + 32\mathrm{DN} + 7\mathrm{EO})\mathrm{AE}$$

を与えている。シンプソン則 $S_1 = \frac{1}{6}(\mathrm{AK}+4\mathrm{CM}+\mathrm{EO})\mathrm{AE}$ と複合シンプソン則 $S_2 = \frac{1}{2}(\frac{1}{6}(\mathrm{AK}+4\mathrm{BL}+\mathrm{CM})\mathrm{AC}+\frac{1}{6}(\mathrm{CM}+4\mathrm{DN}+\mathrm{EO}))\mathrm{AE}$ の誤差の比が 16 : 1 なので、一般化ホイヘンスの定理を適用すると

$$\begin{aligned} B_1 &= S_2 - \frac{1}{15}(S_1 - S_2) \\ &= \frac{1}{90}(7\mathrm{AK} + 32\mathrm{BL} + 12\mathrm{CM} + 32\mathrm{DN} + 7\mathrm{EO})\mathrm{AE} \end{aligned}$$

となる。

命題 8.3(p.264) より誤差の比が $2^4 : 1 = 16 : 1$ となることは正しいが、$\mathrm{AE}^2 : \mathrm{AB}^2 = 16 : 1$ から 16 : 1 が導かれるわけではない。Q_m を m パネルニュートン・コーツ n 点則としたとき、

$$Q_1 - I : Q_m - I \fallingdotseq \begin{cases} m^{n+1} : 1, & n \text{ が奇数} \\ m^n : 1, & n \text{ が偶数} \end{cases}$$

となることが知られている。場合 4 は $(n, m) = (3, 2)$ なので、たまたま、$S_1 - I : S_2 - I = 16 : 1$ となるのである。ニュートンが結果的に正しい誤差の比を用いることができたのは幸運の賜物であるが、その結果以下の誤解に至ったとすれば、必ずしも幸運とはいえない。

縦座標が、3,4,5 個与えられたときにホイヘンスの定理および一般化ホイヘンスの定理により得られる数値積分公式は、そ

れぞれシンプソン則、シンプソン 3/8 則、ブール則ですべて多項式補間で得られる公式と一致している。そのため、ニュートンは等間隔の多項式補間で得られる数値積分公式 (ニュートン・コーツ公式) はホイヘンスの定理および一般化ホイヘンスの定理により得られると早とちりをしたと考えられる。この誤りは、補間により 7 点則を計算すれば気が付いたはずであるが、ニュートンは怠(おこた)ったのであろう。

ニュートンはさらに補外により 7 点則と 9 点則を与えている。7 点則は正しくないが、9 点則はニュートン・コーツ公式とは異なる公式で、今日ロンバーグ積分法で用いられている。

ニュートンは補外による数値積分を

> これらは縦座標のすべての端点を通る放物線の求積である。　　MP VII, pp.696-697

と結んでいる。この文により、ニュートンは補外による数値積分がニュートン・コーツ公式に一致すると誤解していたことが分かる。

組織的に補外を適用して数値積分を求める方法にロンバーグ積分法 (1955) がある。ロンバーグ積分法は、複合台形則で得られる数列 $T_1, T_2, T_4, T_8, \ldots$ にリチャードソン補外を適用するもので、

$$\text{複合台形則} \Longrightarrow \text{複合シンプソン} \Longrightarrow \text{複合ブール則}$$

と補外を続ける。ロンバーグ積分法は効率が良くしかもプログラミングは比較的簡単なので、今日でも数値計算によく用いられる。

ニュートンは『縦座標による求積』を出版せず、数値積分に

ついては『プリンキピア』初版および『差分法』で発表した。発表したものは今日ニュートン・コーツ公式と呼ばれている補間多項式に基づくものであった。『縦座標による求積』はホワイトサイドが 1976 年に『ニュートン数学論文集』VII 巻で公表するまで一般の目に触れることはなかった。

ニュートンは、

1. 複合ニュートン・コーツ公式の誤差の比
2. 補外による数値積分がニュートン・コーツ公式に一致する

という 2 つの誤りを犯したとは言え、複合ニュートン・コーツ公式にホイヘンスの定理および一般化ホイヘンスの定理を適用するという画期的発見をしている。

あとがき

2013年3月に、高瀬正仁氏が主催する第3回九州数学史シンポジウムが、九州大学伊都キャンパスで開催された。その際、現代数学社の富田淳氏から双書大数学者の数学にニュートンについて執筆を依頼された。その頃筆者は、公私とも多忙であったことと、興味は関孝和の数学と数値解析の歴史にあったため固辞したのであるが、待っていただけるということなので引き受けることにした。

2017年3月に東京女子大学を退職し気持ちと時間にゆとりができたので、本格的にニュートンに取り組んだ。ニュートンの数学については、数値解析に関連するニュートン法、ニュートン補間、漸近展開に基づく加速法、数値積分くらいしか予備知識がなかったので、ニュートンの数学を読みこなすことから始めた。このため、完成までに時間がかかってしまった。

ニュートンの数学を解読し、大学教養課程の数学の範囲内で解説するという方針で執筆を進めていった。ニュートンの無限級数は、漸近級数とみなすと厳密に取り扱うことができるので、5.1節ではランダウのO記号と漸近展開について準備し、これらを用いて解説した。陰関数の級数展開は、今日拡

張された形 (複素変数の有理数冪の級数展開、あるいは形式的ピュイズー級数) で証明がされているが、実変数の範囲での証明は得られてなかったので、5.4 節においてニュートンのアルゴリズムに沿った証明をつけた。

筆者は、ニュートンの数学を解読する過程で、ニュートンが驚異的な直感力、洞察力、計算力の持ち主であることに今更ながら感嘆した。ニュートンが発見した代数曲線の級数展開、符号法則、補外による数値積分などは 19 世紀ないし 20 世紀になって、再発見されたり、証明されている。時代を超えているのである。

筆者が数学史に興味を持つきっかけとは、2007 年『現代数学』の前身の『理系への数学』に「お話・数値解析」を連載した際、何回か数学史から話題をとって書いたことである。数学史の研究を始めてからは関孝和の数学にのめり込み、関との比較でニュートンにも興味を持った。コラム「ニュートンと関孝和」は、その頃気がついていたこと、および今回執筆中に気がついたことを短くまとめたものである。

ニュートンの手稿および『プリンキピア』初版本の画像の使用を許可してくれたケンブリッジ大学図書館デジタルコンテンツユニットに感謝申し上げる。本書執筆の機会を与えていただき、気長に待っていただいた富田淳氏には心から感謝申し上げる。

参考文献

ホワイトサイドが、数学の手稿を整理し詳細な解説を付け、ラテン語で書かれた手稿には英訳を付けたのが『ニュートン数学論文集』[11] 全 8 巻である。ターンバルがまとめたニュートンの往復書簡集の最初の 2 巻が [9] である。第 II 巻に「前の書簡」と「後の書簡」が収録されている。ターンバルが 1961 年に没した後はスコットらにより全 7 巻として完結した。

ウェストフォールが、1980 年ころまでの研究成果を含む膨大な資料に基づきまとめた伝記が『アイザック・ニュートン』[24] である。ニュートンの数学、物理学、光学ばかりでなく、錬金術、神学などの研究についても詳細に紹介している。ニュートンの読みやすい伝記 (エッセイ) に [41] がある。ニュートンの数学を含む 17 世紀のヨーロッパの数学については [38] が参考になる。

本書は数学史の専門書ではないので、一次資料および二次資料として取り上げる文献は、本書で引用するか言及した際に参考にしたものにとどめ、日本語訳のあるものについては邦訳のみとした。Web で参照できる原典は URL も示した。

一次資料 (原典、英訳、日本語訳)

[1] J.Feuvel and J.Grey, The History of Mathematics, The Open University, 1987.

[2] D.C. Fraser, Newton's Interpolation Formulas, Biblio-Life, [Reprint]

[3] J. Gregory, Exercitationes Geimetricæ, [グレゴリー、幾何学演習], 1668 http://books.google.co.jp

[4] C. Huygens, De Circuli Magnitudine Inventa, [ホイヘンス、円の大きさの発見], Kessinger Legacy Reprints

[5] W. Jones, Analysis Per Quantitatum Series, Fluxiones, ac Differentias: cum Enumeratione Linearum Tertii Ordinis, [ニュートン数学論文選 (解析について、曲線の求積、3 次曲線の列挙、差分法、前の書簡など)] London, 1711 https://archive.org/details/analysisperquan00jonegoog

[6] I. Newton, Arithmetica universalis [ニュートン、普遍算術、初版] : sive de compositione et resolutione arithmetica liber. : cui accessit halleiana aequationum radices arithmetice inveniendi methodus : in usum juventutis academicae, 1707 http://edb.math.kyoto-u.ac.jp/yosho/1021

[7] J.A. Stedall, The Arithmetic of Infinitesimals [ウォリス、無限算術の英訳と解説], John Wallis 1656, Springer,2004.

[8] D.J. Struik, A source book in mathematics, 1200-1800, Harvard University Press, 1969.

[9] H. Turnbull, The correspondence of Isaac Newton, Vol.I,II Cambridge, 1959,1960.

[10] J. Wallis, A treatise of algebra, both historical and practical [ウォリス、代数論考], 1685,
`http://edb.math.kyoto-u.ac.jp/yosho/1009`

[11] D.T. Whiteside, Mathematical Papers of Isaac Newton, Vol. 1-8, Cambridge University Press, 1967-1981

[12] B. パスカル、パスカル数学論文集、原亨吉訳、ちくま学芸文庫、2014、(初出、パスカル全集I、人文書院、1959)

[13] R. デカルト、幾何学、原亨吉訳、ちくま学芸文庫、2013

[14] エウクレイデス、斎藤憲・三浦伸夫訳、エウクレイデス全集、第1巻、東京大学出版会、2008

[15] I. ニュートン、プリンシピア、中野猿人訳、講談社、1977

[16] I. ニュートン、自然哲学の数学的諸原理、河辺六男訳、世界の名著 26、中央公論社、1971

[17] G.W. ライプニッツ、原亨吉他訳、ライプニッツ著作集 2、工作舎、1997

二次資料

[18] D. Gjertsen, The Newton Handbook, Routledge and Kegan Paul, 1986.

[19] N. Guicciardini, Isaac Newton on mathematical certainty and method, MIT Press, 2009

[20] L.T. More, Isaac Newton, Dover Publications, 1962

[21] N. Osada, The early history of convergence acceleration methods, Numer. Algor., 60, 205-221, 2012

[22] N. Osada, Isaac Newton's 'Of Quadrature by Ordi-

nates', Arch. Hist. Exact Sci., 67 (4), 457-476, 2013

[23] N. Osada, Literal resolution of affected equations by Isaac Newton, RIMS Kôkyûroku Bessatsu, B73, 1-20, 2019 (to appear)

[24] R. S. ウェストフォール、アイザック・ニュートン I,II, 田中一郎・大谷隆昶訳、平凡社、1993

[25] 長田直樹、数値微分積分法、現代数学社、1987

[26] 長田直樹、ニュートンの『解析について』、RIMS Kôkyûroku Bessatsu, B71, 1-20, 2019

[27] F. カジョリ、小倉金之助補訳、復刻版カジョリ初等数学史、共立出版、1997

[28] V.J. カッツ、カッツ数学の歴史、上野健爾・三浦伸夫監訳、共立出版、2005

[29] G. E. クリスチアンソン、林大訳、ニュートン — あらゆる物体を平等にした革命 —, 大月書店、2009

[30] A.N. コルモゴロフ、A.P. ユースケヴィッチ編、小林昭七監訳、19 世紀の数学、II、朝倉書店、2008

[31] S. チャンドラセカール、チャンドラセカールの「プリンキピア」講義、中村誠太郎監訳、講談社、1998

[32] 佐々木力、数学史、岩波書店、2010

[33] 島尾永康、ニュートン、岩波新書、1979

[34] 高橋秀裕、ニュートン、東大出版会、2003

[35] B.J.T. ドブズ、寺島悦恩訳、ニュートンの錬金術、平凡社、1995

[36] 中村幸四郎、近世数学の歴史、日本評論社、1980

[37] 長岡亮介、ニュートンの数学、吉田忠編、ニュートン自

然哲学の系譜、平凡社、1987、pp.108-146

[38] 原亨吉、近世の数学、ちくま学芸文庫、2013

[39] 原亨吉、ニュートンとライプニッツ、数学セミナー、26(12)-28(3), 1987-1989

[40] 林知宏、数学史講義：アイザック・ニュートンの数学 1-5、学習院高等科紀要、10(2012)-14(2016)

[41] 藤原正彦、心は孤独な数学者、新潮文庫、1997

[42] E.T. ベル、田中勇・銀林浩訳、数学を作った人びと、II、早川書房、2003

[43] 三浦伸夫、数学の歴史、放送大学教育振興会、2013

二次資料 (関孝和の数学)

[44] 日本学士院編 (藤原松三郎)、明治前日本数学史第二巻、岩波書店、2008

[45] 長田直樹、関孝和『解隠題之法』について、京都大学数理解析研究所講究録、1739 (2011), 114-127

[46] 長田直樹、 関孝和編『開方飜変之法』について (II)、–『開方飜変之法』で意図したこと –、京都大学数理解析研究所講究録別冊、B69, 49-64 (2018)

数学の教科書

[47] E. Erdélyi, Asymptotic Expansions, Dover, 1956

[48] 杉浦光夫、解析入門 I、東大出版会、1980

[49] 高木貞治、代数学講義、改訂新版、共立出版、2005

[50] 高木貞治、定本解析概論、岩波書店、2018

[51] 一松信、解析学序説、上巻下巻 (新版)、裳華房、1981,1982

[52] 藤原松三郎、代数学、第 1 巻、改訂新編、内田老鶴圃、2019

索引 (術語・人名)

な行

は行

著者紹介：

長田 直樹 (おさだ・なおき)

1948 年東京都生まれ．大阪大学理学部数学科卒業．大阪大学大学院理学研究科修了．長崎総合科学大学助教授．東京女子大学教授．
現在　東京女子大学名誉教授．名古屋大学博士 (工学)．

主な著書：
『数値微分積分法』現代数学社，1987 年

双書⑱・大数学者の数学／ニュートン
無限級数の衝撃

2019 年 8 月 23 日　　初版 1 刷発行

著　者　　長田直樹
発行者　　富田　淳
発行所　　株式会社　現代数学社
〒606-8425 京都市左京区鹿ヶ谷西寺ノ前町 1
TEL 075 (751) 0727　FAX 075 (744) 0906
https://www.gensu.co.jp/

装　幀　　中西真一 (株式会社 CANVAS)
印刷・製本　有限会社 ニシダ印刷製本

検印省略

ISBN978-4-7687-0514-8